“十二五”高等职业教育计算机类专业规划教材

网络互联与实现

聂俊航　于晓阳　王路群　主　编

刘　坤　吕　翎　王玉姣　副主编

中国铁道出版社有限公司
CHINA RAILWAY PUBLISHING HOUSE CO., LTD.

内容简介

本教材以培养应用型技能人才为出发点，充分考虑网络基础知识、技能应用方面的需求，按照“项目引导、任务驱动”的思路，依托实际应用的项目任务，较为全面地介绍了网络组建与配置、服务器系统配置与管理、网络安全管理等方面的知识及技能。针对每一个项目，按所需完成的任务进行设计编写，同时，在每个项目后附加了思考与练习，作为读者对本项目内容掌握情况的自我检验，以及为读者进一步提高提供学习资料，从而使读者在理论与实践相结合中掌握知识，提高技能。

本教材选取典型的项目任务，以简明扼要的表述方式，突出了教材系统全面、概念清晰、实用适用等特点，实现学生知识学习和技能提高的有效融合。

本教材可作为高等职业院校、应用型本科院校相关专业的教材，也可供网络相关培训班以及企业管理人员使用。

图书在版编目（CIP）数据

网络互联与实现/聂俊航，于晓阳，王路群主编
— 北京：中国铁道出版社，2013.9（2021.12重印）
“十二五”高等职业教育计算机类专业规划教材
ISBN 978-7-113-16705-9

Ⅰ．①网… Ⅱ．①聂… ②于… ③王… Ⅲ．①互联网络-高等职业教育-教材 Ⅳ．①TP393.4

中国版本图书馆CIP数据核字（2013）第180080号

书　　名： 网络互联与实现
作　　者： 聂俊航　于晓阳　王路群

策　　划： 翟玉峰　王春霞　　　　**编辑部电话：**（010）63551006
责任编辑： 王春霞　何　佳
封面设计： 付　巍
封面制作： 白　雪
责任印制： 樊启鹏

出版发行： 中国铁道出版社有限公司（100054，北京市西城区右安门西街8号）
网　　址： http://www.tdpress.com/51eds/
印　　刷： 三河市航远印刷有限公司
版　　次： 2013年9月第1版　　　　2021年12月第4次印刷
开　　本： 787 mm×1 092 mm　1/16　**印张：** 13.5　**字数：** 324千
印　　数： 5 001～5 900册
书　　号： ISBN 978-7-113-16705-9
定　　价： 39.00元

前言

FOREWORD

本书采用“项目引导、任务驱动”的方式编写，以实际应用项目为载体，将理论知识、应用技能融合到实际应用中，着力培养动手实践能力、分析解决实际问题的能力。本书系统全面、概念清晰、适用性强。本书的特色有：

（1）参照职业认证标准，实现知识学习、技能提高与职业认证的有效对接。

参照《计算机网络技术人员职业标准》，从工作岗位导出典型工作任务，由典型工作任务设计教学项目，实现网络基础知识、应用技能的有效融合。

（2）采用“项目引导、任务驱动”的方式编写，满足融教于做、做中促学的教改要求。

教程编写打破传统的教材按章节的编写方式，按照“项目引导、任务驱动”的思路，依托实际应用的项目任务，采用“项目目标、重难点描述→任务分解→相关知识讲解→任务实施→思考练习→项目小结”的编写方式，满足以学生为主体、以教师为主导，实施融教于做、做中促学的一体化教学需求。

（3）教材示例丰富，图文并茂，并形成了丰富的数字化教学资源。

教材示例丰富，图文并茂，通俗易懂，对学生来说是一本“看得懂、学得会、用得上”网络教科书。编者在编写的同时，注重数字化教学资源的建设，配套提供全部实例和素材、多媒体课件、实训操作指导、试题库等资源，与书中知识紧密结合、互相补充，使读者能够轻松学习，快速掌握。

本书共分为四个项目：项目一介绍了简单网络的组建；项目二介绍了局域网络的组建与管理；项目三介绍了服务器配置与管理；项目四介绍了网络安全管理。

全书由湖北交通职业技术学院承编，思科公司、武汉软件工程职业学院共同参与，其中主编为聂俊航、于晓阳、王路群，副主编为刘坤、吕翎、王玉姣。本教材可作为高等职业院校、应用型本科院校相关专业的教材，也可供网络基础相关培训班以及企业管理人员使用。

由于编者水平有限、时间仓促，书中难免存在疏漏之处，希望读者批评指正，以便再版时更正。

编　者

2013年7月

CONTENTS

目录

情境描述

小张是高等职业院校的大三实习生，目前刚刚在一家公司获得了一个网管实习工作的机会。但这家公司对小张的业务能力并不放心，于是决定先将公司一个外地小型办事处的组网任务交给小张，考验一下他的实际工作能力。为完成任务，小张准备组建一个局域网络，并通过小型路由设备接入外网；该网络还需要允许办公室同事们的手机、iPad 等无线设备能够通过无线连接，接入该局域网络中。

局域网在当前是最为流行的小型网络，局域网（Local Area Network，LAN）是在一个局部的地理范围内（如一个学校、工厂和机关内），一般是方圆几千米以内，将各种计算机，外围设备和数据库等互相连接起来组成的计算机通信网。它可以通过数据通信网或专用数据电路，与远方的局域网、数据库或处理中心相连接，构成一个较大范围的信息处理系统。局域网可以实现文件管理、应用软件共享、打印机共享、扫描仪共享、工作组内的日程安排、电子邮件和传真通信服务等功能。小张准备好了双绞线、夹线钳、测线器、水晶头、无线宽带路由器等设备，下面就让我们和小张共同完成工作任务吧。

学习目标

- 了解网络的基本概念和术语；
- 熟悉网络基本的设备及其功能；
- 掌握简单的有线网络、无线网络的组建方法；
- 掌握简单的网络接入互联网的方法。

学习重难点

- 双绞线的制作；
- 共享式简单网络组建；
- 通过 ADSL 接入互联网。

任务一　双机互联网络组建

任务描述

小型办事处最初只有两台计算机，希望在投入资金最少的情况下，将这两台计算机互联起来，构建简单的双机互联有线网络，那么同事们使用任意一台计算机，通过网络可以共享这两台计算机上的资源。

一、计算机网络概述

1. 计算机网络的定义

计算机网络涉及通信技术与计算机技术两个领域。目前，计算机技术与通信技术日益紧密结合，形成了计算机网络技术，并为人类社会的进步做出了极大贡献。计算机技术与通信技术的结合主要表现在两个方面：一方面，通信网络为计算机系统之间的数据传输和数据交换提供了物质基础；另一方面，计算机技术的发展渗透到通信技术中，促进了通信技术的发展，提高了通信网络的性能。

计算机网络的精确定义到目前为止尚未统一，关于计算机网络最简单的定义是：一些互相连接的、自治的计算机系统的集合。

不同网络的规模和复杂程度是互不相同的。当前，最复杂的网络当属 Internet，它使用 TCP/IP，由分布在世界不同地理位置的不同计算机网络通过路由器连接而成。因此，也可把 Internet 看成是综合网络的网络。无论是简单的网络还是复杂的网络，都具有如下定义：

计算机网络是将分布在不同地理位置并具有独立功能的多个计算机系统通过通信设备和线路连接起来，以功能完善的网络软件（网络协议、信息交换方式及网络操作系统）实现网络资源共享的复合系统。

建立计算机网络的主要目的是实现资源共享。资源共享是指所有网络用户能够分享各计算机系统的全部或部分资源，这类资源被称为共享资源，共享资源包括硬件资源、软件资源和数据资源。

2. 计算机网络的功能

目前计算机网络在各行各业中有着广泛的应用，就计算机网络在各种应用中的作用，可以归结为以下几点：

① 计算机网络用户之间的通信、交往。在当前的网络应用中，网络用户之间通过网络进行通信交往是一种最常见的网络使用方法。例如，E-mail 的应用改变了人们传统的通信方式，使不同地域的人们进行通信和交流更加快捷和方便。

② 资源共享。资源共享是建立网络的最主要目的，包括硬件资源、软件资源和数据资源的共享。例如，一个网络中的用户可以对网络中价值昂贵的资源进行共享使用，一方面降低了网络的投资成本，另一方面，又极大地提高了资源的利用率。

③ 计算机网络用户之间协同工作。通过网络，可以使得网络用户共同完成某一工作，提

高工作效率。例如，多个网络用户可以通过计算机网络联合开发应用程序，以提高工作效率。

3. 计算机网络的分类

计算机网络的分类标准有许多种。例如：按覆盖范围分类，按拓扑结构分类，按网络协议分类，按计算机在网络中的地位分类，按传输介质的不同利用方式分类等。不同的分类标准能得到不同的分类结果。按覆盖范围分类的方式可以将计算机分为 3 类：局域网（LAN，Local Area Network）、城域网（MAN，Metropolitan Area Network）和广域网（WAN，Wide Area Network），它们的特性参数见表 1-1。

表 1-1　各类计算机网络特性参数

网络类型	网络缩写	覆盖范围	地理位置
局域网	LAN	10 m	房间
		100 m	建筑物
		1 km	校园
城域网	MAN	10 km	城市
广域网	WAN	100 ~ 1000 km	国家或地区

二、计算机网络组成

任何一个简单的网络，必须有基本的网络设备，一般包括：服务器、计算机、集线器、交换机、路由器、网卡、网线、RJ-45 水晶头等，以及配套的网络协议，如图 1-1 所示。

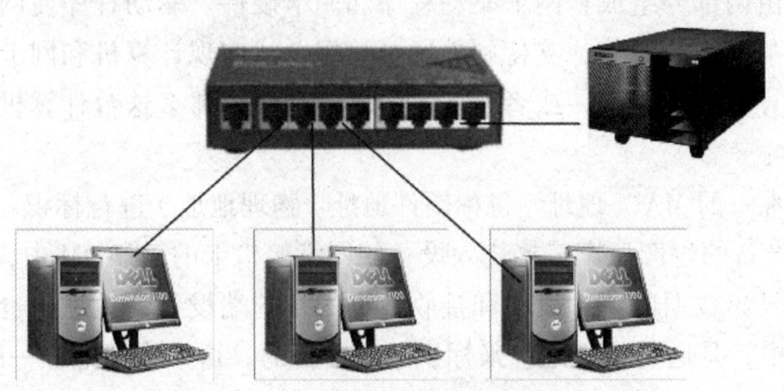

图 1-1　计算机网络组成设备

1. 网络中的计算机

计算机是网络中必不可少的基本设备，网络的核心就是计算机。目前，网络中的计算机一般可分为两类：网络服务器和网络终端计算机。

（1）网络服务器

网络服务器实际上就是一台高性能计算机。大多数时候服务器是网络的核心，在简单的对等网络中也可以没有服务器。

作为网络的核心结点，服务器承担了网络 80%的数据、信息的存储、处理。根据在网络中所承担的功能和服务的不同，网络服务器又分为文件服务器、邮件服务器、域名服务器、打印服务器和数据库服务器等不同类型。

网络服务器的硬件设备与普通计算机相似，也由处理器、硬盘、内存、总线等组成。一些简单的网络就使用普通的 PC 来承担服务器工作，但更多复杂的网络中需要使用专用的服务器，一般是针对具体的网络应用定制的，因而它与普通计算机在处理能力、稳定性、可靠性、安全性、可扩展性、可管理性等方面存在很大差异。

专用的网络服务器与普通计算机的主要区别在于：专用服务器具有更好的安全性和可靠性，更加注重系统的数据吞吐能力，采用了双电源、热插拔、SCSI 硬盘、RAID 等硬件及技术，当然价格也较贵。

（2）网络终端计算机

网络中的终端计算机也称为网络工作站，一般使用普通的计算机承担。在没有 PC 的时代，由于大型计算机的价格昂贵，人们就使用一种没有处理器和存储器的简单计算机来承担对服务器的输入和输出工作，这种计算机又称为终端。随着 PC 的普及和发展，网络终端计算机已经全面由普通计算机来承担，由于计算机处理器和存储器一应俱全，因此既可以从网络服务器上共享信息，也可以把信息直接存储在本地处理。

2．网络中的网络设备

网络中的网络设备主要指的是在网络中负责传输数据的相关设备，主要有网卡、集线器、交换机、路由器、调制解调器等。

（1）网卡

网卡又称为网络适配器或网络接口卡（NIC），通常有两种：一种是插在计算机主板插槽中；另一种是集成在主板上。网卡的主要功能是将计算机处理的数据转换为能够通过介质传输的信号。

广义上，网卡由两部分组成：网卡驱动程序和网卡硬件。驱动程序使网卡和网络操作系统兼容，实现计算机与网络的通信，支持硬件通过数据总线实现计算机和网卡之间的通信。在网络中，如果一台计算机没有网卡，或者没有安装驱动程序，那么这台计算机也将不能和其他计算机通信。

每块网卡都由唯一的 MAC 地址（也称硬件地址、物理地址）进行标识，用于区别不同的计算机。通常由网络设备的生产厂家直接烧入设备的网络接口卡的 EPROM 中，它存储的是传输数据时真正用来标识发出数据的源端设备和接收数据的目的端设备的地址。也就是说，在网络底层的物理传输过程中，是通过物理地址来标识网络设备的，这个物理地址一般是全球唯一的。

根据标准不同，网卡的分类方法也有所不同，常见的是按支持的带宽不同将网卡分为 10 Mbit/s 网卡、100 Mbit/s 网卡、10/100 Mbit/s 自适应网卡、1 000 Mbit/s 网卡等几种。网卡支持的带宽表示这款网卡接收和发送数据的快慢。

在选用网卡时，还要注意网卡支持的接口类型，否则可能不适用于网络。现在 90%的网卡使用 RJ-45 接口，如图 1-2 所示。

RJ-45 接口网卡通过双绞线连接集线器（Hub）或交换机（Switch），再通过网络互联设备连接其他计算机和服务器。另外还有能接收无线信号的无线网卡，主要用来接收无线网络的信号。

（2）中继器和集线器

中继器（Repeater）和集线器（见图 1-3），可以对信号进行放大和再生，从而使得物理信号的传送距离得到延长，所以它们具有在物理上扩展网络的功能。但是，由于中继器和集线器只能进行原始比特流的传送，因此不可能依据某种地址信息对数据流量进行任何隔离或过滤。

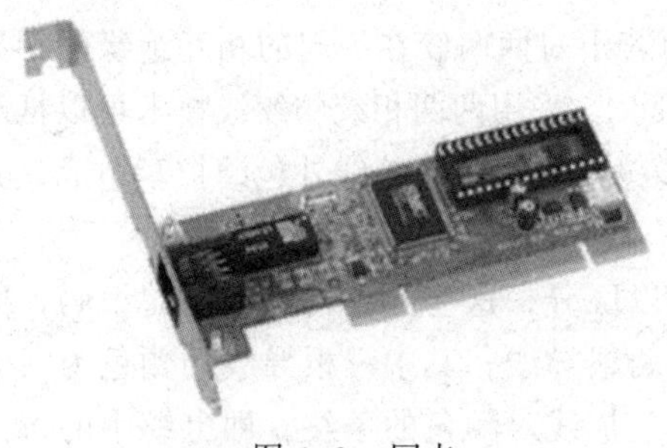

图 1-2　网卡

图 1-3　集线器

（3）网桥和交换机

网桥又称桥接器，交换机则是一个具有流量控制能力的多端口网桥，如图 1-4 所示。

当交换机出现以后，网桥产品也开始淡出市场。交换机也有很多类型，在选择交换机时要考虑背板带宽、端口速率和端口数、是否带网管功能等因素。

除此之外，在选购交换机时，还要考虑是否支持模块化、是否支持 VLAN、是否带第三层路由功能等。

（4）路由器

路由器（Router）是互联网中常用的连接设备，它可以将两个网络连接在一起，组成更大的网络，如图 1-5 所示。被连接的网络可以是局域网也可以是互联网，连接后的网络都可以称为互联网。用路由器隔开的网络属于不同的局域网。

图 1-4　交换机

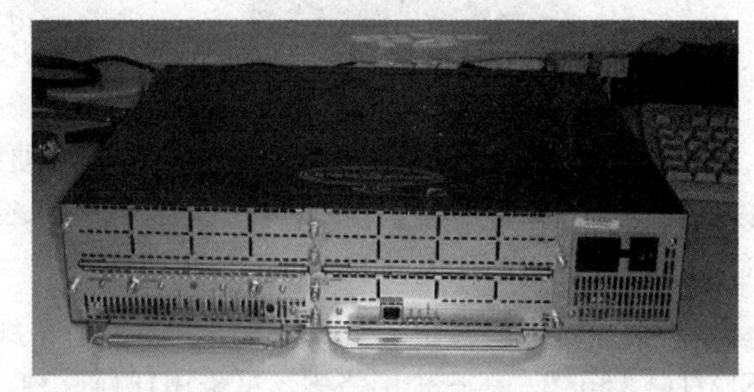

图 1-5　路由器

3. 网络中的传输介质

在网络中，传输介质用于连接互相分离的各台计算机。网络传输介质一般分为无线和有线两种。常用的有线传输介质一般有双绞线、同轴电缆和光缆。其中目前最常用的是双绞线。

（1）双绞线概述

双绞线（Twisted Pair，TP）是目前局域网中使用最广泛、价格最低廉的一种有线传输介质，双绞线传输的最大有效距离为 100 m，如图 1-6 所示。

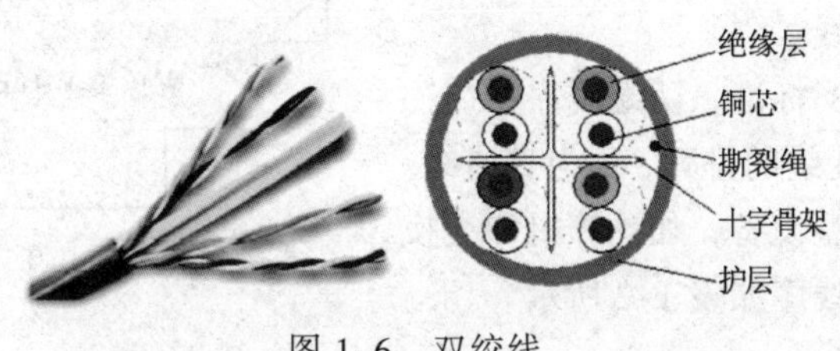

图 1-6　双绞线

“Twisted”源于双绞线电缆的内部结构。在内部由若干对两两绞在一起的相互绝缘的铜导线组成，导线的典型直径为 1 mm（在 0.4～1.4 mm 之间）。采用两两相绞的绞线技术可以抵消相邻线对之间的电磁干扰和减少近端串扰。双绞线电缆一般由多对双绞线外包缠护套组成，其护套称为电缆护套。

双绞线电缆中的每一根绝缘线路都用不同颜色加以区分，这些颜色构成标准的编码，因此很容易识别和正确端接每一根线路。每个线对都有两根导线，其中一根导线的颜色为线对的颜色加一个白色条纹，另一根导线的颜色是白色底色加线对颜色的条纹，即电缆中的每一对双绞线对称电缆都是互补颜色。4 对 UTP（非屏蔽双绞线）电缆的 4 对线具有不同的颜色标记，这 4 种颜色是蓝色、橙色、绿色、棕色。

双绞线电缆连接硬件包括电缆配线架、信息插座和接插软线等。它们用于端接或直接连接电缆，使电缆和连接件组成一个完整的信息传输通道。常用的有 RJ-45 插头（又称水晶头，见图 1-7）和信息插座（信息模块，见图 1-8）。

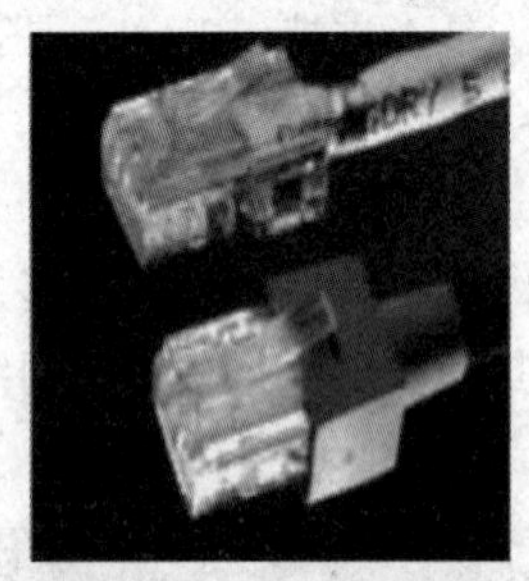

图 1-7　RJ-45 水晶头

（a）RJ-45 信息模块

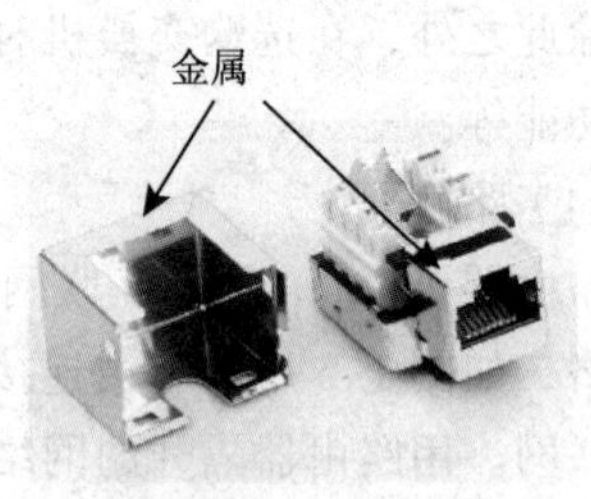

（b）屏蔽 RJ-45 信息模块

图 1-8　RJ-45 信息模块

双绞线的两端必须都安装 RJ-45 插头，以便插在以太网卡、集线器或交换机的 RJ-45 接口上。

（2）双绞线制作原理

目前双绞线的制作主要遵循 EIA/TIA 标准，规范两种线序的标准分别是 EIA/TIA T568A 和 EIA/TIA T568B。在一个网络中，可采用任何一种标准，但所有的设备必须采用同一标准。通常情况下，在网络中采用 EIA/TIA T568B 标准。

按照 T568B 标准布线水晶头的 8 针（也称插针）与线对的分配如图 1-9 所示。线序从左到右依次为：1-白橙、2-橙、3-白绿、4-蓝、5-白蓝、6-绿、7-白棕、8-棕。4 对双绞线电缆的线对 2 插入水晶头的 1、2 针，线对 3 插入水晶头的 3、6 针。

按照双绞线两端线序的不同，通常划分两类双绞线：直通线、交叉线。

根据 EIA/TIA 568B 标准，两端线序排列一致，一一对应，即不改变线的排列，称为直通线。直通线一般用来连接异型设备，如计算机和交换机之间的连接。直通线线序如表 1-2 所示。

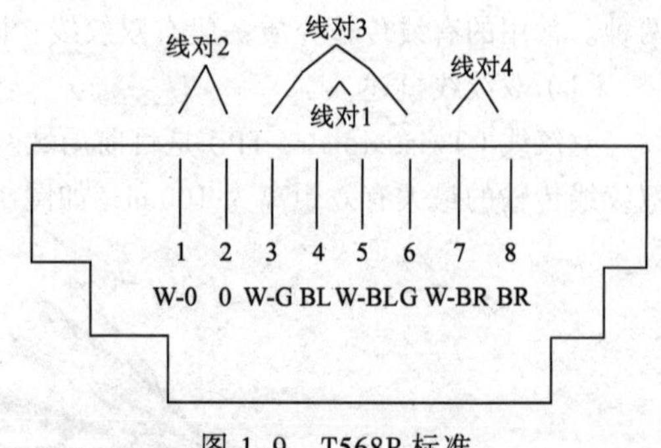

图 1-9　T568B 标准

表 1-2　直通线线序

端 1	白橙	橙	白绿	蓝	白蓝	绿	白棕	棕
端 2	白橙	橙	白绿	蓝	白蓝	绿	白棕	棕

根据 EIA/TIA 568B 标准，改变线的排列顺序，采用“1–3，2–6”的交叉原则排列，称为交叉线。交叉线一般用来连接同型设备，如两台计算机之间直连，两台交换机之间的级联。交叉线线序如表 1–3 所示。

表 1-3　交叉线线序

端 1	白橙	橙	白绿	蓝	白蓝	绿	白棕	棕
端 2	白绿	绿	白橙	蓝	白蓝	橙	白棕	棕

4. 网络中的网络协议及网络地址

（1）网络协议

Internet 是当今世界上规模最大、拥有用户最多、资源最广泛的通信网络，在 Internet 上除了有数不清的网络设备之外，各种设备还需要可以相互通信的规则——网络通信协议：TCP/IP。

TCP/IP 已成为当今网络的主流标准，TCP/IP 协议簇中有两个最重要的协议：TCP 和 IP，其中 TCP 主要用来管理网络通信的质量，保证网络传输中不发生错误信息；而 IP 主要用来为网络传输提供通信地址，保证准确地找到接收数据的计算机。

（2）网络地址

网络地址也可以称为 IP 地址，是用来标识 Internet 上每台计算机的唯一逻辑地址。人们给 Internet 中每台主机分配了一个专门的地址，称为 IP 地址。每台联网的计算机都依靠 IP 地址来标识自己，类似于电话号码，通过电话号码可以找到相应的电话，电话号码没有重复的，IP 地址也是一样。

基于 IP 协议传输的数据包，必须使用 IP 地址来进行标识。在计算机网络中，每个被传输的数据包包括一个源 IP 地址和一个目的 IP 地址，当该数据包在网络中传输时，这两个地址保持不变，以确保网络设备总是能根据确定的这两个 IP 地址，将数据包从源通信主机送往指定的目的主机。

IP 地址是唯一的，因为 IP 地址是全局的和标准的，所以没有任何两台连到公共网络的主机拥有相同的 IP 地址。所有连接 Internet 的主机都遵循此规则，公有 IP 地址是从 Internet 服务供应商（ISP）或地址注册处获得的。在同一局域网上设备的 IP 地址也必须是唯一的。

任务实施

办事处的员工希望在投入资金最少的情况下，将这两台计算机互联起来，构建简单的双机互联有线网络，可以采用两种方法：

第一种方法是使用交叉双绞线把两台计算机连接起来。

第二种方法是采用计算机串／并口实现双机直接电缆连接。

为了验证网络连接的连通性，需要为两台计算机分别设置 TCP/IP，IP 地址需要设置在相同的网段，网关默认为对方设备的地址，这样就可以使用 ping 命令测试网络连通性。通常采用第一种方法实现双机互联网络。

一、双绞线线缆及其制作

直通线是根据 EIA/TIA 568B 标准，两端线序排列一致，一一对应，即不改变线的排列。交叉线是根据 EIA/TIA 568B 标准，改变线的排列顺序，采用“1–3，2–6”的交叉原则排列。制作一条交叉双绞线。需要准备 RJ–45 水晶头若干、双绞线若干、RJ–45 压线钳、测试仪等设备耗材。双绞线线缆制作过程可分为 4 步，简单归纳为“剥”“理”“查”“压”这 4 个字。

具体步骤如下：

① 准备好超 5 类双绞线、RJ–45 插头和一把专用的压线钳，如图 1–10 所示。

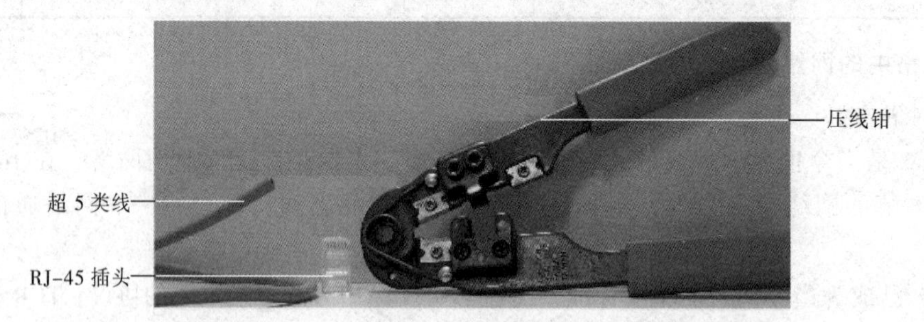

图 1–10　步骤 1

② 用压线钳的剥线刀口将超 5 类双绞线的外保护套管划开（小心不要将里面的双绞线的绝缘层划破），刀口距超 5 类双绞线的端头至少 2 cm，如图 1–11 所示。

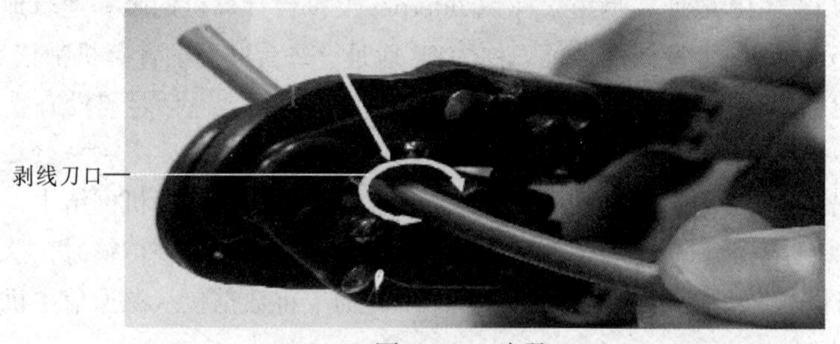

图 1–11　步骤 2

③ 轻轻旋转向外抽，将划开的外保护套管剥去，如图 1–12 所示。

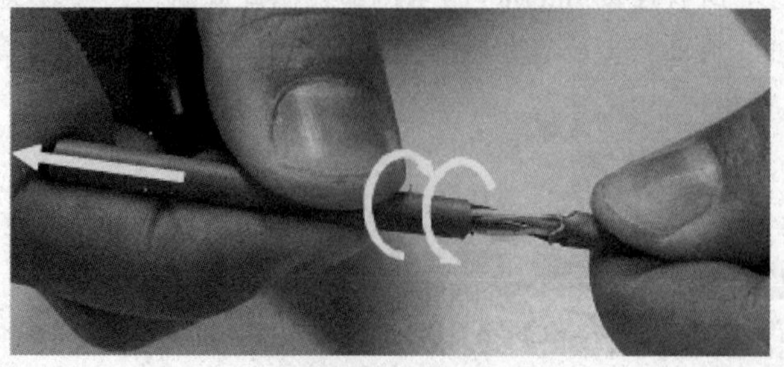

图 1–12　步骤 3

④ 将露出超 5 类线电缆中的 4 对双绞线，按橙、绿、蓝、棕排列好，如图 1–13 所示。

图 1–13　步骤 4

⑤ 按照 EIA/TIA 568B 标准（白橙、橙、白绿、蓝、白蓝、绿、白棕、棕）和导线颜色将导线按规定的序号排好，如图 1–14 所示。

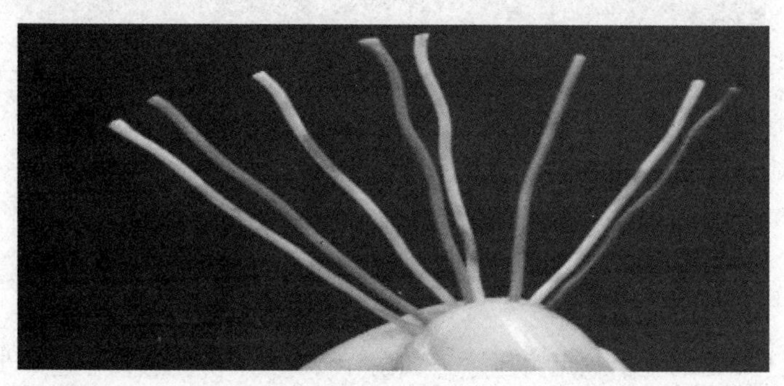

图 1–14　步骤 5

⑥ 将 8 根导线平坦整齐地平行排列，导线间不留空隙，如图 1–15 所示。

⑦ 准备用压线钳的剪线刀口将 8 根导线剪断，只剩约 14 mm 的长度，如图 1–16 所示。

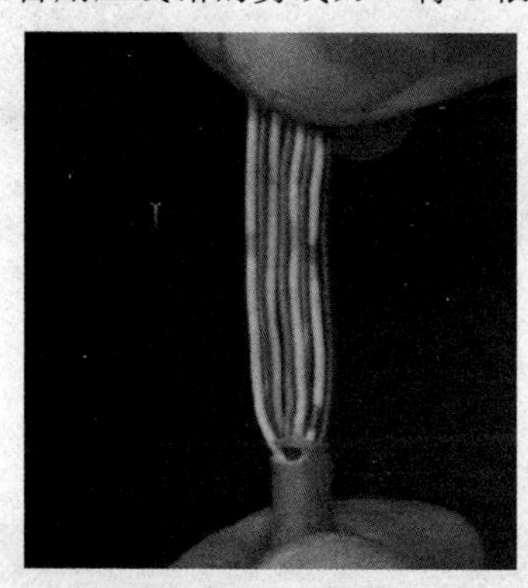

图 1–15　步骤 6

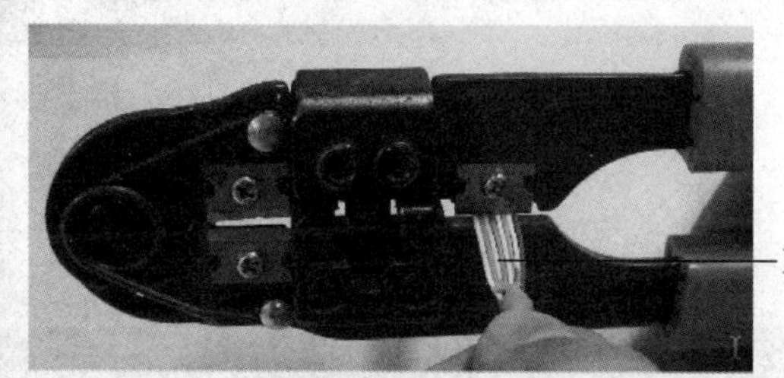

图 1–16　步骤 7

⑧ 剪断电缆线。注意：缆线一定要剪得整齐。剥开的导线长度不可太短。可以先留长一些。不要剥开每根导线的绝缘外层，如图 1–17 所示。

⑨ 将剪断的双绞线的每一根线依序放入 RJ－45 插头的引脚内，第一只引脚内放白橙色的线，依此类推，将电缆线要插到 RJ–45 插头底部，电缆线的外保护层最后应能够在 RJ–45 插头内的凹陷处被压实。反复进行调整，如图 1–18 所示。

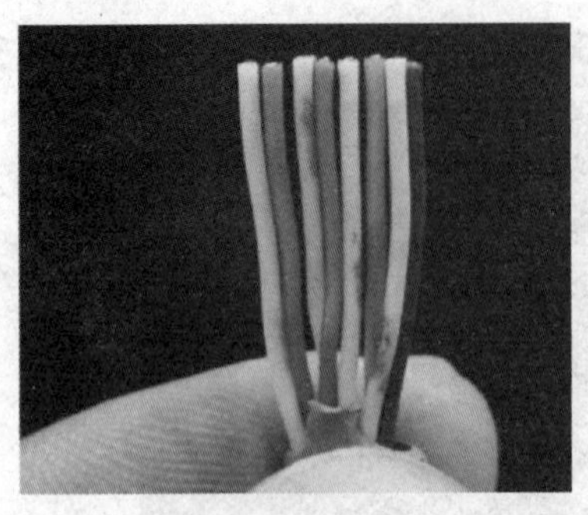

图 1-17　步骤 8

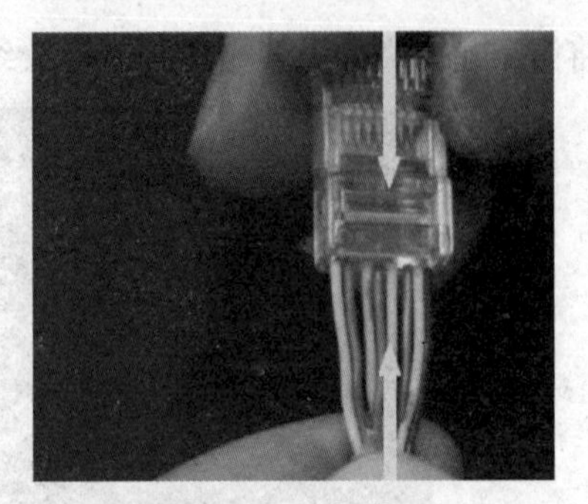

图 1-18　步骤 9

⑩ 在确认一切无误后（特别要注意不要将导线的顺序排列反了），将 RJ-45 插头放入压线钳的压头槽内，准备最后的压实，如图 1-19 所示。

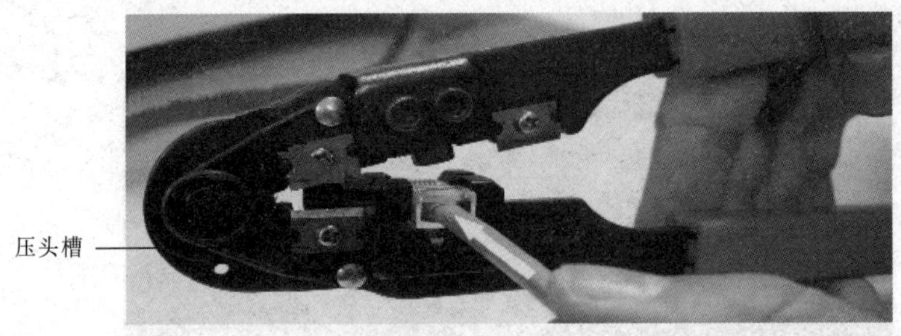

图 1-19　步骤 10

⑪ 双手紧握压线钳的手柄，用力压紧，如图 1-20 所示。注意，在这一步骤完成后，插头的 8 个针脚接触点就会穿过导线的绝缘外层，分别和 8 根导线紧紧地压接在一起。

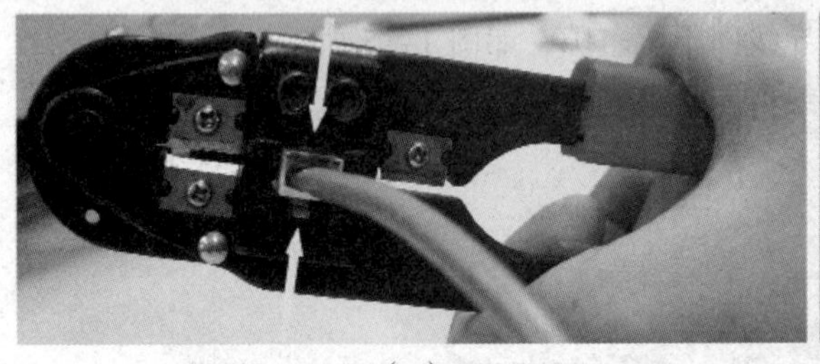

（a）

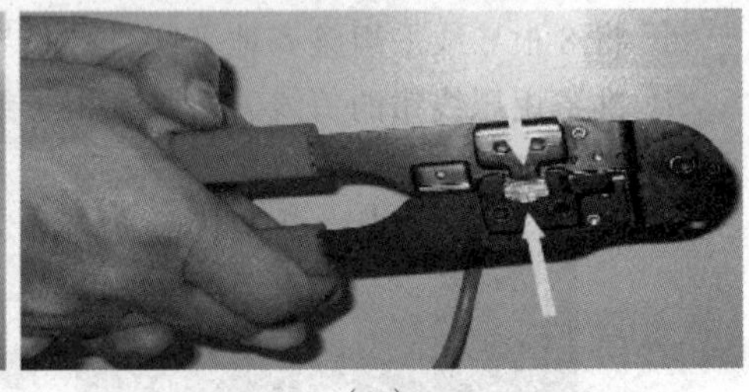

（b）

图 1-20　步骤 11

⑫ 完成制作的双绞线线缆如图 1-21 所示。

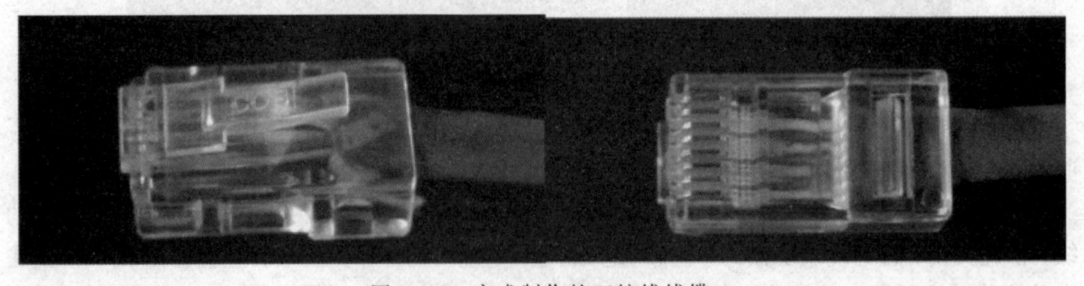

图 1-21　完成制作的双绞线线缆

⑬ 现在已经完成了线缆一端的水晶头的制作，改变线的排列顺序，采用“1-3，2-6”的交叉原则排列，重复以上的步骤制作双绞线的另一端的水晶头，做好一根完整的交叉双绞线。

⑭ 双绞线线缆测试。制作完成双绞线后，下一步需要检测它的连通性，以确定是否有连接故障。通常使用电缆测试仪进行检测。建议使用专门的测试工具（如 Fluke DSP 4000 等）进行测试，也可以购买廉价的网线测试仪，如常用的网络电缆测试仪。

测试时将双绞线两端的水晶头分别插入主测试仪和远程测试端的 RJ-45 端口，将开关开至“ON”（S 为慢速挡），由于交叉线两端线序的排列不一样，同时在测试时，主测试仪和远程测试端的指示灯对应关系为：1 对 3、2 对 6、3 对 1、4 对 4、5 对 5、6 对 2、7 对 7、8 对 8。如果是直连线，主机指示灯从 1～8 逐个顺序闪亮。

若连接不正常，会出现以下情况：

① 当有一根导线断路，则主测试仪和远程测试端对应线号的灯都不亮。

② 当有几条导线断路，则相对应的几条线都不亮，当导线少于 2 根线连通时，灯都不亮。

③ 当两头网线乱序，则与主测试仪端连通的远程测试端的线号亮。

④ 当导线有 2 根短路时，则主测试器显示不变，而远程测试端显示短路的两根线灯都亮。若有 3 根以上（含 3 根）线短路时，则所有短路的几条线对应的灯都不亮。

⑤ 如果出现红灯或黄灯，就说明存在接触不良等现象，此时最好先用压线钳压制两端水晶头一次，再测，如果故障依旧存在，应检查芯线的排列顺序是否正确。如果芯线顺序错误，就应重新进行制作。

二、利用网卡实现双机互联

通过网卡和双绞线连接两台计算机，不用任何其他设备，即可实现 2 台计算机资源共享。需要准备计算机 2 台、网卡 2 块、双绞线交叉线一条。具体步骤如下：

① 硬件安装。打开机箱，将网卡插入主板对应的插槽，PCI 网卡插入主板的 PCI 插槽，然后固定网卡。如果主板内置网卡，就可跳过这一步。

② 驱动安装。现在的大部分网卡都支持“即插即用”功能，所以，如果在系统的硬件列表中有该网卡的驱动程序，系统会在开机启动时自动检测到该硬件并加载其驱动程序。

如果在列表中没有该网卡的驱动程序，则需要用户提供驱动程序（厂家提供的驱动盘或从网上下载），进行手工安装。启动添加硬件向导，选择“开始”→“设置”→“控制面板”命令，打开“控制面板”窗口，从中选中“添加硬件”选项，双击“添加硬件”，打开“添加硬件向导”对话框，单击“下一步”按钮，系统会自动搜索计算机是否有新的硬件，找到新的硬件网卡，按照操作提示，依次完成驱动程序的安装设置。

③ 网卡安装信息查看。网卡安装成功后，可以通过“设备管理器”查看网卡的相关信息，如图 1-22 所示。

双击“网络适配器”选项下该型号网卡，进入该网卡属性界面，查看该网卡的详细信息，也可以修改网卡的属性设置、资源分配、驱动程序等。

④ 连接两台计算机。准备好一条制作好的交叉线，并使用测试仪测试双绞线连通性完好。将双绞线交叉线两端水晶头插入两台 PC 网卡的 RJ－45 接口中，即可连接好网络。

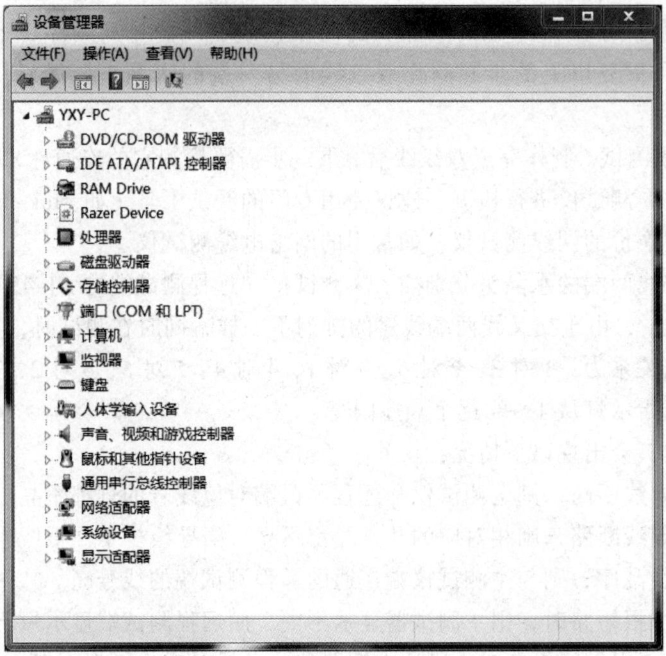

图 1-22 “设备管理器”窗口

⑤ TCP/IP 配置。为两台 PC 设置 TCP/IP，设置两台计算机的 IP 地址，配置 IP 地址的过程为：右击桌面上的“网络”图标，在弹出的快捷菜单中选择“属性”命令，弹出“网络和控制中心”窗口，单击其中的“网络”→“属性”→“更改适配器设置”打开“本地连接”。打开“本地连接”对话框。

选择“本地连接”，右击，在弹出的快捷菜单中选择“属性”命令，打开“本地连接属性”对话框，如图 1-23 所示。

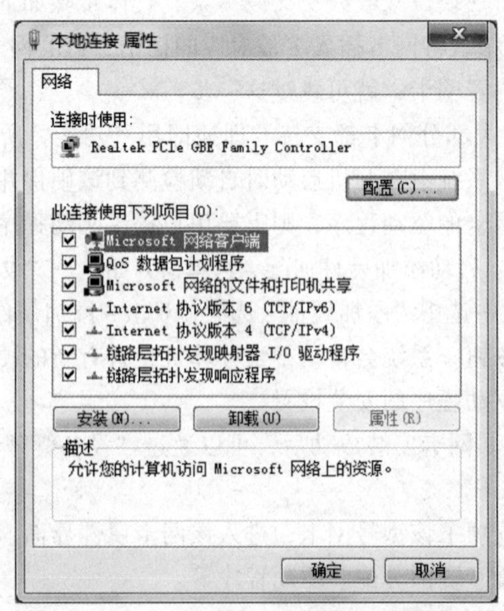

图 1-23 “本地连接属性”对话框

选择“本地连接属性”对话框中“Internet 协议版本 4（TCP/IPv4）”复选框，单击“属性”按钮（也可双击“本地连接属性”对话框中“Internet 协议版本 4（TCP/IPv4）”复选框），打开“Internet 协议版本 4（TCP/IPv4）属性”对话框，如图 1-24 所示。

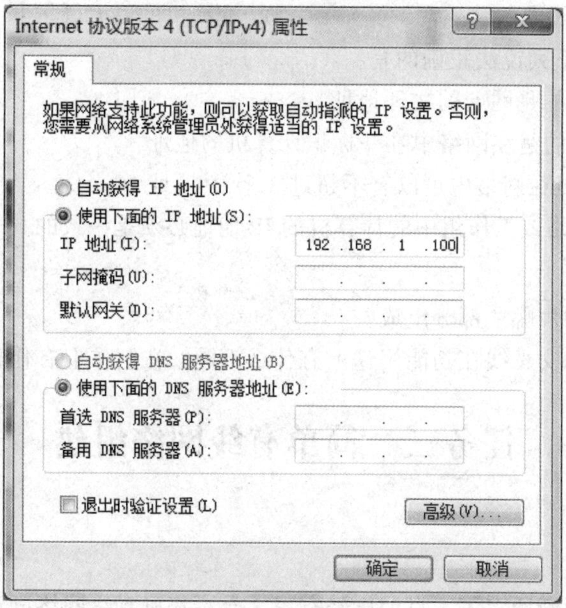

图 1-24　Internet 协议（TCP/IP）属性

分别为两台 PC 设置 IP 地址。如 PC A 设置为 192.168.1.100，PCB 设置为 192.168.1.101。

⑥ 项目测试。使用 ipconfig 命令查看网络连接属性。ping 命令是用于检测网络连通性的命令，在默认状态下，ping 命令通过向目的计算机连续发送 4 个回送请求报文，在连通的情况下，应收到目的主机 4 个回送应答报文，并显示回送请求报文与回送应答报文之间的时间量，以反映网络的快慢。如果显示“Request time out”表示在规定的时间内，没有收到目的主机的回送应答报文，可能是因为目的主机没有响应、路由设置等问题造成的。

在计算机 A 上 ping 192.168.1.101，在计算机 B 上 ping 192.168.1.100，分别观察测试结果，从而反映远程主机连通状态。注意：如果两台 PC 网络配置正确，但 ping 测试网络不通，请检查两台 PC 的防火墙是否开启，如果开启，请将其关闭，再用 ping 命令测试连通性。

思 考 练 习

一、选择题

（1）计算机网络的主要目的是（　　）。

A. 确定网络协议　　B. 将计算机技术与通信技术相结合

C. 集中计算　　D. 资源共享

（2）什么信息被烧制在网卡上？（　　）

A. NIC　　B. MAC Address　　C. Hub　　D. LAN

（3）双绞线传输的最大有效距离为多少米？（　　）。

A. 10 m　　B. 100 m　　C. 1 000 m　　D. 1 m

（4）将双绞线制作成交叉线，该双绞线连接的两个设备可为（　　）。

A. 网卡与网卡　　B. 网卡与交换机

C. 网卡与集线器　　D. 交换机的以太口与下一级交换机的 Uplink 口

（5）关于 IP 地址下列说法正确的是？（　　）

A. IP 地址指的是网卡的物理地址

B. IP 地址指的是在网络中唯一标识计算机的地址

C. 1 台计算机在网络中可以有不超过 3 个 IP 地址

D. 同一个网络或工作组中的计算机的 IP 地址必须是一致的

二、简答题

（1）计算机网络的由哪些部分组成？

（2）网络直通线和交叉线在功能用途上有什么不同？在制作上有什么不同？

任务二　简单有线网络组建

任务描述

办事处的计算机逐渐增多了，目前已经有了 3 台，双机有线网络已不能满足需要，小张希望把这 3 台计算机连接起来，组成一个小型局域网，实现资源共享、文件传递以及游戏娱乐等网络应用。

相关知识

一、计算机网络体系结构：ISO/OSI 参考模型

国际标准化组织（International Standards Organization，ISO）是世界上最著名的国际标准化组织之一，它主要由美国国家标准学会（American National Standards Institute，ANSI）及其他国家标准组织代表组成。

国际标准化组织对所存在的各种计算机网络体系结构进行了深入的研究。1977 年，国际标准化组织的技术委员会 TC97 充分认识到制定网络体系结构的国际标准的重要性，于是成立了一个专门的分委员会 SC16 专门研究“开放系统互联”。

现在人们都用简称 OSI 来表示开放系统互联（Open Systems Interconnection）。所谓“开放”是指：只要遵循 OSI 标准，一个系统就可以和位于世界上任何地方的遵循这同一标准的任何系统进行通信。

OSI 参考模型是一种 7 层网络通信模型，它采用的是分层结构。

国际标准化组织将网络划分 7 层结构的基本原则是：

① 网中各结点都具有相同的层次。

② 不同结点的同等层具有相同的功能。

③ 同一结点内相邻层之间通过接口通信。

④ 每层可以使用下层提供的服务，并向其上层提供服务。

⑤ 不同结点的同等层通过协议来实现对等层之间的通信。

在 OSI 参考模型中采用了表 1-4 所示的 7 个层次的体系结构。

表 1-4 OSI 参考模型

层　　号	层 的 名 称	层的英文名称	层的英文缩写
7	应用层	Application Layer	A
6	表示层	Presentation Layer	P
5	会话层	Session Layer	S
4	传输层	Transport Layer	T
3	网络层	Network Layer	N
2	数据链路层	DataLink Layer	D
1	物理层	Physical Layer	PH

对各层次体系结构的说明如下：

① 物理层：将比特流送到物理介质上传送，即相当于“对上一层的每一步应怎样利用物理介质？”

② 数据链路层：在链路上无差错地传送数据帧，即相当于“每一步该怎么走？”

③ 网络层：分组传输、路由选择和流量控制，即相当于“走哪条路可以到达该处？”

④ 传输层：从端到端经网络透明地传输报文，即相当于“对方在何处？”

⑤ 会话层：会话的管理与数据传输的同步，即相当于“轮到谁讲话和从何处讲？”

⑥ 表示层：数据格式的转换，即相当于“对方看起来像什么？”

⑦ 应用层：与用户应用进程的接口，即相当于“做什么？”

二、局域网 IEEE 802 标准

局域网的发展始于 20 世纪 70 年代，至今仍是网络发展中最活跃的一个领域。到了 20 世纪 90 年代，LAN 更是在速度、带宽等指标方面有了更大进展，并且在 LAN 的访问、服务、管理、安全和保密等方面都有了进一步的改善。局域网技术是当前计算机网络研究与应用的一个热点问题，也是目前技术发展最快的领域之一。局域网出现之后，发展迅速，类型繁多，为了促进产品的标准化以增加产品的互操作性，1980 年 2 月，美国电气和电子工程师学会（IEEE）成立了局域网标准化委员会（简称 IEEE 802 委员会），研究并制定了 IEEE 802 局域网标准。IEEE 802 制定了以太网、权标环和权标总线等一系列局域网标准，被称为 802.x 标准。

1. 以太网技术（IEEE 802.3）

IEEE 802.3 以太网技术采用带冲突检测的载波侦听多路访问（Carrier Sense Multiple Access/Collision Detection，CSMA/CD）介质访问控制方法，是一种总线型局域网，通常用于总线形拓扑结构和星形拓扑结构的局域网中。

以太网中的每个结点都能独立决定发送帧，若两个或多个结点同时发送，即产生冲突。把在一个以太网中所有相互之间可能发生冲突的结点的集合称为一个冲突域。例如对于用同轴电缆互连的以太网，其中所有结点就属于一个冲突域。当一个冲突域中的结点数目过多时，冲突

就会很频繁。因此，在以太网中结点数目过多将会严重影响网络性能。为了避免数据传输的冲突，以太网采用带有冲突检测的载波侦听多路访问机制规范结点对于共享信道的使用。每个结点都能判断是否有冲突发生，如冲突发生，则等待随机时间间隔后重发，以避免再次发生冲突。

CSMA/CD 的工作原理可概括成四点，即先听后发，边发边听，冲突停止，随机延时后重发。

总之，CSMA/CD 采用的是一种“有空就发”的竞争型访问策略，因而不可避免会出现信道空闲时多个结点同时争发的现象，无法完全消除冲突，只能是采取一些措施减少冲突，并对产生的冲突进行处理。因此采用这种协议的局域网环境不适合于对实时性要求较强的网络应用。

2．权标环（IEEE 802.5）

Token Ring 是权标传送环（Token Passing Ring）的简写，权标环网最早起源于 IBM 于 1985 年推出的环形基带网络。IEEE 802.5 标准定义了权标环网的国际规范。

权标环介质访问控制方法，是通过在环形网上传输权标的方式来实现对介质的访问控制的。只有当权标传送至环中某结点时，它才能利用环路发送或接收信息。

构建 Token Ring 网络时，需要 Token Ring 网卡、Token Ring 集线器和传输介质等。

权标环网利用一种称之为“权标（Token）”的短帧来选择拥有传输介质的结点，只有拥有令牌的结点才有权发送信息。

3．权标总线（Token–Bus）

权标总线访问控制方法是在物理总线上建立一个逻辑环，权标在逻辑环路中依次传递，其操作原理与权标环相同。权标总线综合 CSMA/CD 和 Token Ring 两种介质访问方式优点的基础上而形成的一种简单、公平、性能良好的介质访问控制方法。IEEE 802.4 标准定义了权标总线网的国际规范。

在以上 3 种局域网介质访问控制方法中，应用最广泛、发展最活跃为 IEEE 802.3 以太网技术，802.3 家族也随着以太网技术的发展出现了许多新的成员，如 802.3U（快速以太网）、802.3ab（吉比特以太网）、802.3Z（吉比特以太网）、802.3ae（万兆位以太网）、802.3an（万兆位以太网）等，以太网技术的数据传输速率也从最初的 10 Mbit/s 经过 100 Mbit/s、1 000 Mbit/s 发展到 10 Gbit/s。

在 IEEE 802.5 权标环的基础上产生了 IEEE 802.8，即光纤分布数据接口 FDDI。

三、局域网拓扑结构

在计算机网络中，把计算机、终端、通信处理机等设备抽象成点，把连接这些设备的通信线路抽象成线，并将由这些点和线所构成的拓扑称为网络拓扑结构。网络拓扑结构反映出网络的结构关系，它对于网络的性能、可靠性以及建设管理成本等都有着重要的影响，因此网络拓扑结构的设计在整个网络设计中占有十分重要的地位，在网络构建时，网络拓扑结构往往是首先要考虑的因素之一。

局域网与广域网的一个重要区别在于它们覆盖的地理范围。由于局域网设计的主要目标是覆盖一个公司、一所大学或一幢甚至几幢大楼的“有限的地理范围”，因此它在基本通信机制上选择了“共享介质”方式和“交换”方式。因此，局域网在传输介质的物理连接方式、介质访问控制方法上形成了自己的特点，在网络拓扑上主要有以下几种结构。

1. 星形拓扑（Star-Topology）

星形拓扑是由中央结点和通过点对点链路接到中央结点的各结点（网络工作站等）组成，如图 1-25 所示。星形拓扑以中央结点为中心，执行集中式通信控制策略，因此，中央结点相当复杂，而各个结点的通信处理负担都很小，又称集中式网络。中央控制器是一个具有信号分离功能的“隔离”装置，它能放大和改善网络信号，外部有一定数量的端口，每个端口连接一个结点，如集线器、交换机等。

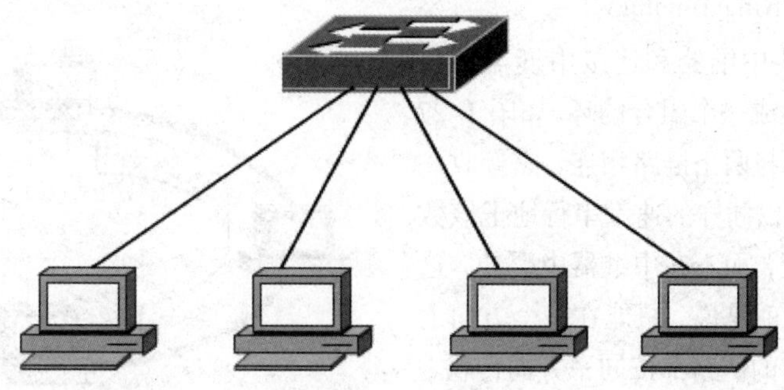

图 1-25　星形拓扑结构

星形拓扑的优点是结构简单、管理方便、可扩充性强、组网容易。利用中央结点可方便地提供网络连接和重新配置；且单个连接点的故障只影响一个设备，不会影响全网，容易检测和隔离故障，便于维护。

星形拓扑的缺点是：每个结点直接与中央结点相连，需要大量电缆，因此费用较高。

星形拓扑广泛应用于网络中智能集中于中央结点的场合。目前在传统的数据通信中，这种拓扑结构还占支配地位。

2. 总线型拓扑（Bus Topology）

总线型拓扑采用单根传输线作为传输介质，所有的结点都通过相应的硬件接口直接连接到传输介质或总线上。任何一个结点发送的信息都可以沿着介质传播，而且能被所有其他的结点接收。图 1-26 所示为总线型拓扑结构。

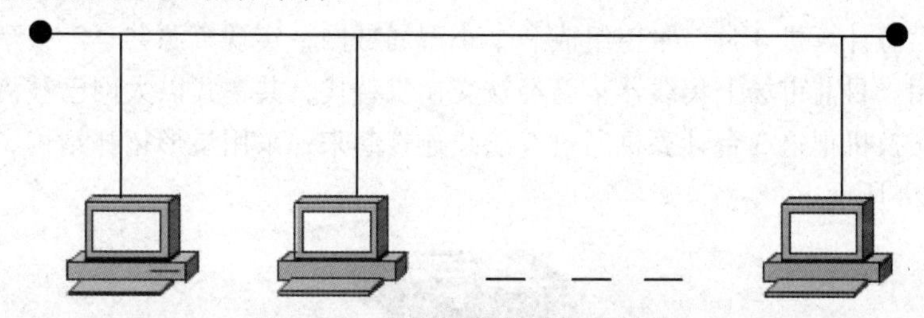

图 1-26　典型的总线型拓扑结构

由于所有的结点共享一条公用的传输链路，所以一次只能有一个设备传输数据。通常采用分布式控制策略来决定下一次哪一个结点发送信息。

发送时，发送结点将报文分组，然后依次发送这些分组，有时要与其他结点发来的分组交替地在介质上传输。当分组经过各结点时，目的结点将识别分组中携带的目的地址，然后复制这些分组的内容。这种拓扑减轻了网络通信处理的负担，它仅仅是一个无源的传输介质，而通信处理分布在各结点进行。

总线型拓扑结构的优点是：结构简单，实现容易；易于安装和维护；价格低廉，用户结点入网灵活。

总线型拓扑结构的缺点是：传输介质故障难以排除，并且由于所有结点都直接连接在总线上，因此任何一处故障都会导致整个网络的瘫痪。

不过，对于结点不多（10 个结点以下）的网络或各个结点相距不是很远的网络，采用总线拓扑还是比较适合的。但随着在局域网上传输多媒体信息的增多，目前这种网络正在被淘汰。

3．环形拓扑（Ring Topology）

环形拓扑由一些中继器和连接中继器的点到点链路首尾相连形成一个闭合的环。如图 1–27 所示，每个中继器都与两条链路相连，它接收一条链路上的数据，并以同样的速度串行地把该数据送到另一条链路上，而不在中继器中缓冲。这种链路是单向的，也就是说，只能在一个方向上传输数据，而且所有的链路都按同一方向传输，数据就在一个方向上围绕着环进行循环。

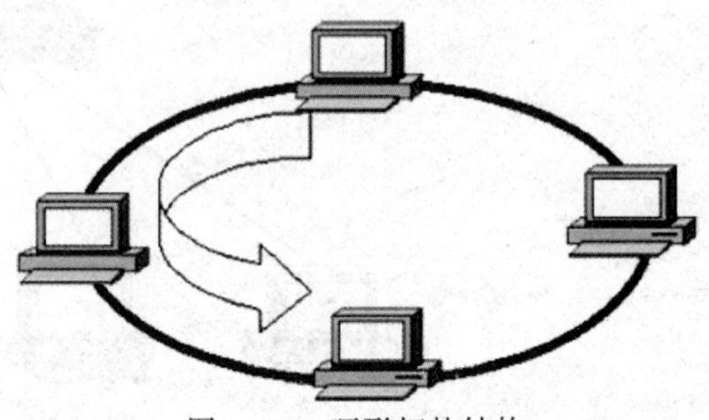

图 1–27　环形拓扑结构

由于多个设备共享一个环，因此需要对此进行控制，以便决定每个结点在什么时候可以把分组放在环上。这种功能是用分布控制的形式完成的，每个结点都有控制发送和接收的访问逻辑。由于信息包在封闭环中必须沿每个结点单向传输，因此，环中任何一段的故障都会使各结点之间的通信受阻。为了增加环形拓扑可靠性，还引入了双环拓扑。所谓双环拓扑就是在单环的基础上在各结点之间再连接一个备用环，从而当主环发生故障时，由备用环继续工作。

环形拓扑结构的优点是能够较有效地避免冲突，其缺点是环形结构中的网卡等通信部件比较昂贵且管理复杂得多。

在实际的应用中，多采用环形拓扑作为宽带高速网络的结构。

任务实施

现办事处已有计算机 3 台，希望组成一个小型局域网，实现资源共享、共享打印以及游戏娱乐等网络应用。目前市场上集线器早已经被交换机替代，共享式以太网已被淘汰，小张决定直接采用一台交换机把这 3 台计算机通过双绞线连接起来，采用星形拓扑结构，组成交换式以太网，如图 1–28 所示。

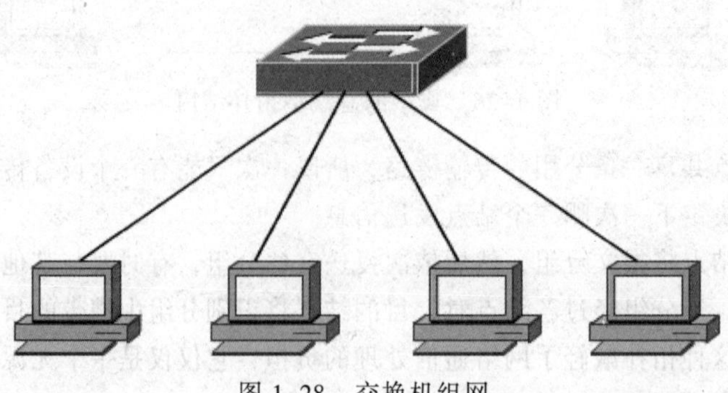

图 1–28　交换机组网

用3台计算机组网，结点采用交换机为核心，组建交换式局域网，实现文件和打印机共享，要求只有系统管理员能够读/写访问，其余操作人员只能进行读取访问。需要准备计算机3台；10/100M bit/s 交换机1台；双绞线直通线3条；打印机1台等设备耗材。

一、网络组建及配置

（1）硬件安装

按照网络拓扑图（见图1-29），用3条直通线将3台计算机连接到交换机上，检查网卡和交换机上的指示灯的连接状态，判断网络是否连通。

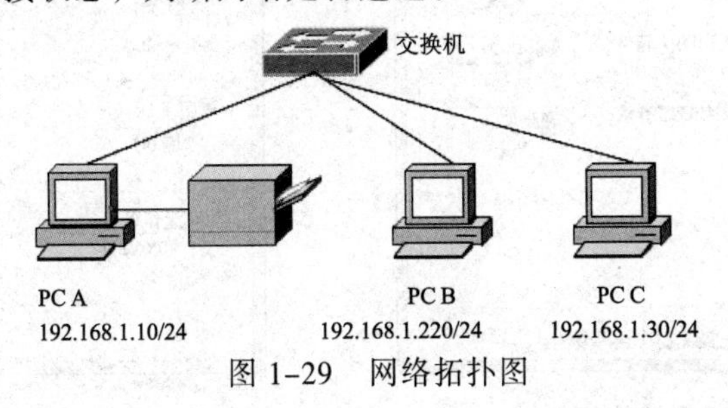

图1-29　网络拓扑图

（2）TCP/IP配置

配置PC A的IP地址为192.168.1.10，子网掩码为255.255.255.0；配置PC B的IP地址为192.168.1.20，子网掩码为255.255.255.0；配置PC C的IP地址为192.168.1.30，子网掩码为255.255.255.0。

PC A、PC B和PC C之间互相ping，检查网络的连通性。

在PC A计算机通过ping命令检查PC A和PC B、PC C之间的连通性。

在PC B计算机通过ping命令检查PC B和PC A、PC C之间的连通性。

在PC C计算机通过ping命令检查PC C和PC A、PC B之间的连通性。

（3）设置计算机名和工作组名

工作组模式是以工作组为基本管理单位，网络中每台主机自主加入工作组，成为工作组的成员，工作组成员平等，自主管理。

在"开始"菜单中右击"计算机"，在弹出的快捷菜单中选择"属性"命令，如图1-30所示。在弹出的窗口中，单击"高级系统设置"链接，如图1-31所示，弹出"系统属性"对话框，如图1-32所示。

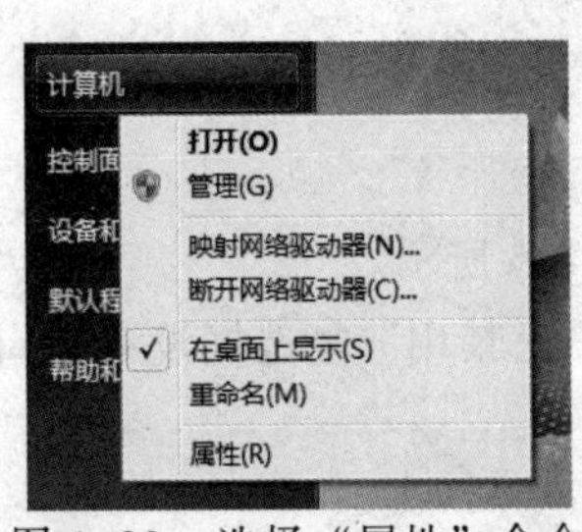

图1-30　选择"属性"命令

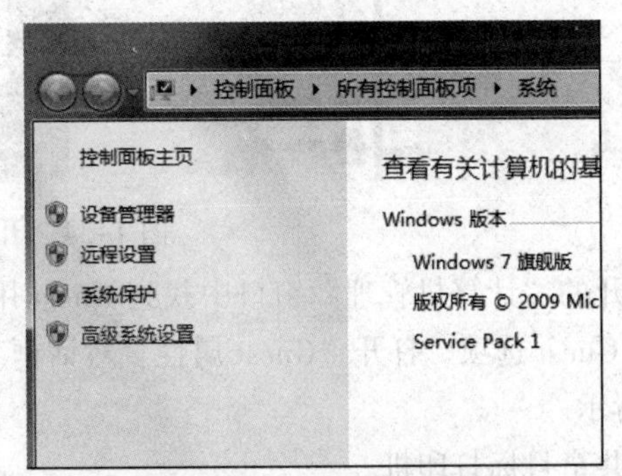

图1-31　"系统"窗口

单击“计算机名”选项卡中的“更改”按钮。在打开的对话框中可以查看及更改计算机名和工作组，如图 1-33 所示。

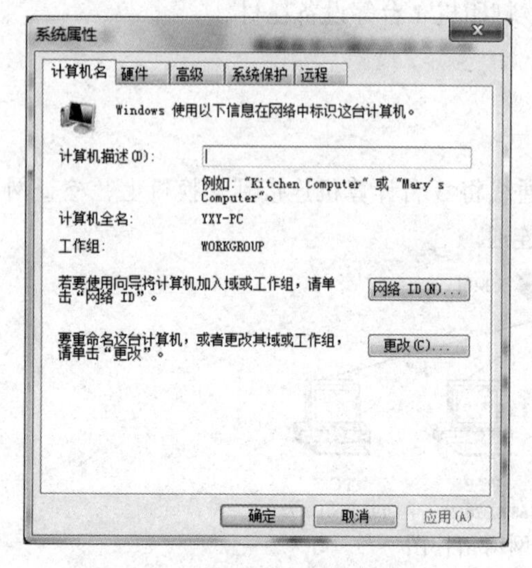

图 1-32　更改计算机名

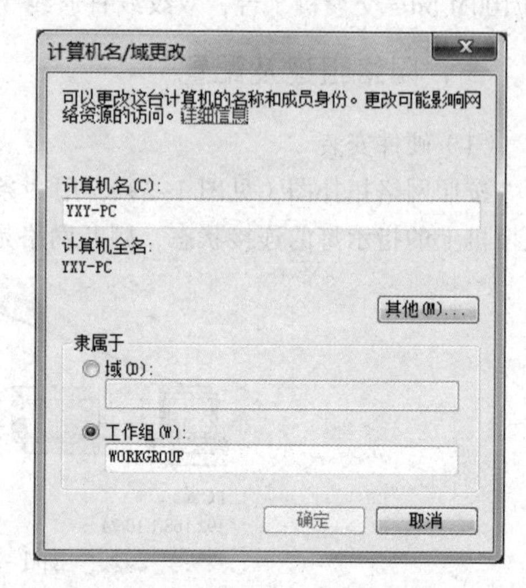

图 1-33　更改计算机名和工作组

二、设置网络打印机共享

（1）取消禁用 Guest 用户

单击“开始”按钮，在“计算机”上右击，在弹出的快捷菜单中选择“管理”命令，如图 1-34 所示。

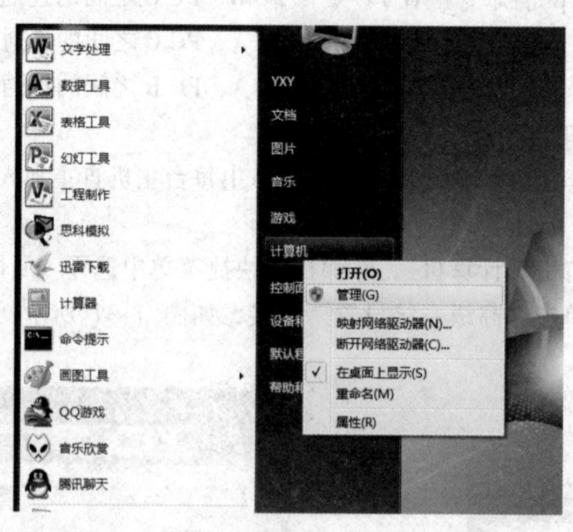

图 1-34　开始菜单

在打开的“计算机管理”窗口中找到 Guest 用户，如图 1-35 所示。

双击 Guest 选项，打开“Guest 属性”对话框，确保“账户已禁用”复选框没有被勾选，如图 1-36 所示。

（2）共享目标打印机

单击“开始”按钮，选择“设备和打印机”命令，如图 1-37 所示。

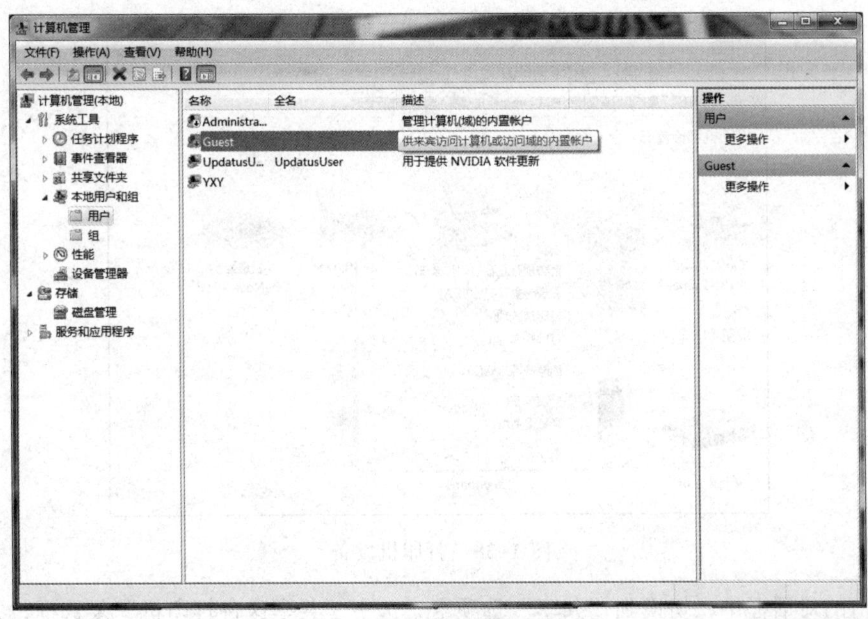

图 1-35 “计算机管理”窗口

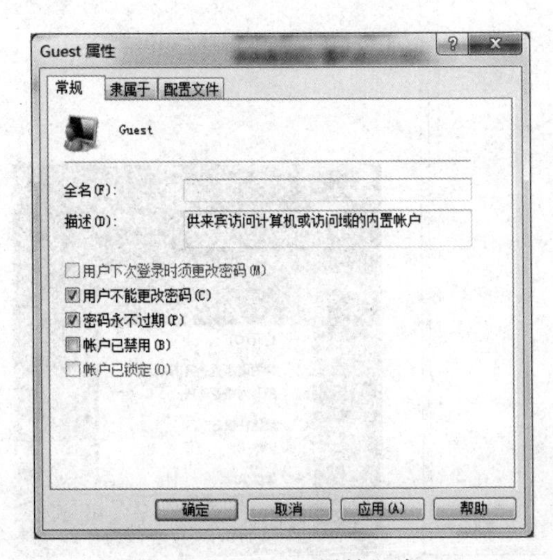

图 1-36 “Guest 属性”窗口

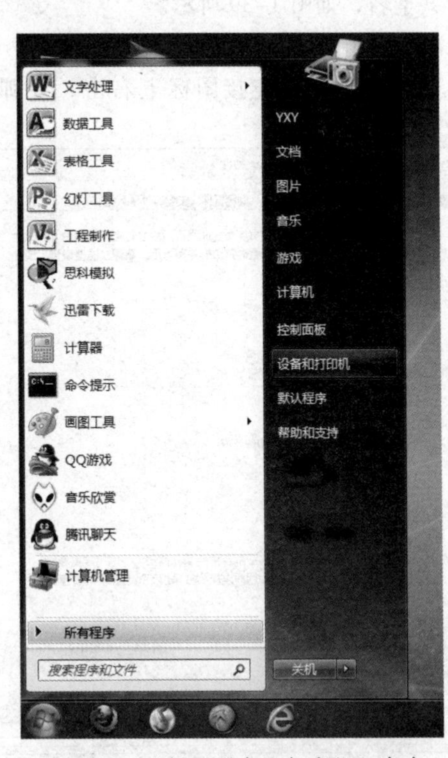

图 1-37 选择“设备和打印机”命令

在弹出的窗口中找到想共享的打印机，在该打印机上右击，在弹出的快捷菜单中选择“打印机属性”命令，如图 1-38 所示。

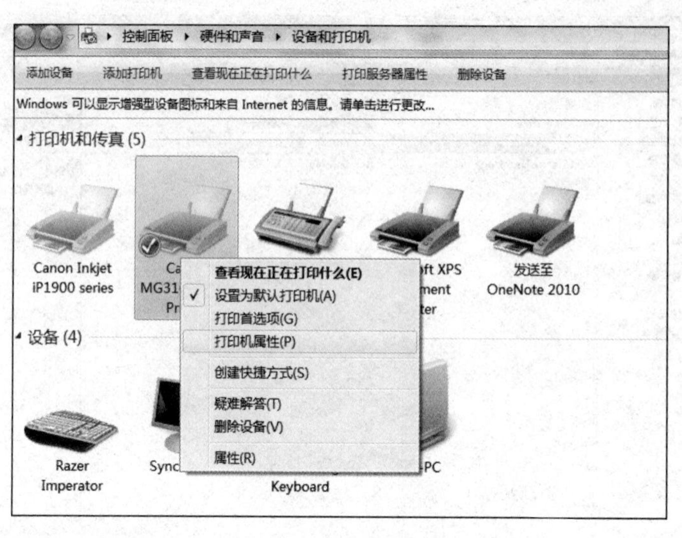

图 1-38 打印机设备

在弹出的对话框中，切换到“共享”选项卡，选中“共享这台打印机”复选框，并且设置一个共享名，如图 1-39 所示。

（3）进行高级共享设置

在桌面的网络连接图标上右击，在弹出的快捷菜单中选择“属性”命令，如图 1-40 所示。

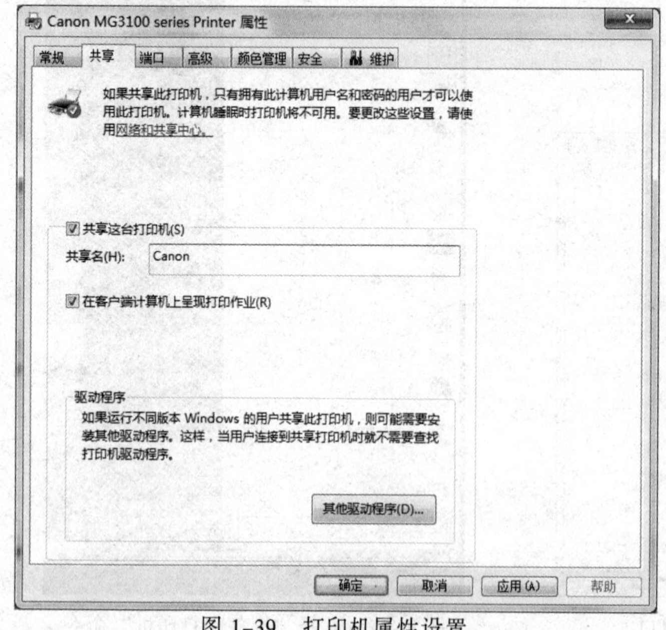

图 1-39 打印机属性设置

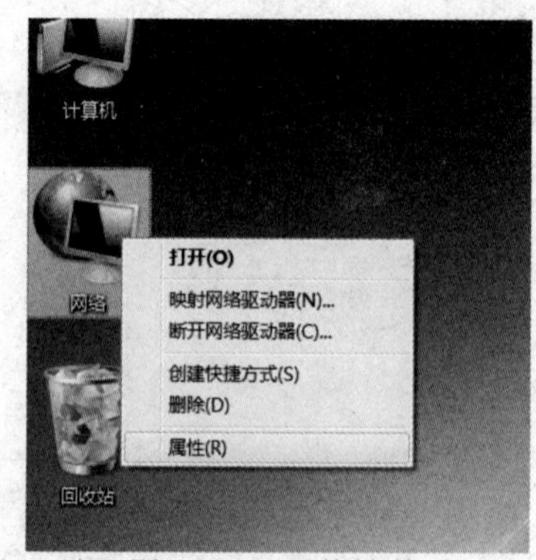

图 1-40 网络连接

在打开的窗口中单击“网络和共享中心”图标，打开图 1-41 所示的窗口。

如果是家庭或工作网络，“更改高级共享设置”的具体设置可参考图 1-42，选中“启用文件和打印机共享”及“关闭密码保护共享”单选按钮，设置完成后保存修改。

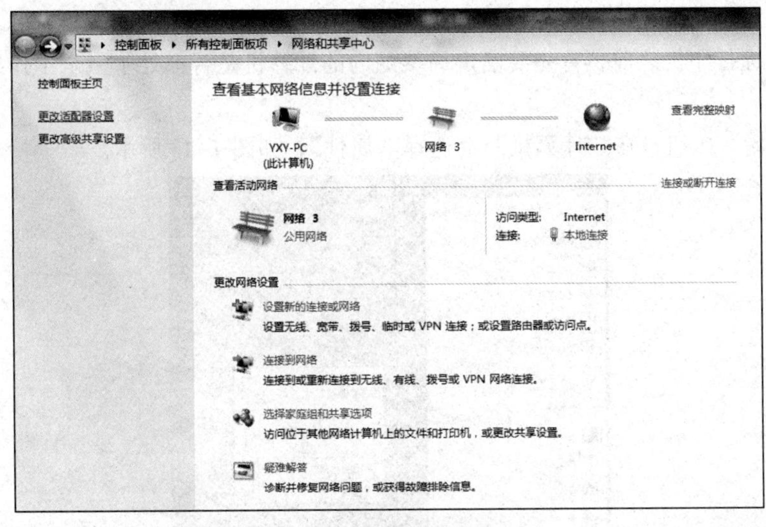

图 1-41　网络和共享中心

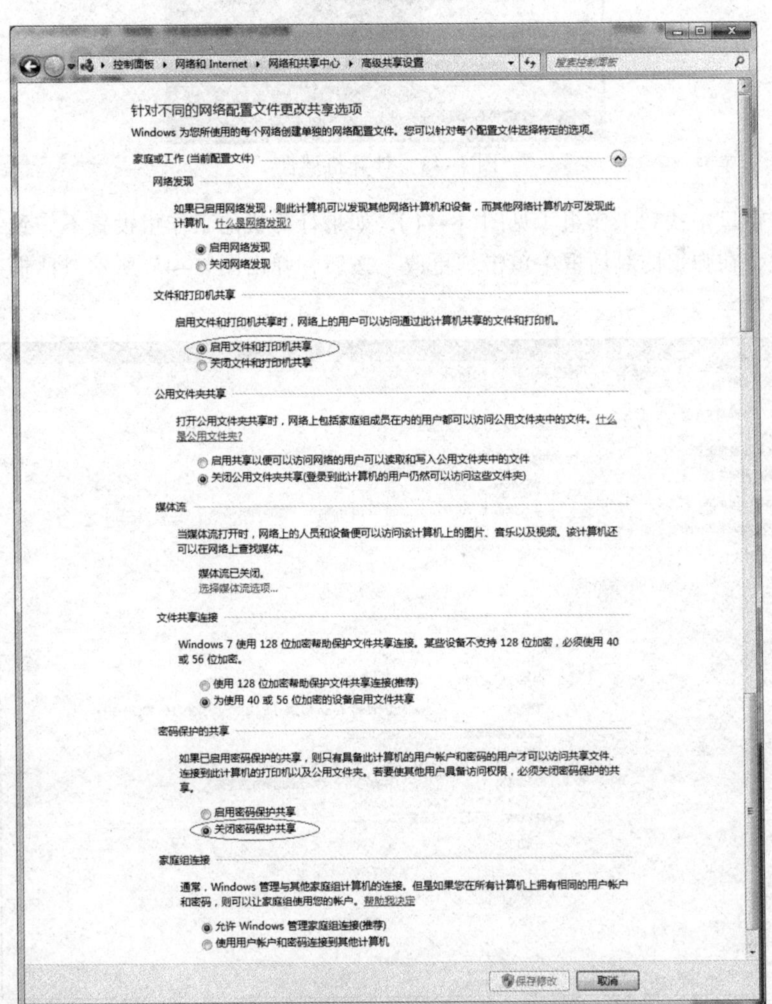

图 1-42　更改高级共享设置

（4）设置工作组

在添加目标打印机之前，首先要确定局域网内的计算机是否都处于一个工作组，具体过程如下：

单击“开始”按钮，在“计算机”上选择“属性”，如图 1-43 所示。

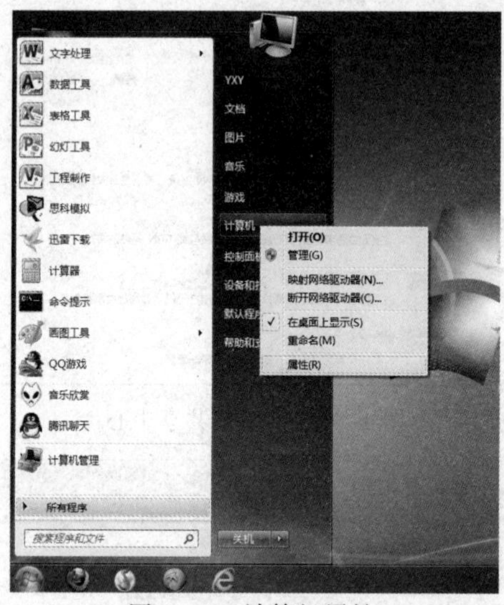

图 1-43　计算机属性

在打开的窗口中找到工作组（见图 1-44），如果计算机的工作组设置不一致，可单击“更改设置”按钮，在弹出的对话框中单击“更改”按钮，弹出图 1-45 所示对话框，在此可进行工作组的设置。

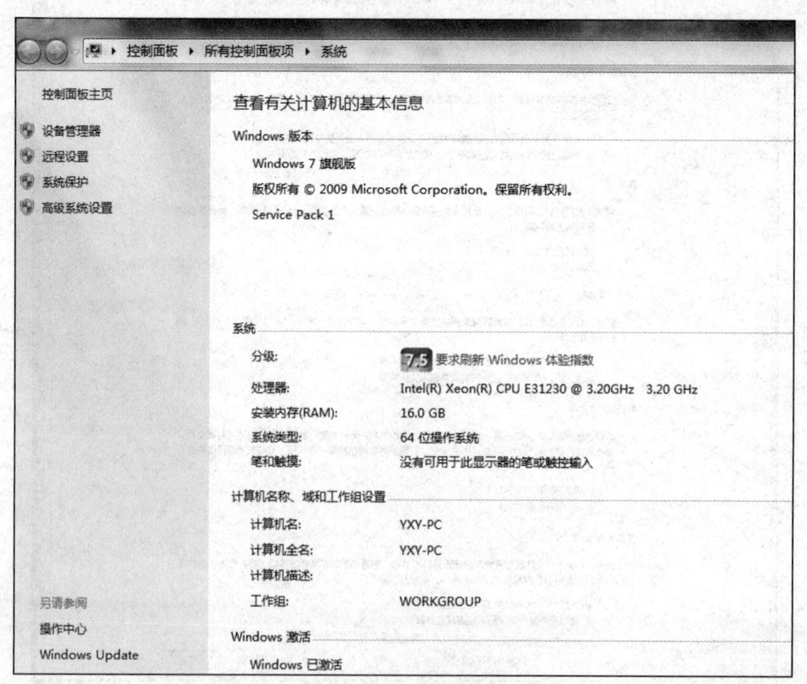

图 1-44　计算机系统页面

注意：此设置要在重启后才能生效，所以在设置完成后不要忘记重启计算机。

（5）在其他计算机上添加目标打印机

① 进入“控制面板”，打开“设备和打印机”窗口，并单击“添加打印机”链接，如图 1-46 所示。

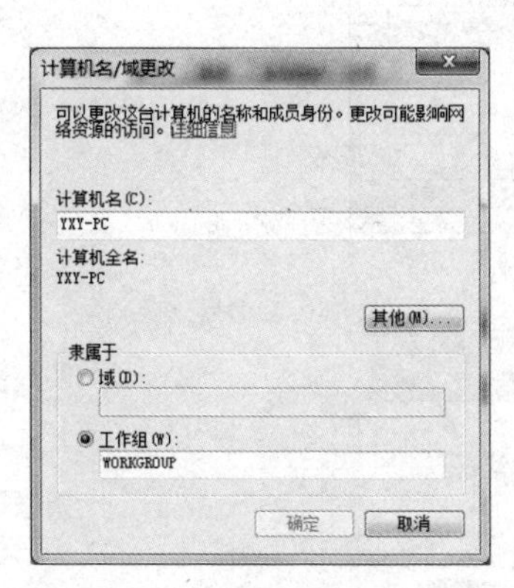

图 1-45 更改计算机名和域

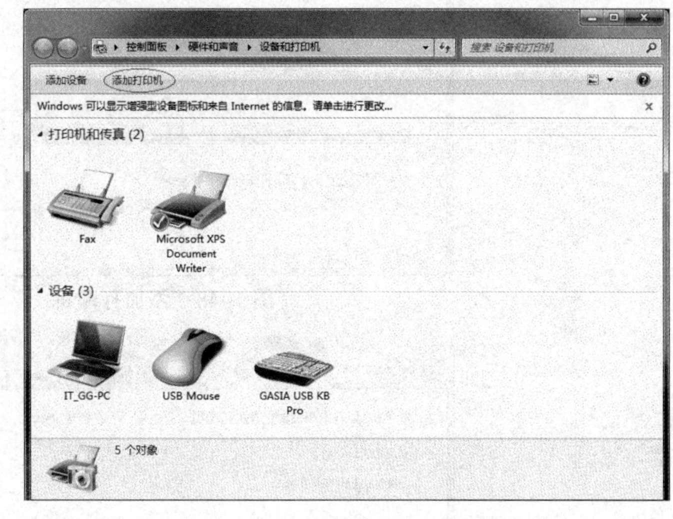

图 1-46 “设备和打印机”窗口

② 选择“添加网络、无线或 Bluetooth 打印机”选项，单击“下一步”按钮，如图 1-47 所示。

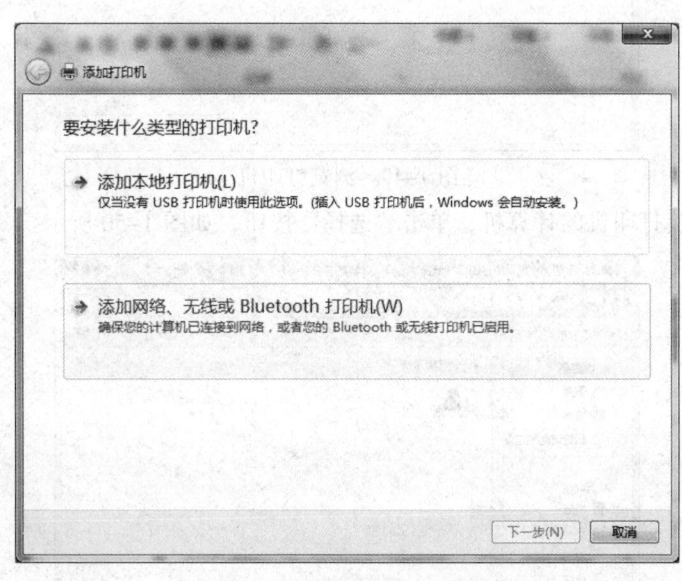

图 1-47 选择添加打印机类型

③ 系统会自动搜索可用的打印机。如果等待后系统还是找不到所需要的打印机，可单击“我需要的打印机不在列表中”选项，然后单击“下一步”按钮，如图 1-48 所示。

④ 选择“浏览打印机”单选按钮，单击“下一步”按钮，如图 1-49 所示。

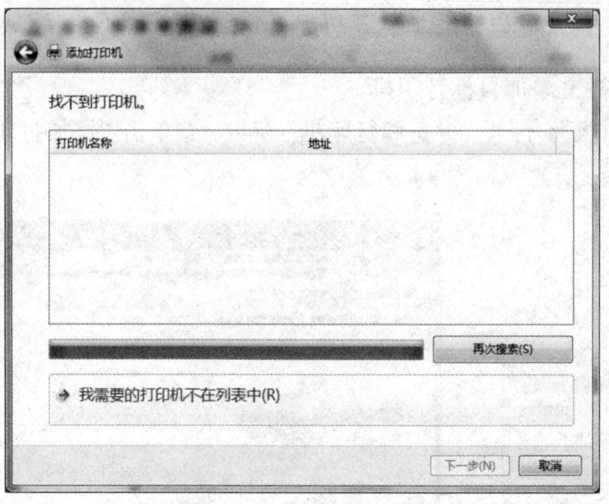

图 1-48　添加打印机

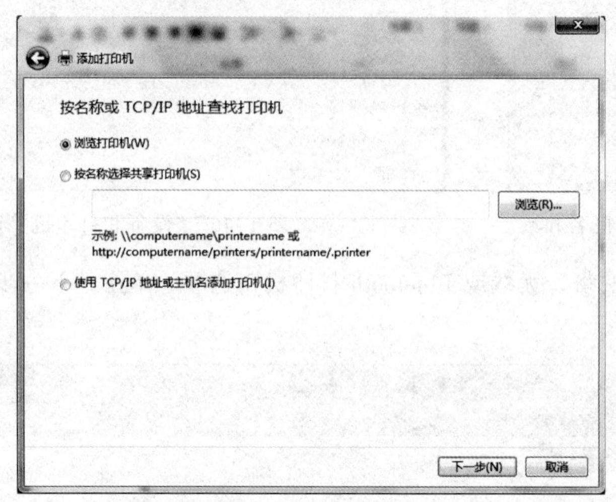

图 1-49　浏览打印机

⑤ 找到已连接打印机的计算机，单击“选择”按钮，如图 1-50 所示。

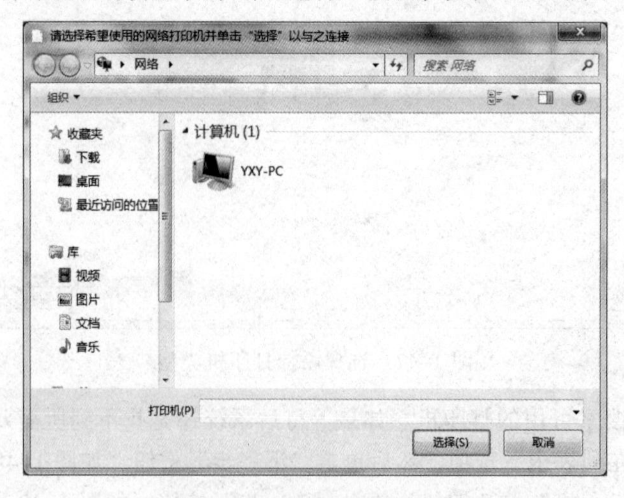

图 1-50　选择连接打印机

选择目标打印机（打印机名就是图 1-39 中设置的名称），单击“选择”按钮，如图 1-51 所示。

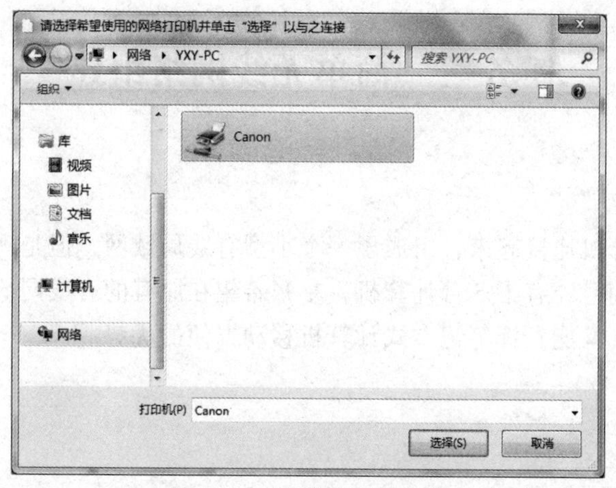

图 1-51 选择目标打印机

接下来系统会自动找到并安装该打印机的驱动。至此，打印机已成功添加。

思考练习

一、选择题

（1）OSI 参考模型，最低层是（　　）。

A. 应用层　　B. 表示层　　C. 数据链路层　　D. 物理层

（2）在以太网中，冲突（　　）。

A. 是由于介质访问控制方法的错误使用造成的　　B. 是由于网络管理员的失误造成的

C. 是一种正常现象　　D. 是一种不正常现象

（3）下面关于以太网的描述哪个是正确的（　　）。

A. 数据是以广播方式发送的

B. 所有结点可以同时发送和接收数据

C. 两个结点相互通信时，第三个结点不检测总线上的信号

D. 网络中有一个控制中心，用于控制所有结点的发送和接收

（4）采用 CSMD/CD 以太网的主要特点是（　　）。

A. 介质利用率低，但可以有效避免冲突

B. 介质利用率高，但无法避免冲突

C. 介质利用率低，且无法避免冲突

D. 介质利用率高，但可以有效避免冲突

（5）通过交换机相连的网络拓扑是（　　）。

A. 网形　　B. 环形　　C. 星形　　D. 总线型

二、简答题

（1）计算机网络中 OSI 参考模型有哪几层？简述每层的功能。

（2）在局域网上，客户端如何通过映射网络驱动器的方法，将服务器端的共享文件实现快速访问？

任务三　简单无线网络组建

办事处的多台计算机连接起来，组成了一个小型有线局域网，但是现在，又有同事添置了笔记本式计算机，目前已经有了5台计算机，小张希望在原有的有线网的基础上，组建无线网络，既不用重新布线，又能发挥笔记本式计算机移动方便的优势。

一、无线网络基础知识

1. 无线局域网（Wireless LAN, WLAN）

计算机局域网是把分布在数千米范围内的不同物理位置的计算机设备连在一起，在网络软件的支持下可以相互通信和资源共享的网络系统。通常计算机组网的传输媒介主要依赖铜缆或光缆，构成有线局域网。但有线网络在某些场合要受到布线的限制：布线、改线工程量大；线路容易损坏；网中的各结点不可移动。特别是当要把相离较远的结点联结起来时，敷设专用通信线路布线施工难度之大，费用、耗时之多，实在“令人生畏”。这些问题都对正在迅速扩大的联网需求形成了严重的瓶颈阻塞，限制了用户联网。

WLAN就是为解决有线网络以上问题而出现的。WLAN 利用电磁波在空气中发送和接收数据，而无须线缆介质。WLAN 的数据传输速率现在已经能够达到 300 Mbit/s，传输距离可远至20 km 以上。无线联网方式是对有线联网方式的一种补充和扩展，使网上的计算机具有可移动性，能快速、方便地解决以有线方式不易实现的网络联通问题。

目前支持无线网络的技术标准主要有蓝牙技术（Bluetooth）、家庭网络（Home RF）技术以及 IEEE 802.11 系列标准。

2. 无线局域网特点

与有线网络相比，WLAN 具有以下优点：

① 安装便捷：在传统的有线网络施工过程时，往往需要破墙掘地、穿线架管。而 WLAN 最大的优势就是免去或减少了这部分繁杂的网络布线的工作量，一般只要安放一个或多个接入点（Access Point，AP）设备就可建立覆盖整个建筑或地区的局域网络。

② 使用灵活：在有线网络中，网络设备的安放位置受网络信息点位置的限制。而一旦 WLAN 建成后，在无线网的信号覆盖区域内任何一个位置都可以接入网络，进行通信。

③ 经济节约：由于有线网络中缺少灵活性，这就要求网络的规划者尽可能地考虑未来的发展的需要，这就往往导致需要预设大量利用率较低的信息点。而一旦网络的发展超出了设计规划时的预期，又要花费较多费用进行网络改造。而 WLAN 可以避免或减少以上情况的发生。

④ 易于扩展：WLAN 有多种配置方式，能够根据实际需要灵活选择。这样，WLAN 能够胜任小到只有几个用户的小型局域网、大到上千用户的大型网络，并且能够提供像“漫游（Roaming）”等有线网络无法提供的特性。

二、无线网络硬件设备

组建无线局域网的网络设备主要包括：无线网卡、无线访问接入点、无线网桥和天线，几乎所有的无线网络产品中都自含无线发射/接收功能。

1. 无线网卡

无线网卡在无线局域网中的作用相当于有线网卡在有线局域网中的作用。按无线网卡的总线类型可分为适用于台式计算机的 PCI 接口的无线网卡，适用笔记本式计算机的 PCMCIA 接口的无线网卡，如图 1-52 所示；笔记本式计算机和台式计算机均可使用 USB 接口的无线网卡，如图 1-53 所示。

图 1-52　笔记本式计算机无线网卡

图 1-53　USB 接口的无线网卡

2. 无线访问接入点

无线访问接入点，又称无线网桥，主要提供无线工作站对有线局域网和从有线局域网对无线工作站的访问。在访问接入点覆盖范围内的无线工作站均可通过 AP 分享有线局域网甚至 Internet 的资源。目前，大多数的无线 AP 都支持多用户接入，主要用于宽带家庭、大楼内部以及园区内部，典型距离为几十米至上百米，如图 1-54 所示。除此之外，用于大楼之间的联网通信的室外无线 AP（见图 1-55），其典型传输距离为几千米到几十千米，为难以布线的场所提供可靠、高性能的网络连接。

图 1-54　室内无线 AP

图 1-55　室外无线 AP

3. 无线路由器

无线路由器集成了无线 AP 的接入功能和路由器的第三层路径选择功能，无线路由器除了基本的 AP 功能外，还带有路由、DHCP、NAT 等功能。因此，无线路由器既能实现宽带接入共享，又能轻松拥有有线局域网的功能。绝大多数无线宽带路由器都拥有 4 个以太网交换口（RJ-45 接口），可以当作有线宽带路由器使用。

4．天线

天线（Antenna）的功能则是将信号源发送的信号由天线传送至远处。天线一般有定向性（Uni-directional）与全向性（Omni-directional）之分，前者较适合长距离使用，而后者则较适合区域性的应用。例如，若要将在第一栋楼内无线网络的范围扩展到一千米甚至数千米以外的第二栋楼，其中的一个方法是在每栋楼上安装一个定向天线，天线的方向互相对准，第一栋楼的天线经过网桥接到有线网络上，第二栋楼的天线是接在第二栋楼的网桥上，如此无线网络就可接通相距较远的两个或多个建筑物。

三、无线局域网的组网模式

将以上几种无线局域网设备结合在一起使用，就可以组建出多层次、无线与有线并存的计算机网络。一般来说，组建无线局域网时，可供选择的方案主要有两种：一种是无中心无线 AP 结构的自组（Ad-hoc）网络模式，一种为有中心无线 AP 结构的基础结构网络模式（Infrastructure）。

1．自组网络模式

自组网络又称对等网络，即点对点（Point to Point）网络，是最简单的无线局域网结构，是一种无中心拓扑结构，网络连接的计算机具有平等的通信关系，仅适用于较少数的计算机无线互联（通常是在 5 台主机以内）。简单地说，无线对等网就是指无线网卡+无线网卡组成的局域网，不需要安装无线 AP 或无线路由器，如图 1-56 所示。

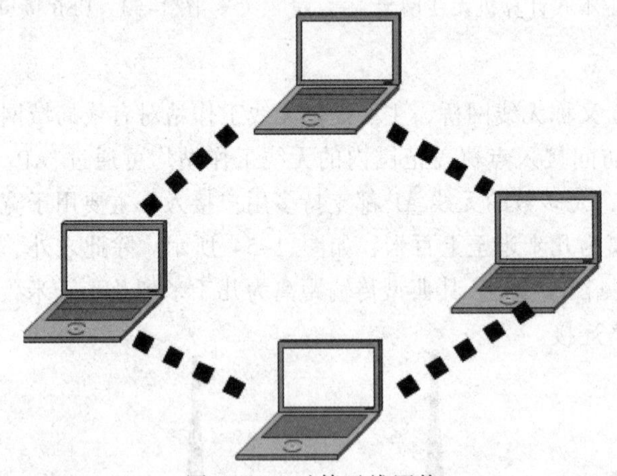

图 1-56　对等无线网络

任何时间，只要两个或更多的无线网络接口互相都在彼此的范围之内，它们就可以建立一个独立的网络。可以实现点对点或点对多点连接。自组网络不需要固定设施，是临时组成的网络，非常适合野外作业和军事领域。组建这种网络，只需要在每台计算机中插入一块无线网卡，不需要其他任何设备就可以完成通信。

该无线组网方式的原理是每个安装无线网卡的计算机相当于一个虚拟 AP（软 AP），即类似于一个无线基站。在无线网卡信号覆盖范围内，两个基站之间可以进行信息交换，既是工作站又是服务器。

2．基础结构网络模式

Ad-Hoc 结构的无线局域网只适用于纯粹的无线环境或者数量有限的几台计算机之间的对接。在实际的应用中，如果需要把无线局域网和有线局域网连接起来，或者有数量众多的计算机需要进行无线连接，最好采用以无线 AP 为中心的 Infrastructure 结构模式。

在具有一定数量用户或是需要建立一个稳定的无线网络平台时，一般会采用以 AP 为中心的模式，将有限的“信息点”扩展为“信息区”，这种模式也是无线局域网最为普通的构建模式，即基础结构模式。在基础结构网络中，要求有一个无线固定基站充当中心站，所有结点对网络的访问均由其控制，如图 1-57 所示。

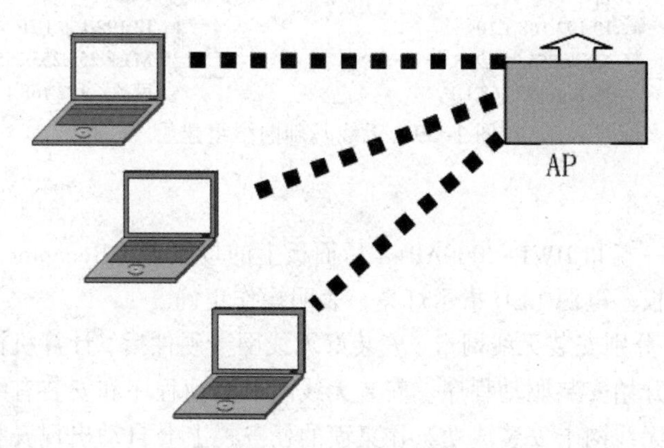

图 1-57　基础结构无线网络

基础结构网络（Infrastucture）模式网络是一种整合有线与无线局域网架构的应用模式。在这种模式中，无线网卡与无线 AP 进行无线连接，在通过无线 AP 与有线网络建立连接。

任务实施

小张希望在原有的有线网的基础上，组建无线网络，即把无线局域网和有线局域网连接起来，Ad-Hoc 模式对等无线网络无法达到要求，需要组建以无线 AP 为中心的 Infrastructure 结构模式无线网络，如图 1-58 所示。

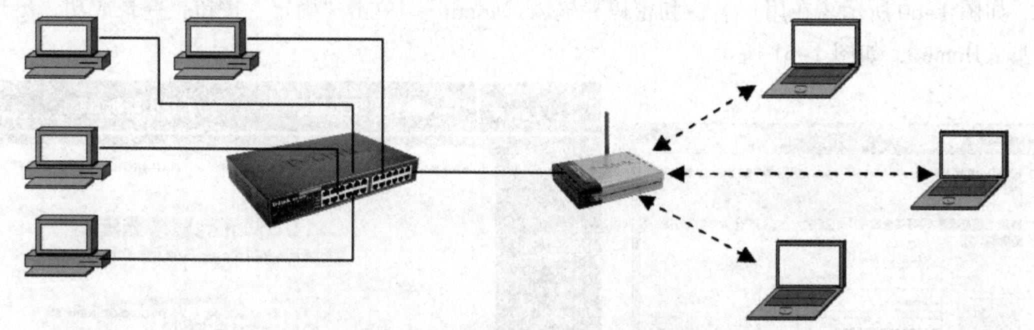

图 1-58　无线局域网和有线局域网互联

下面，以两台计算机通过无线 AP 组建 Infrastructure 无线基础网络为例进行介绍。具体步骤如下：

一、无线网络组建及配置

（1）硬件安装

按照图 1-59 所示进行连接，使用一条直通网线直接将 DWL-2000AP+A 与用于配置的计算机连接。连接 LED 灯亮，表明以太网连接正确。

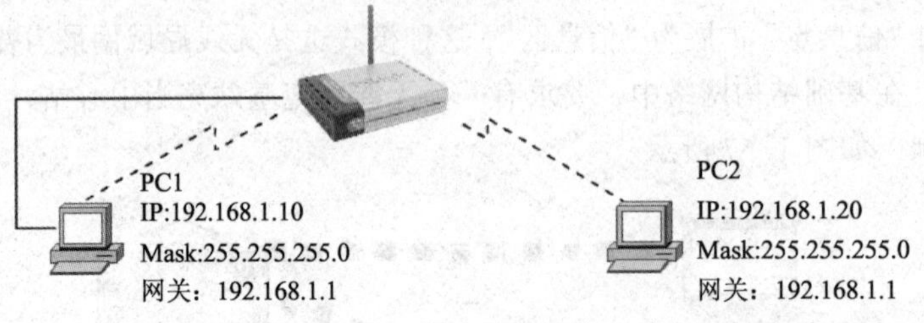

图 1-59　无线基础网络组建

将电源适配器的一端和 DWL-2000AP+A 后面板上的接收器（Receptor）相连，另一端插入墙面电源插座或插线板。电源 LED 指示灯亮，表明操作正确。

在 PC1 和 PC2 上分别安装无线网卡。安装好无线网卡硬件后，计算机操作系统会自动识别到新硬件标识，提示开始安装驱动程序。安装无线网卡驱动程序和安装有线网卡一样，在这里不再详细介绍。如果无线网卡安装成功，在桌面的任务栏上会自动出现安装成功，自动搜索无线信号的连接标识。

（2）连接无线接入设备 AP，搭建基础结构无线网络

配置 PC1 计算机的本地连接，设置 TCP/IP。

因无线接入设备 AP 的管理地址为 192.168.1.1，因此 PC1 计算机的本地连接的 TCP/IP 设置应保证为同一网段，进行以下设置：IP 地址：192.168.0.10；子网掩码：255.255.255.0；默认网关：192.168.1.1。

在 PC1 计算机上登录无线接入设备的管理界面。

打开 Web 浏览器，在 URL 地址条中输入 http://192.168.1.1，按【Enter】键。弹出登录界面，如图 1-60 所示。在用户名栏和密码栏输入“admin”。单击“确定”按钮，登录成功，出现首页（Home），如图 1-61 所示。

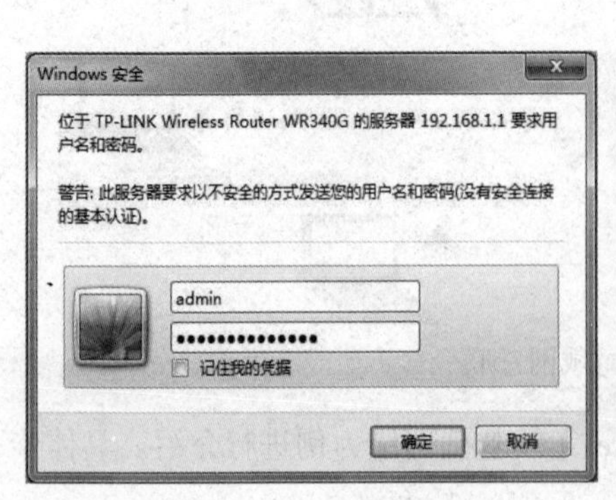

图 1-60　登录界面

图 1-61　登录成功

（3）配置无线 AP

在图 1-61 中，单击“无线设置”链接，打开“无线网络基本设置”窗口，可以进行设置SSID 号和信道、模式以及频段带宽等操作。其中 SSID 号作为无线网络的标识号。设置完成，单击“保存”按钮。具体设置如图 1-62 所示。

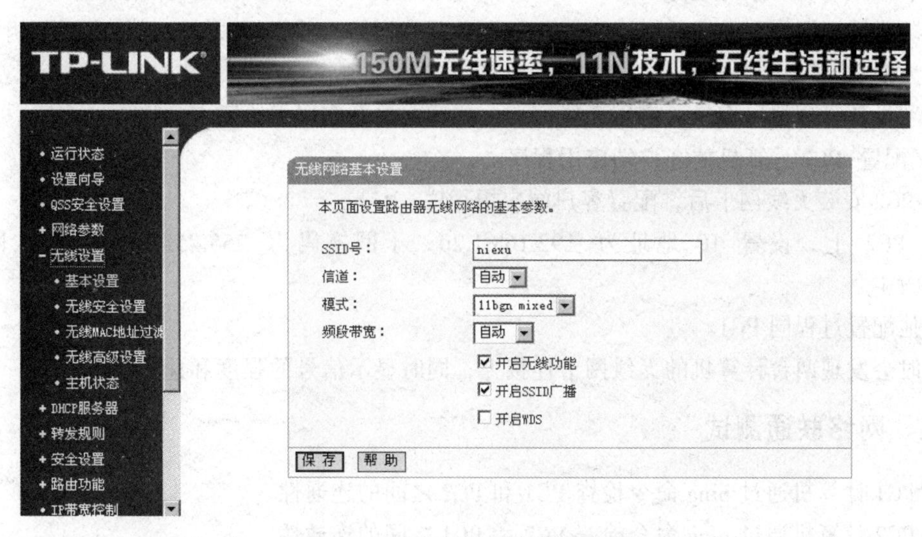

图 1-62 “无线网络基本设置”窗口

在图 1-62 中，单击“无线设置”链接中的“无线安全设置”，打开“无线网络安全设置”窗口，启用 WPA-PSK/WPA2-PSK AES 加密方法，可以进行设置认证类型、加密算法、PSK 密码、组密钥更新周期等操作。其中 PSK 密码作为无线网络的标识号对应下的密码。设置完成，单击窗口下方“保存”按钮。具体设置如图 1-63 所示。

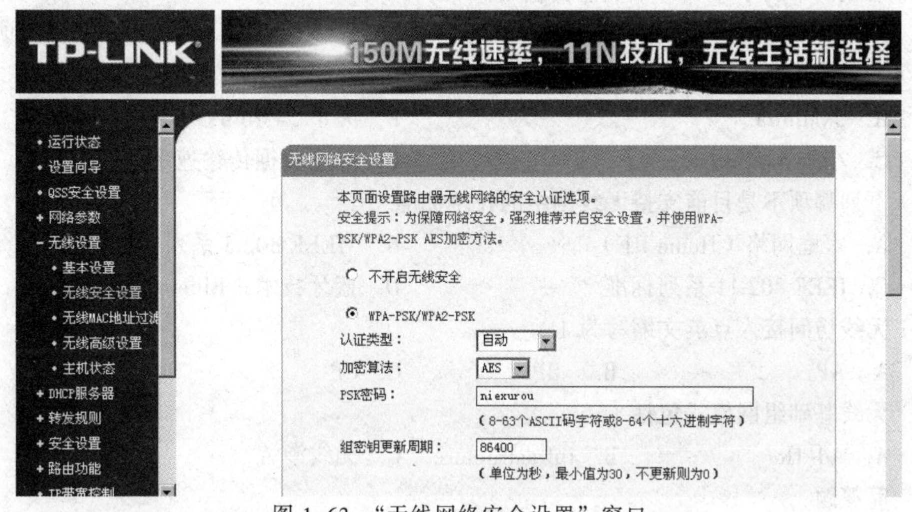

图 1-63 “无线网络安全设置”窗口

二、网络客户端配置

当网卡安装成功后，可以在桌面右下角看到网卡客户端应用程序的标识，该图标能够根据不同的颜色和接收到的信号标识（RSSI）来表示不同的信号强度。

① 配置 PC1 计算机的客户端应用程序。

在 PC1 安装无线网卡后，配置客户端应用程序。

在 PC1 上，设置 IP 地址为 192.168.1.10，子网掩码为 255.255.255.0，默认网关为 192.168.1.1。

在“连接到网络”中选择标识为“niexu”的无线网络，并根据“键入网络安全密钥”的提示下输入安全关键字“niexuron”。

在“设备管理器”窗口，停用无线网卡，然后在重新启用无线网卡。

② 配置 PC2 计算机的客户端应用程序。

在 PC2 安装无线网卡后，配置客户端应用程序。

在 PC2 上，设置 IP 地址为 192.168.1.20，子网掩码为 255.255.255.0，默认网关为 192.168.1.1。

其他配置过程同 PC1。

此时会发现两台计算机的无线网卡连接上，同时显示信号的强度和速率。

三、网络联通测试

在 PC1 计算机通过 ping 命令检查 PC1 和 PC2 之间的连通性。

在 PC2 计算机通过 ping 命令检查 PC2 和 PC1 之间的连通性。

思考练习

一、选择题

（1）无线网络属于（　　）类型的网络。

A. LAN　　B. WAN　　C. MAN　　D. 以上选项都不是

（2）如果使用的无线设备标注的网络数据传输速度是 54Mbit/s，实际传输速率是（　　）。

A. 54Mbit/s　　B. 大于 54Mbit/s.

C. 小于 54Mbit/s　　D. 标准数据传输速率的一半左右

（3）下列哪项不是目前支持无线网络的技术标准？（　　）

A. 家庭网络（Home RF）　　B. IEEE 802.3 系列标准

C. IEEE 802.11 系列标准　　D. 蓝牙技术（Bluetooth）

（4）无线访问接入点英文缩写为（　　）。

A. AP　　B. BP　　C. CP　　D. DP

（5）无线基础组网模式包括（　　）。

A. Ad-Hoc　　B. Infrastructure　　C. 无线漫游　　D. anyIP

二、简答题

（1）无线局域网有什么特点？

（2）无线局域网的组网模式 Ad-hoc 网络模式、Infrastructure 网络模式有什么不同？

任务四　简单网络接入互联网

任务描述

小张运用网络知识和技能，将办事处的计算机组建了一个小型有线、无线混合的局域网。小张希望在原有的局域网的基础上，将局域网接入 Internet，实现局域网中的计算机共享网络中无穷无尽的资源，更好地使用互联网开展公司的业务活动，同时也节约了上网的成本。

相关知识

随着网络技术和通信技术的高速发展，特别是 Internet 的飞速发展，全球一体化的学习和生活方式也凸现出来。人们不再仅仅满足于单位内部网络的信息共享，更需要和单位外部的网络，甚至世界各地的远程网络互相连接，享受一体化、全方位的信息服务。

那么有哪些方式且如何接入 Internet 呢？Internet 接入技术很多，除了传统的拨号接入外，目前正广泛兴起的宽带接入充分显示了其不可比拟的优势和强劲的生命力。宽带是一个相对于窄带而言的电信术语，为动态指标，用于度量用户享用的业务带宽，目前国际还没有统一的定义，一般而论宽带是指用户，接入数据传输速率达到 2 Mbit/s 及以上、可以提供 24 h 在线的网络基础设备和服务。

宽带接入技术主要包括以现有电话网铜线为基础的 xDSL 接入技术、以电缆电视为基础的混合光纤同轴（HFC）接入技术、以太网接入技术、光纤接入技术等多种有线接入技术以及无线接入技术。

一、接入网技术

接入网负责将用户的局域网或计算机连接到骨干网。它是用户与 Internet 连接的最后一步，因此又称最后一公里技术。

接入网（Access Network，AN），又称用户环路，是指交换局到用户终端之间的所有通信设备，主要用来完成用户接入核心网（骨干网）的任务。

接入网根据使用的媒质可以分为有线接入网和无线接入网两大类，其中有线接入网又可分为铜线接入网、光纤接入网、光纤同轴电缆混合接入网等，无线接入网又可分为固定接入网、移动接入网。

二、ADSL 接入技术

在众多宽带接入方式中，ADSL 是最早，也是直到目前为止应用最广泛的一种。

ADSL（Asymmetrical Digital Subscriber Line，非对称数字用户线路）是一种在电话网络中实现高速接入 Internet 的技术，是 xDSL（HDSL、SDSL、VDSL、ADSL 和 RADSL）家族中的一种宽带技术，是目前应用最广泛的一种宽带接入技术。它利用现有的双绞电话铜线提供独享“非对称速率”的下行速率（从端局到用户）和上行速率（从用户到端局）的通信宽带。

三、Cable Modem 接入技术

在“三网合一”的工程之中，对原有的光纤/同轴电缆混合网（Community Antenna Television，CATV）进行技术改造，将同轴电缆划分为三个带宽，使之在传送模拟 CATV 信号的同时也传送非对称的数字信号。数字信号在电视模拟信号所占频带 50~550 MHz 的两侧进行传送，这就是 Internet 宽带接入的光纤同轴混合网（Hybrid Fiber Coax，HFC）方案。

任务实施

宽带光纤专线接入 Internet 是未来网络接入的主流方式，光纤到桌面是未来网络发展趋势。但目前仍为过渡阶段，很多地方的光纤网络建设还不成熟，通过电话接入 Internet 仍是一个主要的方式，最早就是使用一台普通 Modem 通过电话拨号接入 Internet，但使用普通的 Modem 上网和打电话只能二者取其一，并且网络速度慢一般只有 56Kbit/s，基本上已经淘汰。目前中国电信提供的 ADSL 网络快车业务，既能在现有的电话线路上通过 ADSL Modem 上网，并且上网的同时不影响电话的正常使用，而网络速度也有大幅度的提升。

一、安装准备

首先到电信部门申请 ADSL 业务，得到 ADSL 宽带账户，ADSL Modem 以及附件若干。具体安装设备准备如下：要接入互联网的 3 台计算机（已经安装了以太网卡及其驱动程序）；3 条直通线，1 台 ADSL 调制解调器，宽带路由器，1 条电话线，1 部电话，1 个分离器，2 条电话连线，1 个从电信公司申请的 ADSL 账户及密码，ADSL 拨号软件（星空极速客户端 2.1）等。

二、硬件安装

按照图 1-64 所示进行硬件连接。

① 用电话线连接墙上的电话插座和分离器的 LINE 端口。

② 用电话线连接 ADSL 的 DSL 端口和分离器的 MODEM 端口。

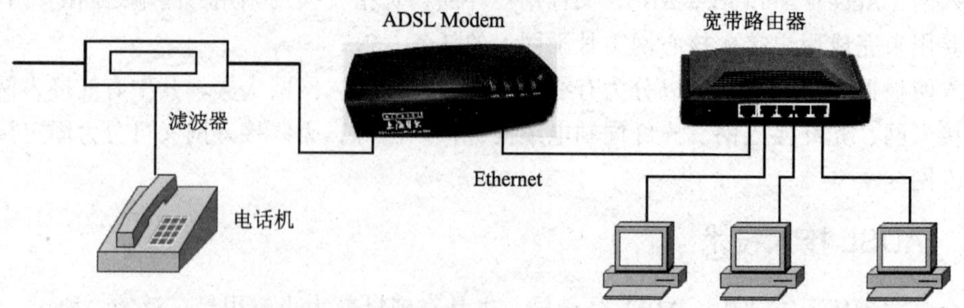

图 1-64　4 台以内的小型网络接入 Internet

③ 用电话线连接电话机和分离器的 PHONE 端口。

④ 用直通网线连接 ADSL 的网络接口和宽带路由器的 WAN 口。

⑤ 用直通线将计算机连接到宽带路由器的 LAN 口。

⑥ 将电源适配器插入电源插座，给 ADSL 和宽带路由器接上电源。

三、启动路由功能

将计算机、ADSL 调制解调器和宽带路由器连接好，多数 ADSL 的默认 IP 地址为 192.168.1.1，可以在设备的说明书中查到。计算机与 ADSL 设置在同一网段中，否则将无法通信。将计算机的 IP 地址设置为 192.168.1.2 ~ 192.168.1.254 之间的地址，子网掩码设为 255.255.255.0 即可。

四、设置宽带路由器

① 根据设备使用说明书，在 IE 地址栏中输入 192.168.1.1，登录宽带路由器管理界面，输入根据设备使用说明书，在 IE 地址栏中输入说明书中的用户名及密码即可对带有路由功能的 ADSL 进行配置，如图 1-65 所示。

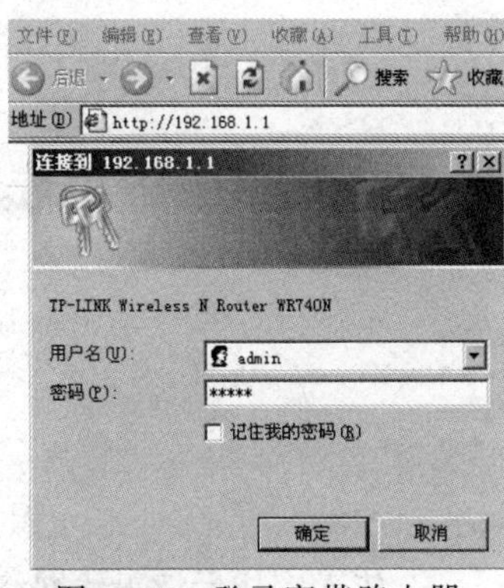

图 1-65　登录宽带路由器

② 单击“确定”按钮后，进入路由器的主管理界面。在路由器的主管理界面左侧的菜单列,是一系列的管理选项，通过这些选项就可以对路由器的运行情况进行管理控制了，如图 1-66 所示。

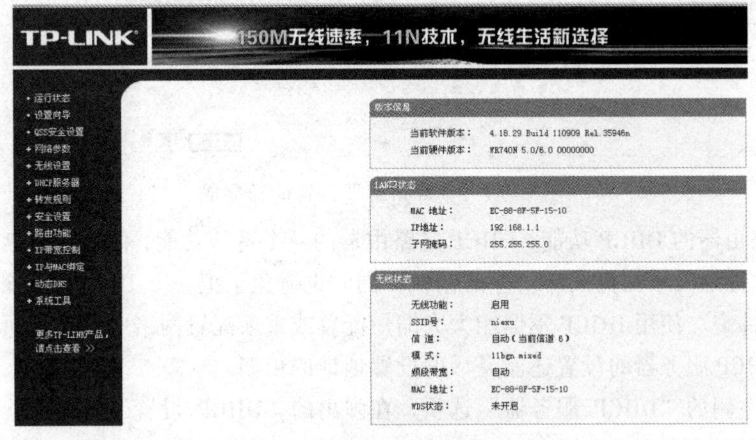

图 1-66　宽带路由器配置界面

③ 第一次进入路由器管理界面（也可以在路由器主管理界面点击左边菜单中的“设置向导”选项），会弹出一个“设置向导”界面，如图 1-67 所示。

图 1-67　宽带路由器设置向导

④ 单击“下一步”按钮，选择“PPPOE”选项，如图 1-68 所示。单击“下一步”按钮，在“上网账号”和“上网口令”对话框中分别输入对应的用户名和密码，如图 1-69 所示。由

于 ADSL 可以自动分配 IP 地址、DNS 服务器，所以这两项都不填写。直接在对应连接模式中，选择“自动连接”项，这样一开机就可以连入网络，大大增加了办公效率。

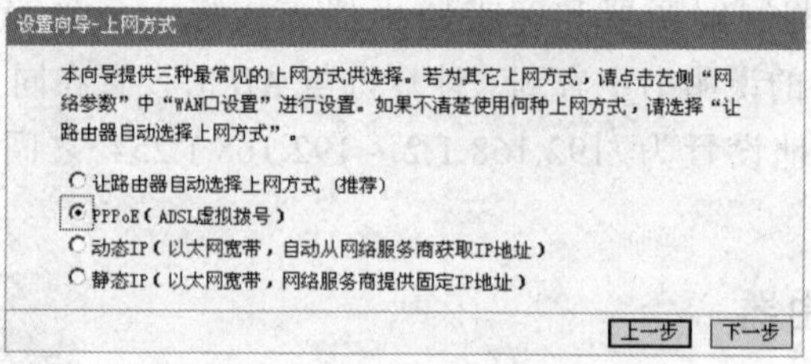

图 1-68　宽带路由器选择上网方式

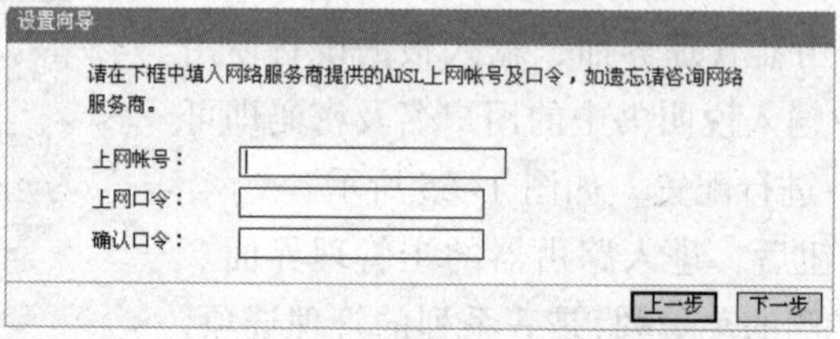

图 1-69　宽带路由器输入上网账号和口令

⑤ 依次完成后续无线网络等设置，最后点击“完成”按钮即可，如图 1-70 所示。

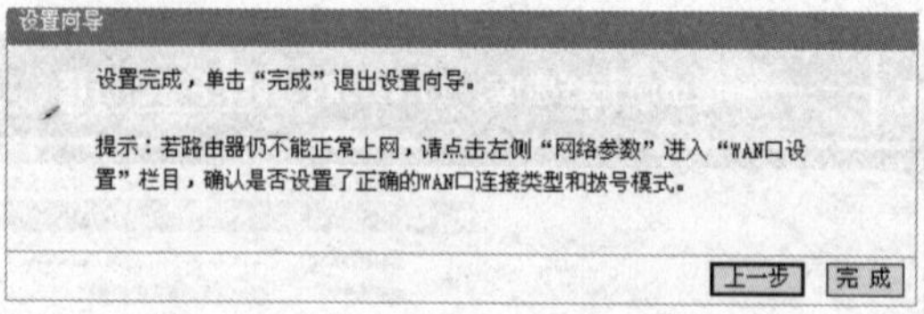

图 1-70　宽带路由器设置向导完成

⑥ 设置路由器的 DHCP 功能：DHCP 是路由器的一个特殊功能，使用 DHCP 我们可以避免因手工设置 IP 地址及子网掩码所产生的错误，同时也避免了把一个 IP 地址分配给多台工作站所造成的地址冲突。使用 DHCP 不但能大大缩短配置或重新配置网络中工作站所花费的时间，而且通过对 DHCP 服务器的设置还能灵活的设置地址的租期。

单击界面左侧的“DHCP 服务器”选项，在弹出的“DHCP 设置”窗口中，单击“启用”按钮。而“地址池开始地址”和“地址池结束地址”选项分别为 192.168.1.X 和 192.168.1.Y（X < Y，要注意 X 不能是 0、1，Y 不能是 255），在此我们可以任意输入 IP 地址的第 4 地址段。设置完毕后单击“保存”按钮，如图 1-71 所示。

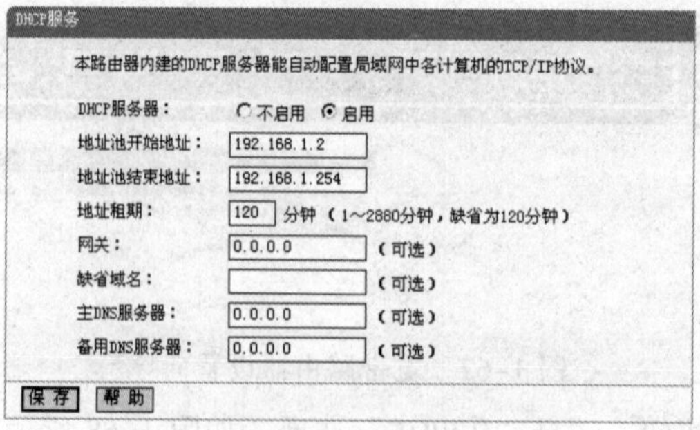

图 1-71　宽带路由器 DHCP 设置

五、客户机网卡的设置

当客户机按照上述方法连接到路由器的 LAN 口之后，就应该对网卡进行 IP 设置，通常有两种方法：

1. 选择“自动获取 IP 地址”单选按钮

如果宽带路由器打开 DHCP 功能，则客户机的网卡就可以选择“自动获取 IP 地址”单选按钮，如图 1-72 所示。

2. 选择“使用下面的 IP 地址”单选按钮

如果宽带路由器没有打开 DHCP 功能，则客户机的网卡就可以选择“使用下面的 IP 地址”单选按钮。在前面的宽带路由器 IP，地址为 192.168.1.1，则局域网内的所有客户机的 IP 地址应该在同一网段，如图 1-73 所示。

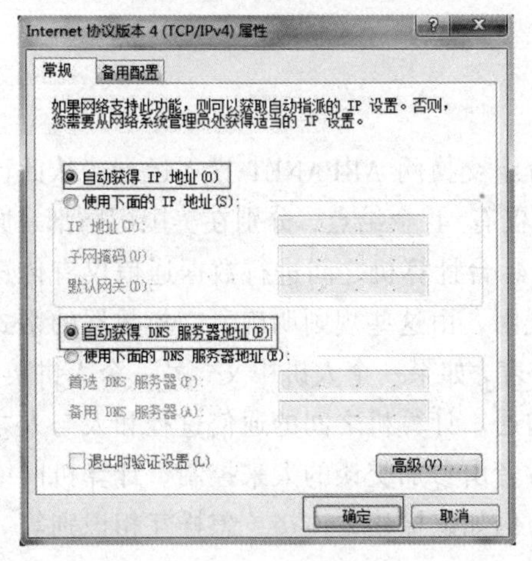

图 1-72　自动获取 IP 地址

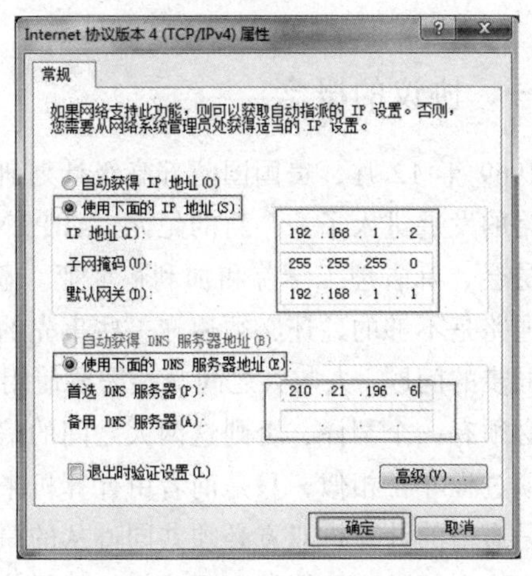

图 1-73　使用下面的 IP 地址

六、验收

在客户机上 Ping 192.168.1.1，检查客户机和宽带路由器之间的连通性。

在客户机上 IE 浏览器中输入网址，检查是否实现共享上网。

思 考 练 习

一、选择题

（1）宽带接入技术中通过电话线的方式接入技术是（　　）。

A. xDSL 接入技术　　B. 同轴（HFC）接入技术

C. 以太网接入技术　　D. 光纤接入技术

（2）接入网的英文缩写为（　　）。

A. NN　　B. CN　　C. AN　　D. BN

（3）目前最常见的宽带接入是（　　）。

A. xDSL 接入技术　　B. 同轴（HFC）接入技术

C. 以太网接入技术　　　　D. 光纤接入技术

（4）目前从理论上最快的宽带接入是（　　）。

A. xDSL 接入技术　　　　B. 同轴（HFC）接入技术

C. 以太网接入技术　　　　D. 光纤接入技术

（5）ADSL 虚拟拨号英文缩写为（　　）。

A. PPPoA　　B. PPPoE　　C. PPPoG　　D. PPPoP

二、简答题

（1）宽带接入技术主要有哪几种?

（2）通过 ADSL 接入，在路由器中如何进行带宽限制的设置?

扩展知识　OSI 体系结构

一、协议的概念

1969 年 12 月，美国国防部高级计划研究署的分组交换网 ARPANET 投入运行，从此计算机网络的发展进入了一个新的纪元。ARPANET 当时仅有 4 个结点，分别在美国国防部、原子能委员会、麻省理工学院和加利福尼亚。显然在这 4 台计算机之间进行数据通信仅有传送数据的通路是不够的，还必须遵守一些事先约定好的规则，由这些规则明确所交换数据的格式及有关同步的问题。人与人之间交谈需要使用同一种语言，如果一个人讲中文，另一个人讲英文，那就必须有一个翻译，否则这两人之间的信息无法沟通。计算机之间的通信过程和人与人之间的交谈过程非常相似，只是前者由计算机来控制，后者由参加交谈的人来控制。计算机网络协议就是通信的计算机双方必须共同遵从的一组约定。例如怎样建立连接，怎样互相识别等。只有遵守这个约定，计算机之间才能相互通信和交流。

通常网络协议由 3 个要素组成。

① 语法，即控制信息或数据的结构和格式；

② 语义，即需要发出何种控制信息，完成何种动作以及做出何种应答；

③ 同步，即事件实现顺序的详细说明。

二、开放系统互联参考模型系统结构

ARPANET 的实践经验表明，对于非常复杂的计算机多络而言，其结构最好是采用层次型的。

根据这一特点，国际标准化组织 ISO 推出了开放系统互联参考模型（Open SystemInterconnect Reference Model，OSI RM）。该模型定义了不同计算机互联的标准，是设计和描述计算机网络通信的基本框架。开放系统互边参考模型的系统结构就是层次式的，共分 7 层。在该模型中层与层之间进行对等通信，且这种通信只是逻辑上的，真正的通信都是在最底层——物理层实现的，每一层要完成相应的功能，下一层为上一层提供服务，从而把复杂的通信过程分成了多个独立的、比较容易解决的子问题。

从历史上看，在制定计算机网络标准方面，起着很大作用的两个国际组织是：国际标准化组织和国际电报电话咨询委员会（International Telephone and Telegraph Consultative Committee，CCITT）。ISO 与 CCITT 工作的领域是不同的，ISO 是一个全球性的非政府组织，是国际标准化领域中一个十分重要的组织。ISO 的任务是促进全球范围内的标准化及其有关活动，以利于国际间产品与服务的交流，以及在知识、科学、技术和经济活动中发展国际间的相互合作。CCITT 现更名为国际电信联盟电信标准化部（ITU-T），其主要职能是完成电联有关电信标准方面的目标，即研究电信技术、操作和资费等问题，出版建议书。虽然 OSI 标准在一开始是由 ISO 来制定，但后来的许多标准都是 ISO 与 CCITT 联合制定的。CCITT 的建议书 X.200 就是讲解开放系统互联参考模型（见图 1-74）的。

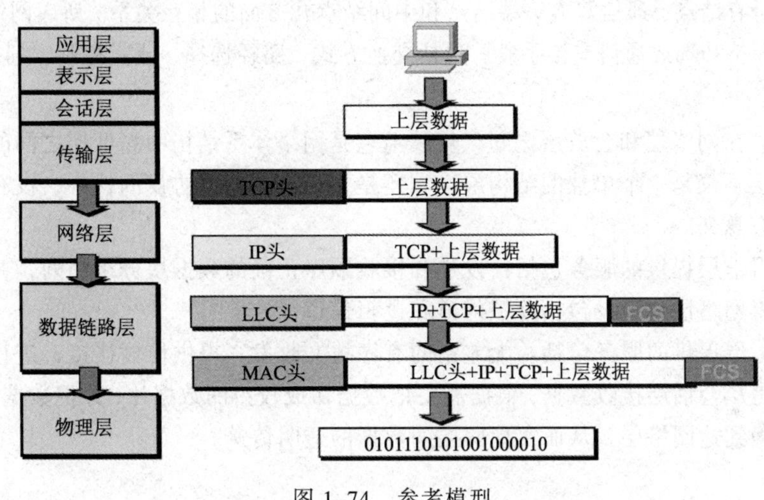

图 1-74　参考模型

三、开放系统互联参考模型各层的功能

1. 物理层

物理层是 OSI 分层结构体系中最重要、最基础的一层，它建立在传输媒介基础上，实现设备之间的物理接口。物理层只是接收和发送一串比特流，不考虑信息的意义和信息的结构。它包括对连接到网络上的设备描述其各种机械的、电气的和功能的规定，还定义电位的高低、变化的间隔、电缆的类型、连接器的特性等。物理层的数据单位是位。物理层的功能是实现实体之间的按位传输，保证按位传输的正确性，并向数据链路层提供一个透明的位流传输。在数据终端设备、数据通信和交换设备等设备之间完成对数据链路的建立、保持和拆除操作。

2. 数据链路层

数据链路层实现实体间数据的可靠传送。通过物理层建立起来的链路，将具有一定意义和结构的信息，正确地在实体之间进行传输，同时为其上面的网络层提供有效的服务。在数据链路层中对物理链路上产生的差错进行检测和校正，采用差错控制技术保证数据通信的正确性；数据链路层还提供流量控制服务，以保证发送方不致因为速度快而导致接收方来不及正确接收数据。数据链路层的数据单位是帧。

数据链路层的功能是实现系统实体间二进制信息块的正确传输。为网络层提供可靠无错误的数据信息。在数据链路中，需要解决的问题包括：信息模式、操作模式、差错控制、流量控制、信息交换过程控制和通信控制规程。

3．网络层

网络层也称通信子网层，是高层协议与低层协议之间的界面层，用于控制通信子网的操作，是通信子网与资源子网的接口。网络层的主要任务是提供路由，为信息包的传送选择一条最佳路径。网络层还具有拥塞控制、信息包顺序控制及网络记账等功能。在网络层交换的数据单元是包。

网络层的功能是向传输层提供服务，同时接受来自数据链路层的服务。其主要功能是实现整个网络系统内连接，为传输层提供整个网络范围内两个终端用户之间数据传输的通路。它涉及整个网络范围内所有结点、通信双方终端结点和中间结点几方面的相互关系。所以网络层的任务就是提供建立、保持和释放通信连接手段，包括交换方式、路径选择、流量控制、拥塞与死锁等。

4．传输层

传输层建立在网络层和会放层之间，实质上它是网络体系结构中高低层之间的衔接的一个接口层。传输层不仅是一个单独的结构层，它还是整个分层体系协议的核心，没有传输层整个分层协议就没有意义。

传输层获得下层提供的服务包括：发送和接收顺序正确的数据块分组序列，并用其构成传输层数据；获得网络层地址，包括虚拟信道和逻辑信道。

传输层向上层提供的服务包括：无差错的有序报文收发；提供传输连接；进行流量控制。传输层的功能是从会话层接收数据，根据需要把数据切成较小的数据片，并把数据送给网络层，确保数据片正确到达网络层，从而实现两层间数据的透明传送。

5．会话层

会话层用于建立、管理以及终止两个应用系统之间的会话。它是用户连接到网络的接口。它的基本任务是负责两主机间的原始报文传输。会话层为表示层提供服务，同时接受传输层的服务。为实现在表示层实体之间传送数据，会话连接必须被映射到传输连接上。会话层的功能包括：会话层连接到传输层的映射、会话连接的流量控制、数据传输、会话连接恢复与释放、会话连接管理、差错控制。会话层提供给表示层的服务包括：数据交换、隔离服务、交互管理、会话连接同步和异常报告。

会话层最重要的特征是数据交换。与传输连接相似，一个会话分为建立链路、数据交换和释放链路 3 个阶段。

6．表示层

表示层向上对应用层服务，向下接受来自会话层的服务。表示层是为了应用过程之间传送的信息提供表示方法的服务，它关心的只是发出信息的语法与语义。表示层要完成某些特定的功能，主要有不同数据编码格式的转换，提供数据压缩、解压缩服务，对数据进行加密、解密。表示层为应用层提供的服务包括：语法选择，语法转换等。语法选择是提供一种初始语法和以后修改这种选择的手段。语法转换涉及代码转换和字符集的转换、数据格式的修改以及对数据结构操作的适配。

7．应用层

网络应用层是通信用户之间的窗口，为用户提供网络管理、文件传输、事务处理等服务。其中包含了若干个独立的、用户通用的服务协议模块。网络应用层是 OSI 的最高层，为网络用户之间的通信提供专用的程序。应用层的内容主要取决于用户的各自需要，这一层涉及的主要问题是：分布数据库、分布计算技术、网络操作系统和分布操作系统、远程文件传输、电子邮件、终端电话及远程作业登录与控制等。目前应用层在国际上几乎没有完整的标准，是一个范围很广的研究领域。在 OSI 的 7 个层次中，应用层是最复杂的，所包含的应用层协议也最多，有些还正在研究和开发之中。

四、TCP/IP

1. TCP/IP 的概念

前面说过，协议是互相通信的计算机双方必须共同遵从的一组约定。TCP/IP（传输控制协议/网际协议）就是这样的约定，它规定了计算机之间互相通信的方法。TCP/IP 是为了使接入因特网的异种网络、不同设备之间能够进行正常的数据通信，而预先制定的一簇大家共同遵守的格式和约定。该协议是美国国防部高级研究计划署为建立 ARPANET 开发的，在这个协议簇中，两个最知名的协议就是传输控制协议（Transfer Control Protocol，TCP）和网际协议（Internet Protocol，IP），故而整个协议集被称为 TCP/IP。之所以说 TCP/IP 是一个协议簇，是因为 TCP/IP 包括了 TCP、IP、UDP、ICMP、RIP、TELNET、FTP、SMTP、ARP 等许多协议，对因特网中主机的寻址方式、主机的命名机制、信息的传输规则，以及各种各样的服务功能均做了详细约定，这些约定集合在一起称为 TCP/IP。由于因特网在全球范围内迅速发展，因此因特网所使用的协议 TCP/IP 在计算机网络领域中占有十分重要的地位。

2. TCP/IP 结构

TCP/IP 和开放系统互联参考模型一样，是一个分层结构。协议的分层使得各层的任务和目的十分明确，这样有得于软件编写和通信控制。TCP/IP 分为 4 层，由下至上分别是网络接口层、网际层、传输层和应用层。最上层是应用层，就是和用户交互的部分，用户在应用层上进行操作，如收发电子邮件、文件传输等。也就是说，用户必须通过应用层才能表达出他的意愿，从而达到目的，其中简单网络管理协议 SNMP 就是一个典型的应用层协议。再往下是传输层，它的主要功能是：对应用层传递过来的用户信息进行分段处理，然后在各段信息中加入一些附加的说明，如说明各段的顺序等，保证对方收到可靠的信息。该层有两个协议，一个是传输控制协议（TCP），另一个是用户数据包协议 UDP（User Datagram Protocol），SNMP 就是基于 UDP 协议的一个应用协议。接着是网络层，它将传输层形成的一段一段的信息打成 IP 数据包，在报头中填入地址信息，然后选择好发送的路径。本层的网际协议（IP）和传输层的 TCP 是 TCP/IP 体系中两个最重要的协议。与 IP 协议配套使用的是以下 3 个协议：地址解析协议（Address Resolution Protocol，ARP）、逆向地址解析协议（Reverse Address Resolution Protocol，RARP）、因特网控制报文协议（Internet Control Message Protocol，ICMP）。图 1-75 表示出了这 3 个协议和网际协议 IP 的关系。在这一层中，ARP 和 RARP 在最下面，因为 IP 经常要使用这两个协议。ICMP 在这一层的上部，因为它要使用 IP 协议。这 3 个协议将在后面陆续介绍。由于网际协议 IP 可以使互连起来的许多计算机网络能够进行通信，因此 TCP/IP 体系中的网络层常常称为网际层（Internet Layer）。最低层是网络接口层，也称链路层，其功能是接收和发送 IP 数据包，负责与网络中的传输媒介打交道。

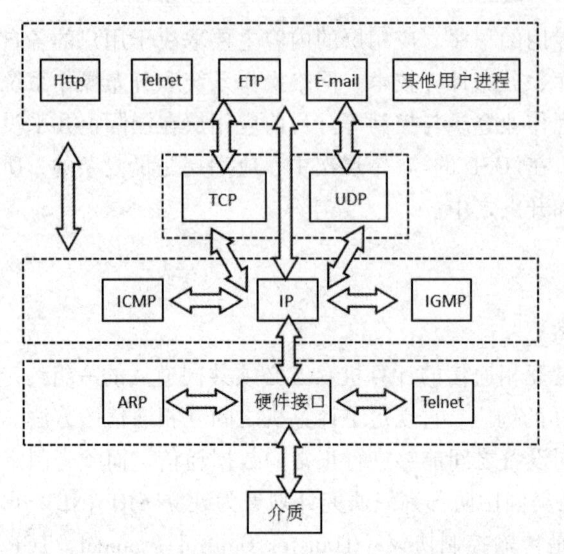

图 1-75　ARP、RARP、ICMP 与 IP 协议的关系

TCP/IP 本质上采用的是分组交换技术，其基本意思是把信息分割成一个个不超过一定大小的信息包传送出去。分组交换技术的优点是：一方面可以避免单个用户长时间占用网络线路，另一方面是在传输出错时不必全部重新传送，只须将出错的包重新传输即可。

TCP/IP 规范了网络上的所有通信，尤其是一个主机与另一个主机之间的数据往来格式以及传送方式。可以将数据传送过程形象地理解为：TCP 和 IP 就像两个信封，要传递的信息被划分成若干段，每一段塞入一个 TCP 信封，并在该信封上记录分段号信息，再将 TCP 信封塞入 IP 大信封，发送上网。在接收端，每个 TCP 软件包收集信封，抽出数据，按发送前的顺序还原，并加以校验，若发现差错，TCP 将会要求重发。因此，TCP/IP 在因特网中可以无差错地传送数据。

3．TCP/IP 与 OSI RM 的关系

TCP/IP 与 OSI RM 之间的对应关系如图 1-76 所示，其中应用层对应了 OSI 模型的上 3 层，网络接口层对应了 OSI 模型的下两层。值得注意的是，在一些问题的处理上，TCP/IP 与 OSI 是很不相同的。

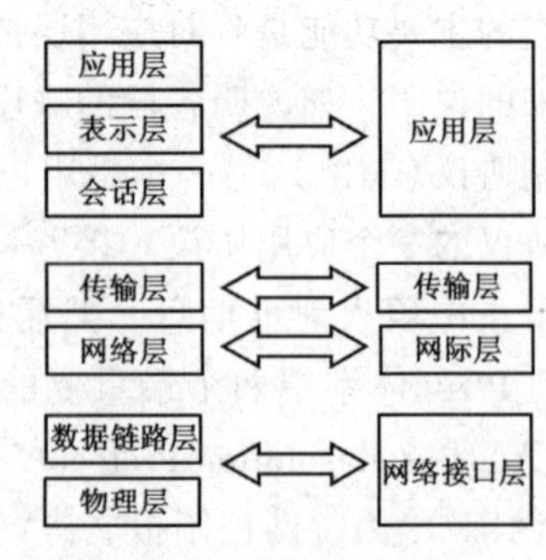

图 1-76　TCP/IP 与 OSI RM 之间的关系

① TCP/IP 一开始就考虑到多种异构网（Heterogeneous Network）的互联问题，并将网际协议 IP 作为 TCP/IP 的重要组成部分。但 ISO 和 CCITT 最初只考虑到使用一种标准的公用数据网将各种不同的系统互联在一起。后来，ISO 认识到了国际协议 IP 的重要性，然而已经来不及了，只好在网络层中划分出一个子层来完成类似 TCP/IP 中 IP 的作用。

② TCP/IP 一开始就对在向连接服务和无连接服务并重，而 OSI 在开始时只强调面向连接服务，一直到很晚 OSI 才开始制定无连接服务的有关标准。无连接服务的数据包对于互联网中的数据传送以及分组话音通信（即在分组交换网里传送话音信息）都是十分方便的。

③ TCP/IP 有较好的网络管理功能，而 OSI 到后来才开始考虑这个问题。

项 目 小 结

在项目一中，我们以小型办事处网络的组建为例，学习了网络的基本概念和术语、网络基本的设备及其功能，要求掌握双绞线的制作，简单的有线网络、无线网络的组建方法，以及简单的网络接入互联网的方法。

在组建局域网时，通常需要用一些网络设备将计算机连接起来。常用的局域网组网设备包括集线器、交换机、路由器等。

方式 1：集线器是以前使用较广泛的网络设备之一，不过由于集线器的所有端口共享集线器带宽，所以连接的计算机越多，网络速度越慢。因此，随着交换机、路由器价格的下降，中小型建网方案中已经放弃了集线器。

方式 2：交换机也是目前使用较广泛的网络设备之一，同样用来组建星形拓扑的网络。从外观上看，交换机与集线器几乎一样，但是，由于交换机采用了交换技术，其性能大大优于集线器。不过，考虑到共享上网的需要，由于交换机及大多数宽带服务商提供的 ADSL MODEM 不支持 ADSL 拨号功能，因此，在家用共享上网的组网中已经不太常用。

方式 3：利用宽带路由器共享宽带上网是目前最方便的方案。宽带路由器跟代理服务器的原理很相似。购买了宽带路由器就省去了买交换机或集线器的必要。只要把每台计算机的网线插到路由器的端口，利用宽带路由器的自动拨号功能，就可以轻松地实现共享上网，省去了每次开机拨号的麻烦。而且，当组建的网络规模较大时，同一网络中的主机台数过多，会产生过多的广播流量，从而使网性能下降。为了提高性能，减少广播流量，可以通过路由器将网络分隔为不同的子网。路由器可以在网络间隔离广播，使一个子网的广播不会转发到另一子网，从而提高每个子网的性能。当然，对于机器较多的一些大型网吧，校园网，企业网等来说对路由器的性能要求较高，一般普通路由器并不能应对。在这种情况下，路由器加交换机是一组性价比不错的选择。

情境描述

小张在完成公司交办的外地办事处的组网任务后，其业务能力获得了公司领导的初步认同。最近公司刚刚喜迁新址。该公司在某写字楼租下四个相邻的办公区，分别提供给公司下属的行政部、技术一部（中间件产品部）、技术二部（Web 应用集成）和销售部四部门使用。为完成新办公地点的组网工作，小张被调回了公司总部。本章节将围绕这一网络应用实例，探讨如何组建和管理该公司的内部局域网络。

学习目标

- 理解和掌握交换式网络组建的基本规程；
- 掌握交换机的管理与配置方法；
- 能够规划中型网络的地址划分方案；
- 能够综合运用 VLAN、VTP 及 STP 等技术实现交换网络中不同子网的网络隔离；
- 理解和掌握高速网络（光纤）组建与管理的基本方法。

学习重难点

- 交换机级联与堆叠的主要区别及堆叠操作；
- 以命令行方式管理交换机；
- 子网划分的计算；
- 光纤熔接操作。

任务一　交换式网络组建

任务描述

公司由于业务发展需要，刚刚喜迁新址。该公司在某写字楼租下四个相邻的办公区，分别提供给公司下属的行政部、技术一部（中间件产品部）、技术二部（Web 应用集成）和销售部四部门使用。本次任务要求读者通过学习，基本掌握交换式网络的组建方法；掌握 IP 网络交换机的特性、连接等知识和技能；为公司设计内部局域网络的主要设备选型和连接方式；并为后续的交换机配置和管理的学习打下一定的基础。

一、数据网络交换机概念和原理

1. 数据网络交换机的概念

交换（Switching）是按照通信两端传输信息的需要，用人工或设备自动完成的方法，把要传输的信息送到符合要求的相应路由上的技术的统称。广义的交换机就是一种在通信系统中完成信息交换功能的设备。

在计算机网络系统中，交换概念的提出改进了共享工作模式。人们经常把交换机和集线器放在一起进行比较，这是因为两者都具有网络连接作用。但是与集线器只是简单地把所接收到的信号通过所有端口重复发送出去不同，交换机可以检查每一个收到的数据包，并对数据包进行相应的处理。交换机内保存有每一个网段上所有结点的物理地址，只允许必要的网络流量通过交换机。举例来说，当交换机接收到一个数据包之后，根据自身保存的网络地址表检查数据包内包含的发送和接收方地址。如果接收方位于发送方网段，该数据包就会被交换机丢弃，不能通过交换机传送到其他的网段；如果接收方和发送方位于两个不同的网段，该数据包就会被交换机转发到目标网段。这样，通过交换机的过滤和转发，可以有效避免网络广播风暴，减少误包和错包的出现。

因为交换机可以过滤数据包或者重新生成并转发新包，所以交换技术可以被用来把一个大的网络划分成几个独立的冲突域，有效降低网络中的信号碰撞率。此外，因为交换机可以重新生成原数据包并进行转发，所以支持更长的传输距离，更多的网络结点。交换机和集线器的最大不同之处就在于使用交换机连接的交换网络的每一个网段都是一个单独的冲突域，而使用集线器连接的共享网络的所有结点则只能共同使用一个网络范围内的冲突域。

交换机拥有一条很高带宽的背部总线和内部交换矩阵。交换机的所有的端口都挂接在这条背部总线上，控制电路收到数据包以后，处理端口会查找内存中的地址对照表以确定目的 MAC（网卡的硬件地址）的 NIC（网卡）挂接在那个端口上，通过内部交换矩阵迅速将数据包传送到目的端口，目的 MAC 若不存在，才广播到所有的端口，接收端口回应后交换机会“学习”新的地址，并把它添加入内部 MAC 地址表中。

使用交换机也可以把网络“分段”，通过对照 MAC 地址表，交换机只允许必要的网络流量通过交换机。通过交换机的过滤和转发，可以有效地隔离广播风暴，减少误包和错包的出现，避免共享冲突。

交换机在同一时刻可进行多个端口对之间的数据传输。每一端口都可视为独立的网段，连接在其上的网络设备独自享有全部的带宽，无须同其他设备竞争使用。当结点 A 向结点 D 发送数据时，结点 B 可同时向结点 C 发送数据，而且这两个传输都享有网络的全部带宽，都有着自己的虚拟连接。假使这里使用的是 10 Mbit/s 的以太网交换机，那么该交换机这时的总流通量就等于 2×10 Mbit/s = 20 Mbit/s，而使用 10 Mbit/s 的共享式集线器时，一个集线器的总流通量并不会超出 10 Mbit/s。

总之，交换机是一种基于 MAC 地址识别，能完成封装转发数据包功能的网络设备。交换机可以“学习”MAC 地址，并把其存放在内部地址表中，通过在数据帧的始发者和目标接收者之间建立临时的交换路径，使数据帧直接由源地址到达目的地址。

2．网络交换机功能

交换机的主要功能包括物理编址、网络拓扑结构、错误校验、帧序列以及流控。目前交换机还具备了一些新的功能，如对 VLAN（虚拟局域网）的支持、对链路汇聚的支持，甚至部分交换机还具有防火墙的功能。

学习：以太网交换机了解每一端口相连设备的 MAC 地址，并将地址同相应的端口映射起来存放在交换机缓存中的 MAC 地址表中。

转发/过滤：当一个数据帧的目的地址在 MAC 地址表中有映射时，它被转发到连接目的结点的端口而不是所有端口（如该数据帧为广播/组播帧则转发至所有端口）。

消除回路：当交换机包括一个冗余回路时，以太网交换机通过生成树协议避免回路的产生，同时允许存在后备路径。

交换机除了能够连接同种类型的网络之外，还可以在不同类型的网络（如以太网和快速以太网）之间起到互连作用。如今许多交换机都能够提供支持快速以太网或 FDDI 等的高速连接端口，用于连接网络中的其他交换机或者为带宽占用量大的关键服务器提供附加带宽。

一般来说，交换机的每个端口都用来连接一个独立的网段，但是有时为了提供更快的接入速度，我们可以把一些重要的网络计算机直接连接到交换机的端口上。这样，网络的关键服务器和重要用户就拥有更快的接入速度，支持更大的信息流量。

3．交换机的分类

（1）从网络覆盖范围划分

① 广域网交换机。广域网交换机主要是应用于电信城域网互联、互联网接入等领域的广域网中，提供通信用的基础平台，

② 局域网交换机。局域网交换机应用于局域网络，用于连接终端设备，如服务器、工作站、集线器、路由器、网络打印机等网络设备，提供高速独立通信通道。

（2）根据传输介质和传输速度划分

根据交换机使用的网络传输介质及传输速度的不同，一般可以将局域网交换机分为以太网交换机、快速以太网交换机、千兆（G 位）以太网交换机、10 千兆（10G 位）以太网交换机、FDDI 交换机、ATM 交换机和令牌环交换机等。

（3）根据应用层次划分

① 企业级交换机。企业级交换机属于一类高端交换机，一般采用模块化的结构，可作为企业网络骨干构建高速局域网，所以它通常用于企业网络的最顶层。

② 校园网交换机。这种交换机应用相对较少，主要应用于较大型网络，且一般作为网络的骨干交换机。这种交换机具有快速数据交换能力和全双工能力，可提供容错等智能特性，还支持扩充选项及第三层交换中的虚拟局域网（VLAN）等多种功能。

这种交换机因通常用于分散的校园网而得名，其实它不一定要应用校园网络中，只是表示它主要应用于物理距离分散的较大型网络中。因为校园网比较分散，传输距离比较长，所以在骨干网段上，这类交换机通常采用光纤或者同轴电缆作为传输介质。

③ 部门级交换机。部门级交换机是面向部门级网络使用的交换机，它较前面两种网络规模要小许多。这类交换机可以是固定配置，也可以是模块配置，一般除了常用的 RJ-45 双绞线接口外，还带有光纤接口。部门级交换机一般具有较为突出的智能型特点，支持基于端口的 VLAN（虚拟局域网），可实现端口管理，可任意采用全双工或半双工传输模式，可对流量进行控制，有网络管理的功能，可通过 PC 机的串口或经过网络对交换机进行配置、监控和测试。如果作为骨干交换机，则一般认为支持 300 个信息点以下中型企业的交换机为部门级交换机。

④ 工作组交换机。工作组交换机是传统集线器的理想替代产品，一般为固定配置，配有一定数目的 10Base-T 或 100Base-TX 以太网口。交换机按每一个包中的 MAC 地址相对简单地决策信息转发，这种转发决策一般不考虑包中隐藏得更深的其他信息。与集线器不同的是交换机转发延迟很小，操作接近单个局域网性能，远远超过了普通桥接互联网络之间的转发性能。

工作组交换机一般没有网络管理的功能，如果是作为骨干交换机则一般认为支持 100 个信息点以内的交换机为工作组级交换机。

⑤ 桌面型交换机。这是最常见的一种低档交换机，它区别于其他交换机的一个特点是支持的每端口 MAC 地址很少，通常端口数也较少（12 口以内），只具备最基本的交换机特性，价格也是最便宜的。

这类交换机虽然在整个交换机中属最低档的，但是相比集线器来说它还是具有交换机的通用优越性，况且有许多应用环境也只需这些基本的性能，所以它的应用相当广泛。主要应用于小型企业或中型以上企业办公桌面。在传输速度上，目前桌面型交换机大都提供多个具有 10/100 Mbit/s 自适应能力的端口。

（4）根据交换机的结构划分

如果按交换机的端口结构来分，交换机大致可分为：固定端口交换机和模块化交换机两种不同的结构。其实还有一种交换机两者兼顾，就是在提供基本固定端口的基础之上再配备一定的扩展插槽或模块。

① 固定端口交换机。固定端口顾名思义就是它所具有的端口是固定的，如果是 8 端口的，就只能有 8 个端口，再不能添加。16 个端口也就只能有 16 个端口，不能再扩展。目前这种固定端口的交换机比较常见，端口数量没有明确的规定，一般的端口标准是 8 端口、16 端口和 24 端口。

固定端口交换机虽然相对来说价格便宜一些，但由于它只能提供有限的端口和固定类型的接口，因此，无论从可连接的用户数量上，还是所从可使用的传输介质上来讲都具有一定的局限性，但这种交换机在工作组中应用较多，一般适用于小型网络、桌面交换环境。

固定端口交换机因其安装架构又分为桌面式交换机和机架式交换机。与集线器相同，机架式交换机更易于管理，更适用于较大规模的网络，它的结构尺寸要符合 19 英寸国际标准，它是用来与其他交换设备或者是路由器、服务器等集中安装在一个机柜中。而桌面式交换机，由于只能提供少量端口且不能安装于机柜内，所以，通常只用于小型网络。

② 模块化交换机。模块化交换机虽然在价格上要贵很多，但拥有更大的灵活性和可扩充性，用户可任意选择不同数量、不同速率和不同接口类型的模块，以适应千变万化的网络需求。而且，机箱式交换机大都有很强的容错能力，支持交换模块的冗余备份，并且往往拥有可热插拔的双电源，以保证交换机的电力供应。在选择交换机时，应按照需要和经费综合考虑选择机

箱式或固定方式。一般来说，企业级交换机应考虑其扩充性、兼容性和排错性，因此，应当选用机箱式交换机；而骨干交换机和工作组交换机则由于任务较为单一，故可采用简单明了的固定式交换机。

（5）根据交换机工作的协议层划分

我们知道网络设备都是对应工作在 OSI / RM 这一开放模型的一定层次上，工作的层次越高，说明其设备的技术性越高，性能也越好，档次也就越高。交换机也一样，随着交换技术的发展，交换机由原来工作在 OSI / RM 的第二层，发展到现在有可以工作在第四层的交换机出现，所以根据工作的协议层交换机可分第二层交换机、第三层交换机和第四层交换机。

① 第二层交换机。

第二层交换机是对应于 OSI / RM 的第二协议层来定义的，因为它只能工作在 OSI / RM 开放体系模型的第二层——数据链路层。第二层交换机依赖于链路层中的信息（如 MAC 地址）完成不同端口数据间的线速交换，主要功能包括物理编址、错误校验、帧序列以及数据流控制。这是最原始的交换技术产品，目前桌面型交换机一般是属于这类型，因为桌面型的交换机一般来说所承担的工作复杂性不是很强，又处于网络的最基层，所以也就只需要提供最基本的数据链接功能即可。目前第二层交换机应用最为普遍，一般应用于小型企业或中型以上企业网络的桌面层次。要说明的是，所有的交换机在协议层次上来说都是向下兼容的，也就是说所有的交换机都能够工作在第二层。

② 第三层交换机。

第三层同样是对应于 OSI / RM 开放体系模型的第三层——网络层来定义的，也就是说这类交换机可以工作在网络层，它比第二层交换机更加高档，功能更加强。第三层交换机因为工作于 OSI / RM 模型的网络层，所以它具有路由功能，它是将 IP 地址信息提供给网络路径选择，并实现不同网段间数据的线速交换。当网络规模较大时，可以根据特殊应用需求划分为小而独立的 VLAN 网段，以减小广播所造成的影响时。通常这类交换机是采用模块化结构，以适应灵活配置的需要。在大中型网络中，第三层交换机已经成为基本配置设备。

③ 第四层交换机。

第四层交换机是采用第四层交换技术而开发出来的交换机产品，当然它工作于 OSI / RM 模型的第四层，即传输层，直接面对具体应用。第四层交换机支持的协议是各种各样的，如 HTTP，FTP、Telnet、SSL 等。在第四层交换中为每个供搜寻使用的服务器组设立虚拟 IP 地址（VIP），每组服务器支持某种应用。在域名服务器（DNS）中存储的每个应用服务器地址是 VIP，而不是真实的服务器地址。当某用户申请应用时，一个带有目标服务器组的 VIP 连接请求（例如一个 TCPSYN 包）发给服务器交换机。服务器交换机在组中选取最好的服务器，将终端地址中的 VIP 用实际服务器的 IP 取代，并将连接请求传给服务器。这样，同一区间所有的包由服务器交换机进行映射，在用户和同一服务器间进行传输。

第四层交换技术相对原来的第二层、第三层交换技术具有明显的优点，从操作方面来看，第四层交换是稳固的，因为它将包控制在从源端到宿端的区间中。另一方面，路由器或第三层交换，只针对单一的包进行处理，不清楚上一个包从哪来、也不知道下一个包的情况。它们只是检测包报头中的 TCP 端口数字，根据应用建立优先级队列，路由器根据链路和网络可用的结点决定包的路由；而第四层交换机则是在可用的服务器和性能基础上先确定区间。目前由于这种交换技术尚未真正成熟且价格昂贵，所以，第四层交换机在实际应用中目前还较少见。

（6）根据是否支持网管功能划分

如果按交换机是否支持网络管理功能划分，可以将交换机又可大分为“网管型”和“非网管理型”两大类。

网管型交换机的任务就是使所有的网络资源处于良好的状态。网管型交换机产品提供了基于终端控制口（Console）、基于 Web 页面以及支持 Telnet 远程登录网络等多种网络管理方式。因此网络管理人员可以对该交换机的工作状态、网络运行状况进行本地或远程的实时监控，纵观全局地管理所有交换端口的工作状态和工作模式。网管型交换机支持 SNMP 协议，SNMP 协议由一整套简单的网络通信规范组成，可以完成所有基本的网络管理任务，对网络资源的需求量少，具备一些安全机制。NMP 协议的工作机制非常简单，主要通过各种不同类型的消息，即 PDU（协议数据单位）实现网络信息的交换。但是网管型交换机相对非网管型交换机来说要贵许多。

网管型交换机采用嵌入式远程监视（RMON）标准用于跟踪流量和会话，对决定网络中的瓶颈和阻塞点很有效。软件代理支持 4 个 RMON 组（历史、统计数字、警报和事件），从而增强了流量管理、监视和分析。统计数字是一般网络流量统计；历史是一定时间间隔内网络流量统计；警报可以在预设的网络参数极限值被超过时进行报警；时间代表管理事件。

还有网管型交换机提供基于策略的 QoS（Quality of Service）。策略是指控制交换机行为的规则，网络管理员利用策略为应用流分配带宽、优先级以及控制网络访问，其重点是满足服务水平协议所需的带宽管理策略及向交换机发布策略的方式。在交换机的每个端口处用来表示端口状态、半双工 / 全双工和 10BaseT / 100BaseT 的多功能发光二极管（LED）以及表示系统、冗余电源（RPS）和带宽利用率的交换级状态 LED 形成了全面、方便的可视管理系统。目前大多数部门级以下的交换机多数都是非网管型的，只有企业级及少数部门级的交换机支持网管功能。

二、交换机间的连接

交换机是网络中最常见的网络设备，不论是企业还是家庭用户，对交换机应该都不陌生。特别是对于企业的网络管理员来说，不论高端还是低端，交换机绝对是网络中非常重要的设备，并且数量较多，因此对于交换机之间的连接必须掌握。

1. 连接原理

参加过工程实施的读者也许知道交换机可以有两种连接方式，那就是级联（Uplink）和堆叠（Stack）。

级联是最常见的连接方式，就是使用网线将两个交换机进行连接。连接的结果是，在实际的网络中，它们仍然各自工作，仍然是两个独立的交换机。

堆叠是通过交换机的背板进行连接的，是一种建立在芯片级上的连接。一般只有中、高端交换机才提供堆叠功能。并且需要专用的堆叠模块和堆叠线缆。连接的结果是，在实际的网络中，对于其他网络设备以及网络成员来说，它们是一台交换机，即两台 24 口的交换机堆叠以后，效果就相当于一个 48 口的交换机。

都是为了完成网络的连接，为什么还要分级联和堆叠呢？直接用网络连接的级联方式不是更方便吗？为什么还需要堆叠呢？两种连接方式的本质是不一样的，用来满足不同的要求，当然从一定程度上说，不能直接说哪一种连接方式好，而是根据实际需要、实际情况选择不同的连接方式。

级联的优点是可以延长网络的距离，理论上可以通过双绞线和多级的级联方式无限远的延长网络距离，级联后，在网络管理过程中仍然是多个不同的网络设备。另外级联基本上不受设备的限制，不同厂家的设备可以任意级联。级联的缺点就是多个设备的级联会产生级联瓶颈。例如，两个百兆交换机通过一根双绞线级联，这时它们的级联带宽是百兆，这样不同交换机之间的计算机要通讯，都只能通过这百兆带宽。

堆叠的优点是不会产生性能瓶颈，因为通过堆叠，可以增加交换机的背板带宽，不会产生性能瓶颈。通过堆叠可以在网络中提供高密度的集中网络端口，根据设备的不同，一般情况下最大可以支持 8 层堆叠，这样就可以在某一位置提供上百个端口。堆叠后的设备在网络管理过程中就变成了一个网络设备，只需赋予一个 IP 地址，方便管理，也节约管理成本。堆叠的缺点主要是受设备限制，并不是所有的交换机都支持堆叠，不同厂家、不同型号的交换机进行堆叠需要特定的设备的支持。受距离限制，因为受到堆叠线缆长度的限制，堆叠的交换机之间的距离要求很近。还有就是不同厂家的设备有时不能很好的兼容，因此不同厂家的设备想要进行堆叠非常困难。

2. 连接方式详解

（1）级联

交换机的级联又分为两种，一种是 Uplink 与普通口之间的连接，另一种是普通口与普通口之间的连接。采用不同的方式，连接也有所不同。最简单的一种就是使用普通的双绞线将一台交换机的 Uplink 口与另一台交换机的普通口进行连接，这样就完成了简单的级联连接（见图 2-1）。

现在有一些交换机不提供级联口，有些交换机默认 24 口为级联口，因此在实际使用时要注意测试。对于不提供级联口的，可以交叉线将两台交换机的普通口进行连接，实现级联（见图 2-2）。

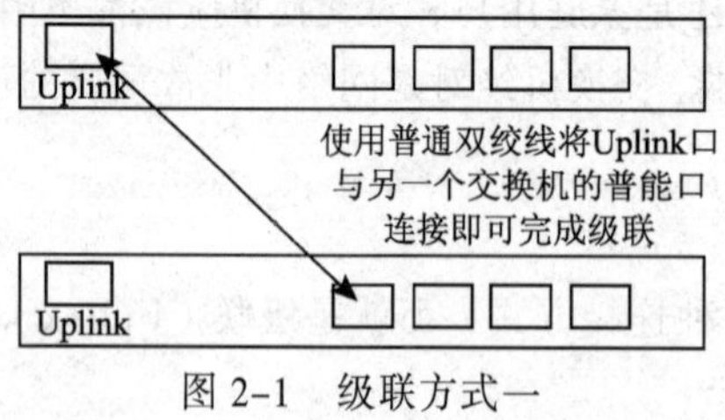

图 2-1　级联方式一

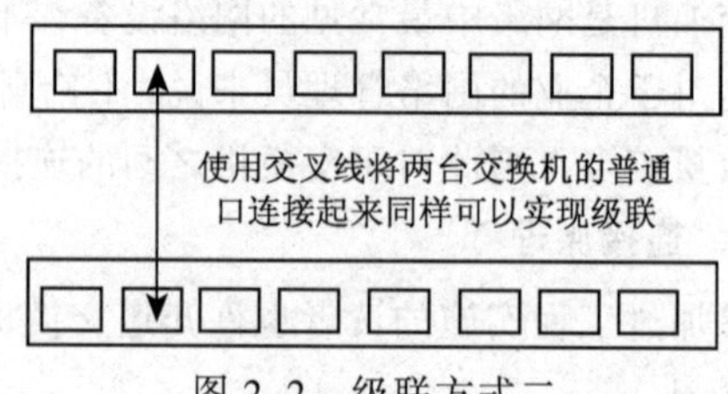

图 2-2　级联方式二

（2）堆叠

堆叠一般主要应用在中、大型网络环境中，特别是一些特定位置端口需求比较大的情况下使用。交换机的堆叠是扩展端口最方便、快捷的方式，并且堆叠还可以提升交换机的性能，不过需要注意的是，在堆叠的过程中，需要使用同一品牌的交换机。

堆叠主要是通过厂家提供的一条专用连接线缆，从一台交换机的 UP 堆叠端口直接连接到另一台交换机的 DOWN 堆叠端口。相应的端口一般在交换机的背面，具有唯一性，并不会出现连接错误的情况。

（3）小结

从上面的介绍也能看出，级联实现起来比较简单，只需要一根普通的双绞线或者交叉线即可，成本小且不受距离的限制，而堆叠受堆叠线缆的限制，只能在很短的距离内连接。不过堆叠的优点也是很明显的，可以提供更多集中的端口以及更好的性能。在实际使用过程中，使用哪一种连接就要看具体的需要。

任务实施

公司下属的行政部、技术一部（中间件产品部）、技术二部（Web 应用集成）和销售部四部门现有员工均在 10～15 人之间，每人都分别有自己的办公计算机。

一、交换设备选型

请根据本节所学知识，结合电子商务网站上网络设备的产品信息，为该公司的四个部门选择一款 Cisco 公司的组网用交换设备，对其技术规格、应用特性、设备成本等重要特征进行归纳说明。

二、设备互联方案设计

为这些设备互连设计内部局域网络的连接方式，给出连接拓扑图、设备器材清单，并估算方案的工程成本。

1. IOS 交换机堆叠电缆的选择与连接

在可堆叠的 IOS 交换机中，可选择 0.5 m、1 m 和 3 m 这三种规格的 StackWise 堆叠电缆，用于不同堆叠类型的交换机连接。图 2-3 所示为一条 0.5 m 的 StackWise 堆叠电缆，图 2-4 所示为堆叠电缆与交换机上 StackWise 端口的连接示意图。

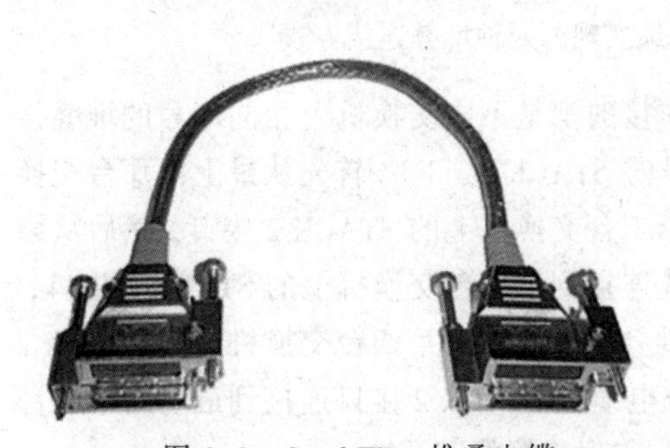

图 2-3　StackWise 堆叠电缆

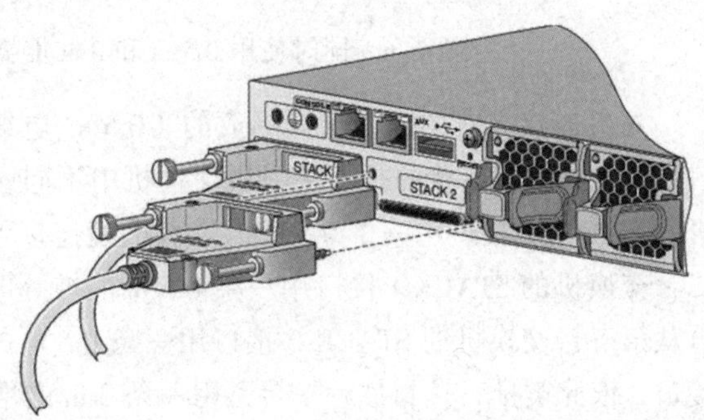

图 2-4　堆叠电缆与堆叠端口的连接示意图

之所以要准备三种不同长度规格的堆叠电缆，就是为了满足不同堆叠连接方式中不同连接距离的需求。图 2-5 所示为使用 0.5 m 规格 StackWise 堆叠专用电缆的一种建议连接方式。在这种连接方式中，电缆连接的是两台交换机的相同序号（STACK 1—STACK 1，STACK 2—STACK2）SATCK 接口（除了最下面两台的连接外），而且每两台连接的交换机中间是间隔了一台交换机的（除了第一台和第二台之间，以及最后两台之间），但它通过两组连接（从一个堆叠端口出发，依自向下连接即可画出两组连接）就实现了所有交换机的堆叠连接，并最终形成一个封闭的连接环路，实现连接的冗余性。在这种堆叠连接中全部是使用 0.5 m 规格的堆叠电缆的。

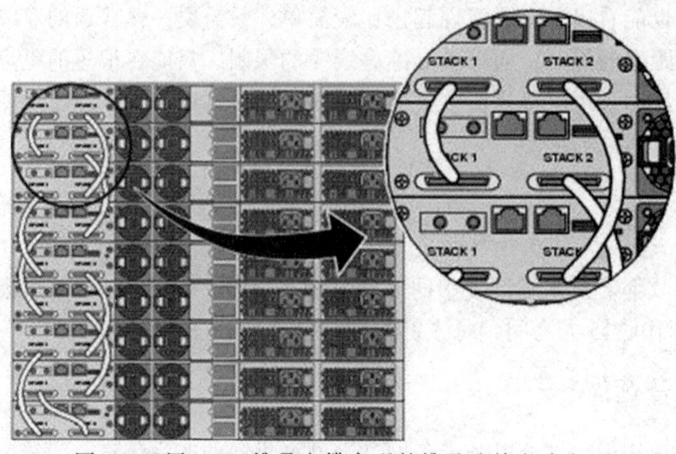

图 2-5　用 0.5 m 堆叠电缆实现的堆叠连接方式之一

图 2-6 所示为使用 0.5 m 和 3 m 两种规格 StackWise 堆叠电缆进行的两种堆叠连接方式。左右两种连接方式都提供了一个封闭的环形连接，实现连接的冗余性。

图 2-6　同时使用 0.5 m 和 3 m 堆叠电缆实现的两种堆叠连接方式

左边连接方式的环是这样形成的（0.5 m 电缆连接的都是不同交换机上相同序号的堆叠接口，3 m 的电缆连接的是上、下级交换机中不同序号的 STACK 接口）：首先从最上面那台交换机的 STACK 2 接口用一条 0.5 m 的堆叠电缆连接到第二台交换机上的 STACK 2 接口，然后从第二台交换机的 STACK 1 接口用一条 0.5 m 的堆叠电缆连接到第三台交换机上的 STACK 1 接口，再从第三台交换机的 STACK 2 接口用一条 0.5 m 的堆叠电缆连接到第四台交换机上的 STACK 2 接口，依此类推，直到最后一台，用一条 3 m 的堆叠电缆从 STACK 2 接口连接到最上面第一台交换机的 STACK 1 接口，实现一个全封闭的连接环，实现连接的冗余性。

右边那种连接方式环的形成类似，只不过它在连接时，0.5 m 电缆连接的都是不同交换机上不同序号的堆叠接口，也就是从上台交换机上 STACK 1 口连接下台交换机的 STACK 2 口。3 m 的电缆连接的也是上、下级交换机上不同序号的 STACK 接口。

图 2-7 所示为当交换机是并排安装时建议的堆叠连接方式。这时也要使用 1 m 和 3 m 两种规格的堆叠电缆，1 米的电缆用来连接相邻交换机的堆叠接口，3 m 的电缆用来连接第一台和最后一台的堆叠接口，以形成一个封闭的环路。它其实上面图 2-6 中的右图连接方式，也是串行连接的。

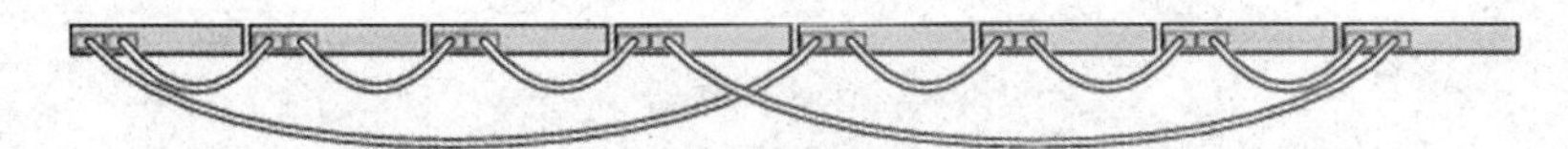

图 2-7　并排安装的交换机间堆叠连接方式

从以上几种堆叠连接方式可以看出，IOS 交换机的堆叠连接都是串联方式，无论连接的是相同序号 STACK 接口，还是不同序号的 STACK 接口。而且堆叠连接必须要在最后能形成一个封闭的连接环，这样可确保堆叠连接的冗余性，不管其中任何一条连接电缆中断了，都不影响整个堆叠连接。

2. IOS 交换机中的全带宽和半带宽堆叠连接

在 Cisco IOS 交换机的 StackWise 堆叠连接中，依据其堆叠性能和可冗余特性划分为两种连接类型，那就是我们常用的全带宽连接（Full Bandwidth Connections）和半带宽连接（Half Bandwidth Connections）。

（1）全带宽连接

所谓全带宽（2×32 Gbit/s=64 Gbit/s）连接，就是堆叠成员交换机中所有 StackWise 端口都参与了连接，充分利用了各堆叠端口的带宽性能（相当于全双工模式），最终形成了全封闭连接环（第一台交换机的 STACK 1→第二台交换机的 STACK 1→第二台交换机的 STACK 2→第三台交换机的 STACK 1→第三台交换机的 STACK 2→第一台交换机的 STACK 2），并提供连接冗余性能。图 2-8 所示为一个三台 Catalyst 3750-X 交换机堆叠，其中的①、②、③这三条堆叠电缆的连接恰好形成了一个封闭的连接环，提供了连接冗余。即使其中任何一条电缆（假设为③号电缆）连接中断了，堆叠中的三台交换机仍可以实现相互通信，只不过此时它只能实现半带宽连接，而且不能提供连接冗余特性，如图 2-9 所示。

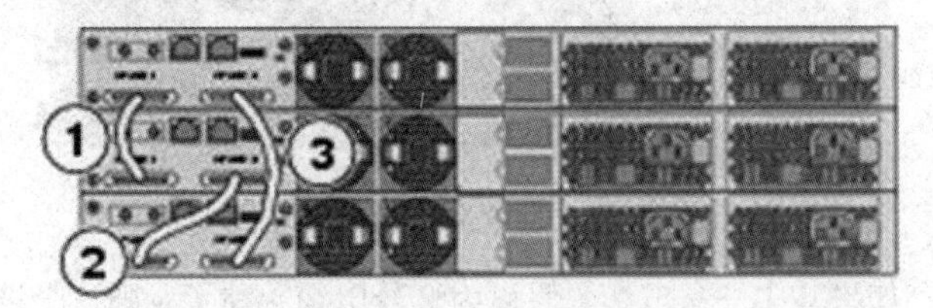

图 2-8　全带宽连接堆叠示例

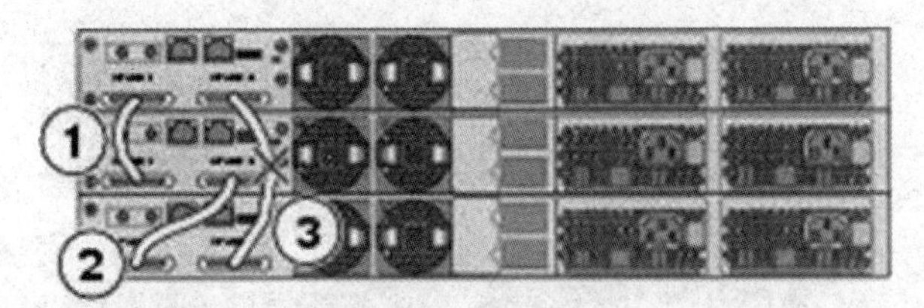

图 2-9　全带宽连接堆叠中的连接失效示例

如果要查看堆叠端口连接到堆叠中交换机的哪个连接是有效的，可以使用 show switch stack-ports 命令。下面代码是全带宽连接情况下的 show switch stack-ports 命令输出，从中可以看出每个交换机的两个堆叠端口都是有效的。

```
3750-Stk#show switch stack-ports

  Switch #    Port 1        Port 2
```

```
   --------    ------     ------
      1          Ok          Ok
      2          Ok          Ok
      3          Ok          Ok
```

如果想要查找每个堆叠端口邻近的交换机,则可以使用 show switch neighbors 命令,如下所示。

```
3750-Stk# show switch neighbors

  Switch #    Port 1       Port 2
  --------    ------       ------
      1          2            3
      2          1            3
      3          2            1
```

从中可以看出交换机 1 的堆叠端口 1 连接的是交换机 2，交换机 1 的堆叠端口 2 连接的是交换机 3，依此类推。此交换机堆叠的连接就是如图 2-8 所示。

（2）半带宽连接

半带宽（32 Gbit/s）连接就是不能利用所有堆叠交换机中的两个堆叠端口行连接，也就不能充分利用两个堆叠端口的带宽性能（相当于半双工模式），也不能提供连接冗余性。图 2-10 所示为一个半带宽连接的三台 Catalyst 3750-X 交换机堆叠。因为其中只有①和②号两条堆叠连接电缆，只形成了一条自上而下（或者自下而上）的串行连接（第一台交换机的 STACK 1→第二台交换机的 STACK 1→第二台交换机的 STACK 2→第三台交换机的 STACK 1)，并没有形成一个封闭的连接环，所以不能提供连接的冗余性。

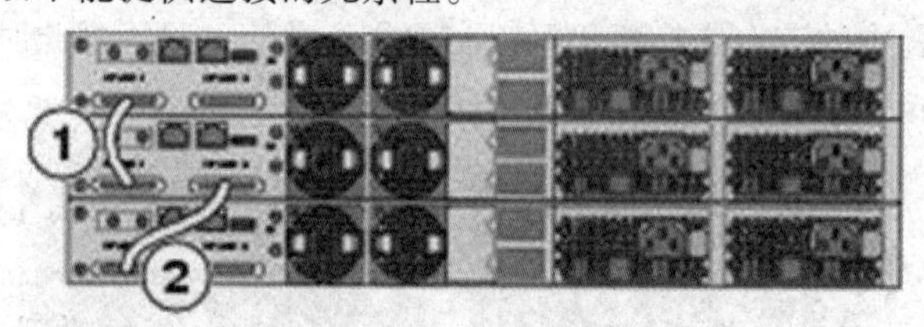

图 2-10　半带宽连接堆叠示例

在半带宽连接中，如果其中一条电缆（假设为②号电缆）断了，则这个堆叠将被划分成两个独立的堆叠（本示例情况其实另一个堆叠只有一台交换机），如图 2-11 所示。

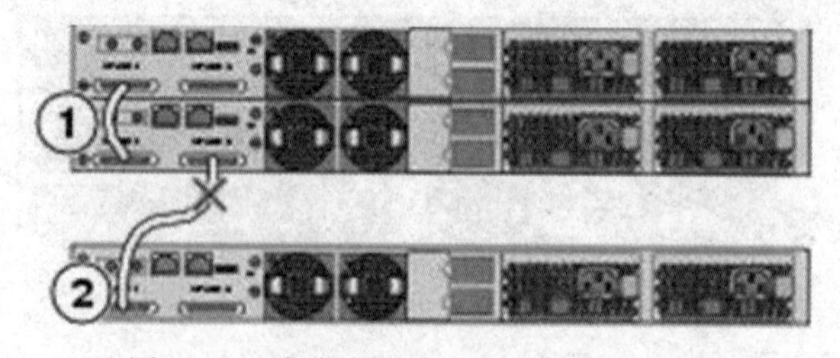

图 2-11　半带宽连接堆叠连接失效示例

同样可以使用 show switch stack-ports 命令查看半带宽连接情况下的各堆叠端口状态，使用 show switch neighbors 命令查看各堆叠成员交换机的邻居交换机信息。示例如下，从 show switch stack-ports 命令的输出信息中可以看出，在这个堆叠中共有 3 台成员交换机，且这三台交换机的堆叠端口 1 都是呈连接状态，而交换机 1 和交换机 3 的堆叠端口 2 是断开状态，而交换机 2

的堆叠端口 2 是呈连接状态。

```
3750-Stk# show switch stack-ports

  Switch #    Port 1       Port 2
  --------    ------       ------
     1          Ok          Down
     2          Ok           Ok
     3          Ok          Down
3750-Stk# show switch neighbors

  Switch #    Port 1       Port 2
  --------    ------       ------
     1          2           None
     2          1            3
     3          2           None
```

同时还可从 show switch neighbors 命令的输出信息中看出交换机 1 的堆叠端口 1 连接的是交换机 2，交换机 1 的堆叠端口 2 没有连接；交换机 2 的堆叠端口 1 连接的是交换机 1，交换机 2 的堆叠端口 2 连接的是交换机 3；交换机 3 的堆叠端口 1 连接的是交换机 2，交换机 3 的堆叠端口 2 没有连接。此交换机堆叠的连接就是图 2-10。

思 考 练 习

一、选择题

（1）交换式局域网的核心设备是（　　）。

A. 网桥　　B. 交换机　　C. 路由器　　D. 网关

（2）以下不属于交换机技术特点的是（　　）。

A. 高交换延迟　　B. 支持不同的传输速率

C. 支持全双工和半双工两种工作方式　　D. 支持虚拟局网

（3）如果 Ethernet 交换机一个端口的数据传输速率是 100 Mbit/s，该端口支持全双工通信，这个端口的实际数据传输速率可以达到（　　）。

A. 50 Mbit/s　　B. 100 Mbit/s　　C. 200 Mbit/s　　D. 4 000 Mbit/s

（4）局域网交换机的帧交换需要查询（　　）。

A. 端口号/MAC 地址映射表　　B. 端口号/IP 地址映射表

C. 端口号/介质类型映射表　　D. 端口号/套接字映射表

（5）以下选项中，属于直接交换的是（　　）。

A. 接到帧就直接转发

B. 先校验整个帧，然后再转发

C. 接收到帧，先校验帧的目的地址，然后再转发

D. 接收到帧，先校验帧的前 64 B，然后再转发

（6）以下选项中，属于存储转发交换的是（　　）。

A. 接到帧就直接转发

B. 先校验整个帧，然后再转发

C. 接收到帧，先校验帧的目的地址，然后再转发

D. 接收到帧，先校验帧的前 64 B，然后再转发

二、简答题

（1）请思考并回答哪些因素会显著影响交换式网络的组网方案。

（2）请比较直接交换与储存转发交换的优缺点。

任务二　对交换机的管理与配置

任务描述

本次任务要求读者通过学习一款典型可网管交换机的配置，掌握一般 IP 交换机的配置管理方法；为前述公司的局域网交换机作初始配置；并为后续的实施公司局域网地址划分打下一定的基础。

一、可网管交换机的管理方式

可网管交换机可以通过以下几种途径进行管理：通过 RS-232 串行口（或并行口）管理、通过网络浏览器管理和通过网络管理软件管理。

（1）通过串口管理

可网管交换机附带了一条串口电缆，供交换机管理使用。先把串口电缆的一端插在交换机背面的串口，另一端插在普通计算机的串口。然后接通交换机和计算机电源。在 Windows XP 等操作系统中都提供了“超级终端”程序。打开“超级终端”，在设定好连接参数后，就可以通过串口电缆与交换机交互了。这种方式并不占用交换机的带宽，因此称为“带外管理”（Out of band）。

在这种管理方式下，交换机提供了一个菜单驱动的控制台界面或命令行界面。用户可以使用 Tab 键或箭头键在菜单和子菜单里移动，按【Enter】键执行相应的命令，或者使用专用的交换机管理命令集管理交换机。不同品牌的交换机命令集是不同的，甚至同一品牌的交换机，其命令也不同。使用菜单命令在操作上更加方便一些。

（2）通过 Web 管理

可网管交换机可以通过 Web（网络浏览器）管理，但是必须给交换机指定一个 IP 地址。这个 IP 地址除了供管理交换机使用之外，并没有其他用途。在默认状态下，交换机没有 IP 地址，必须通过串口或其他方式指定一个 IP 地址之后，才能启用这种管理方式。

使用网络浏览器管理交换机时，交换机相当于一台 Web 服务器，只是网页并不储存在硬盘内，而是在交换机的 NVRAM 内，通过程序可以把 NVRAM 内的 Web 程序升级。当管理员在浏览器中输入交换机的 IP 地址时，交换机就像一台服务器一样把网页传递给计算机，此时给人的感觉就像在访问一个网站一样。这种方式占用交换机的带宽，因此称为“带内管理”（In band）。

如果想管理交换机，只要单击网页中相应的功能项，在文本框或下拉列表中改变交换机的参数即可。Web 管理这种方式可以在局域网上进行，所以可以实现远程管理。

（3）通过网管软件管理

可网管交换机均遵循 SNMP 协议（简单网络管理协议），SNMP 协议是一整套的符合国际标准的网络设备管理规范。凡是遵循 SNMP 协议的设备，均可以通过网管软件来管理。只需要在一台网管工作站上安装一套 SNMP 网络管理软件，通过局域网就可以很方便地管理网络上的交换机、路由器、服务器等。通过 SNMP 网络管理软件也是一种带内管理方式。

可网管交换机的管理可以通过以上三种方式来管理。究竟采用哪一种方式呢？在交换机初始设置的时候，往往得通过带外管理；在设定好 IP 地址之后，就可以使用带内管理方式。带内管理因为管理数据是通过公共使用的局域网传递的，可以实现远程管理，然而安全性不强。带外管理是通过串口通信的，数据只在交换机和管理用机之间传递，因此安全性很强；然而由于串口电缆长度的限制，不能实现远程管理。所以采用哪种方式要看用户对安全性和可管理性的要求。

二、思科交换机的连接与初始配置

Cisco 交换机在网络届处于绝对领先地位，高端冗余设备（如：冗余超级引擎，冗余负载均衡电源，冗余风扇，冗余系统时钟，冗余上连，冗余的交换背板），高背板带宽，高多层交换速率等都为企业网络系统的高速稳定运行提供良好解决方案。这就是为什么大型企业都选择 Cisco 交换机做核心层和分布层等主要网络设备。

Cisco 分为高中低端交换机，分别面向不同层次。但是多数 Cisco 交换机都基于 Cisco 自家的 IOS（Internet Operating System）系统。所以设置都是大同小异。

让我们从零开始，一步一步教大家学会用 Cisco 交换机。

（1）利用电脑 COM 端口与交换机建立连接

可进行网络管理的交换机上有一个 Console 端口，它是专门用于对交换机进行配置和管理的。可以通过 Console 端口连接和配置交换机。用 Cisco 自带的 Console 线，RJ-45 端接入 Cisco 交换机 Console 口，COM 口端接入计算机 COM1 或 COM2 口（见图 2-12），必须注意的是要记清楚接入的是哪个 COM 口。

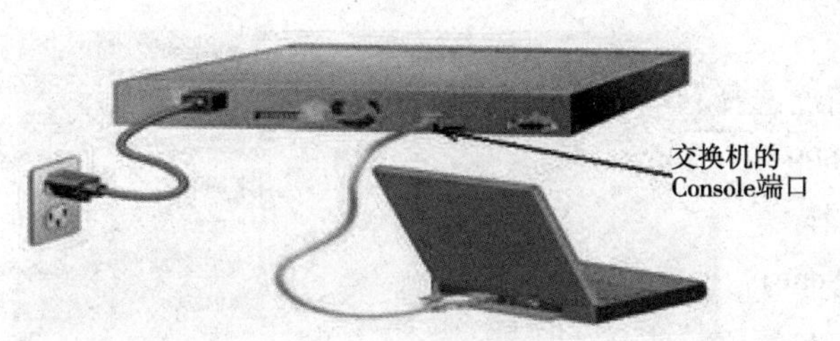

图 2-12　通过 COM 口连接交换机

（2）利用 SecureCRT 程序建立与交换机的连接

SecureCRT 可以代替 Windows 自带的超级终端程序。当安装好 SecureCRT 后，双击桌面上的 SecureCRT 图标，启动软件，如图 2-13 所示。

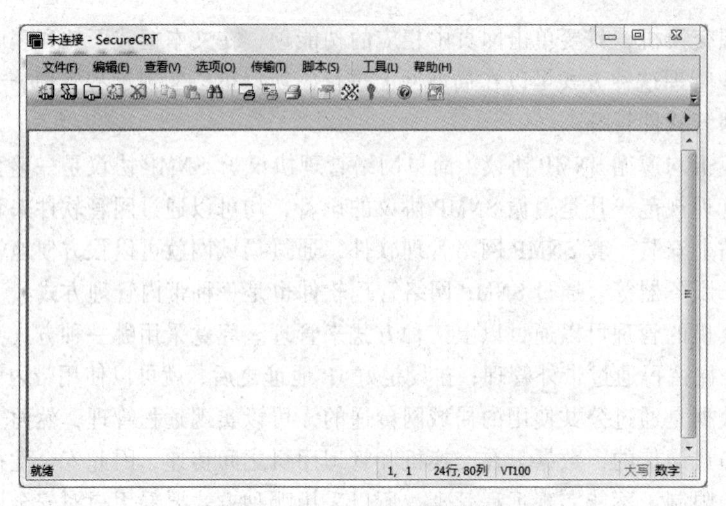

图 2-13　SecureCRT 程序界面

单击“快速连接”图标，弹出图 2-14 所示对话框。

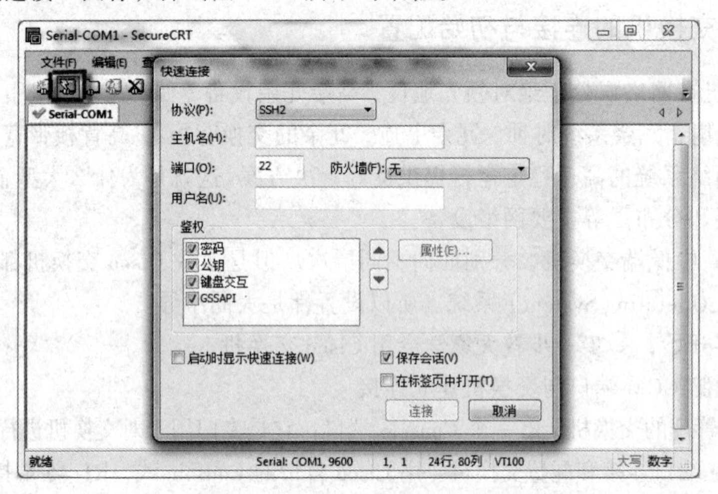

图 2-14　SecureCRT 程序通信设置

在“协议（P）”选项中选择“Serial”时，设置如下：

协议：选择 Serial；

端口：根据实际情况选择，本例选择 COM1；

波特率：选择“9600”；

数据位：选择“8”；

奇偶校验：选择 None；

停止位：选择“1”；

流控部分，所有复选框均不选，如图 2-15 所示。

完成后，单击“连接”按钮。

确定后开启交换机，此时交换机开始载入 IOS，可以从载入 IOS 界面上看到诸如 IOS 版本号，交换机型号，内存大小等数据。

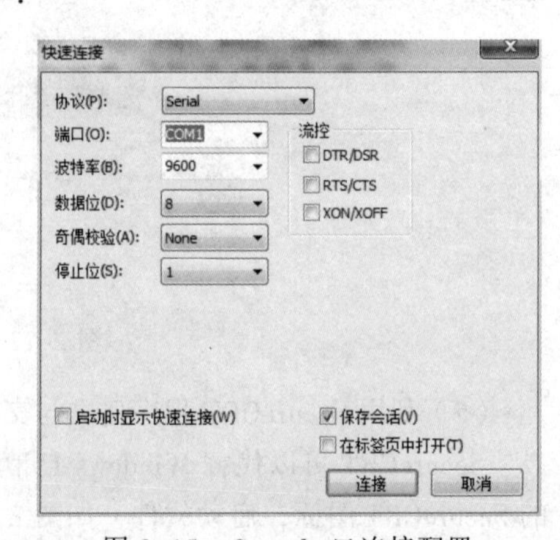

图 2-15　Console 口连接配置

屏幕显示类似如下的配置向导，提示 Press RETURN to get started 时按【Enter】就能直接进入交换机。

```
    C2950 Boot Loader (C2950-HBOOT-M) Version 12.1(11r)EA1, RELEASE SOFTWARE (fc1)
    Compiled Mon 22-Jul-02 18:57 by miwang
    Cisco WS-C2950T-24 (RC32300) processor (revision C0) with 21039K bytes of memory.
    2950T-24 starting...
    Base ethernet MAC Address: 0050.0FCC.BA5D
    Xmodem file system is available.
    Initializing Flash...
    flashfs[0]: 1 files, 0 directories
    flashfs[0]: 0 orphaned files, 0 orphaned directories
    flashfs[0]: Total bytes: 64016384
    flashfs[0]: Bytes used: 3058048
    flashfs[0]: Bytes available: 60958336
    flashfs[0]: flashfs fsck took 1 seconds.
    ...done Initializing Flash.

    Boot Sector Filesystem (bs:) installed, fsid: 3
    Parameter Block Filesystem (pb:) installed, fsid: 4


    Loading "flash:/c2950-i6q4l2-mz.121-22.EA4.bin"...
    ##########################################################################
[OK]
               Restricted Rights Legend

    Use, duplication, or disclosure by the Government is
    subject to restrictions as set forth in subparagraph
    (c) of the Commercial Computer Software - Restricted
    Rights clause at FAR sec. 52.227-19 and subparagraph
    (c) (1) (ii) of the Rights in Technical Data and Computer
    Software clause at DFARS sec. 252.227-7013.

            cisco Systems, Inc.
            170 West Tasman Drive
            San Jose, California 95134-1706

    Cisco Internetwork Operating System Software
    IOS (tm) C2950 Software (C2950-I6Q4L2-M), Version 12.1(22)EA4, RELEASE
SOFTWARE(fc1)
    Copyright (c) 1986-2005 by cisco Systems, Inc.
    Compiled Wed 18-May-05 22:31 by jharirba

    Cisco WS-C2950T-24 (RC32300) processor (revision C0) with 21039K bytes of memory.
    Processor board ID FHK0610Z0WC
    Running Standard Image
    24 FastEthernet/IEEE 802.3 interface(s)
    2 Gigabit Ethernet/IEEE 802.3 interface(s)

    32K bytes of flash-simulated non-volatile configuration memory.
```

```
    Base ethernet MAC Address: 0050.0FCC.BA5D
    Motherboard assembly number: 73-5781-09
    Power supply part number: 34-0965-01
    Motherboard serial number: FOC061004SZ
    Power supply serial number: DAB0609127D
    Model revision number: C0
    Motherboard revision number: A0
    Model number: WS-C2950T-24
    System serial number: FHK0610Z0WC

    Cisco Internetwork Operating System Software
    IOS (tm) C2950 Software (C2950-I6Q4L2-M), Version 12.1(22)EA4, RELEASE
SOFTWARE(fc1)
    Copyright (c) 1986-2005 by cisco Systems, Inc.
    Compiled Wed 18-May-05 22:31 by jharirba

    Press RETURN to get started!



    Switch>
```

三、思科交换机的常见命令

Cisco 交换机所使用的软件系统为 Catalyst IOS。CLI 的全称为 Command Line Interface，中文名称为“命令行界面”，它是一个基于 DOS 命令行的软件系统模式，对大小写不敏感（即不区分大小写）。这种模式的不仅交换机有，部分路由器、防火墙也具备，其实就是一系列相关命令，但它与 DOS 命令不同，CLI 可以缩写命令与参数，只要它包含的字符足以与其他当前可用至的命令和参数区别开来即可。虽然对交换机的配置和管理也可以通过多种方式实现，既可以使用纯字符形式的命令行和菜单（Menu），也可以使用图形界面的 Web 浏览器或专门的网管软件（如 CiscoWorks 2000）。相比较而言，命令行方式的功能更强大，但掌握起来难度也更大些。下面把交换机的一些常用的配置命令介绍如下。Cisco IOS 共包括 6 种不同的命令模式：User EXEC 模式、Privileged EXEC 模式、VLAN dataBase 模式、Global configuration 模式、Interface configuration 模式和 Line configuration 模式。当在不同的模式下，CLI 界面中会出现不同的提示符。为了方便大家的查找和使用，表 2-1 列出了 6 种 CLI 命令模式的用途、提示符、访问及退出方法。

表 2-1　CLI 命令模式特征表

模　式	访问方法	提示符	退出方法	用途
User Exec	开始一个进程	switch>	键入 logout 或 quit	改变终端设置执行基本测试显示系统信息
Privilege-d Exec	在 User Exec 模式中键入 enable 命令	switch#	键入 disable 退出	校验键入的命令。该模式由密码保护
VLAN Database	在 Privileged Exec 模式中键入 vlan database 命令	switch(vlan)#	键入 exit，返回到 Privileged Exec 模式	配置 VLAN 参数

续表

模　式	访 问 方 法	提 示 符	退 出 方 法	用途
Global Configura-tion	在 privileged Exec 模式中键入 configure 命令	switch(config)#	键入 exit 或 end 或按【Ctrl+Z】组合键，返回至 privileged EXEC 状态	将配置的参数应用于整个交换机
Interface Configura-tion	在 Global Configuration 模式中，键入 interface 命令	switch(config-if)#	键入 exit 返回至 Global Configuration 模式按【Ctrl+Z】组合键或键入end，返回至 privileged Exec 模式	为 Ethernet interfaces 配置参数
Line Configura-tion	在模式 Global Configuration 中，为 line console 命令指定一行	switch(config-line)#	键入 exit 返回至 Global Configuration 模式按【Ctrl+Z】或键入 end，返回至 privileged Exec 模式	为 terminal line 配置参

Cisco IOS 命令需要在各自的命令模式下才能执行，因此，如果想执行某个命令，必须先进入相应的配置模式。例如 interface type _ number 命令只能在 Global configuration 模式下执行，而 duplex full-flow-control 命令却只能在 Interface configuration 模式下执行。

在交换机 CLI 命令中，有一个最基本的命令，那就是帮助命令“？”，在任何命令模式下，只需键入“？”，即显示该命令模式下所有可用到的命令及其用途，这就交换机的帮助命令。另外，还可以在一个命令和参数后面加“？”，以寻求相关的帮助。

例如，想察看一下在 Privileged Exec 模式下在哪些命令可用，可以在“#”提示符下键入“？”，并按【Enter】键。再如，如果想继续查看 Show 命令的用法，只需键入“show ？”并按【Enter】键即可。另外，“？”还具有局部关键字查找功能。也就是说，如果只记得某个命令的前几个字符，那么，可以使用“？”让系统列出所有以该字符或字符串开头的命令。但是，在最后一个字符和“？”之间不得有空格。例如，在 Privileged Exec 模式下键入“c?”，系统将显示以 c 开头的所有命令。

还要说明的一点是：Cisco IOS 命令均支持缩写命令，也就是说没有必要键入完整的命令和关键字，只要键入的命令所包含的字符长到足以与其他命令区别即可。例如，可将 show configure 命令缩写为 sh conf，然后执行即可。

以上介绍了命令方式下的常见配置命令，由于配置过程比较复杂，在此不作详细介绍。

任务实施

在下面的实施步骤中，将会为上节中给公司选择的 Cisco 交换机做开机调试、设备命名、基本安全设置等初始配置。

一、交换机初始配置

1. 为交换机指定名称

① 通过计算机超级终端接入交换机，并按【Enter】键。将会显示用户执行模式提示。输入命令 enable 以进入特权执行模式。将会显示特权执行模式提示。输入命令 configure terminal 以进入全局配置模式。将会显示全局配置模式提示。

② 输入命令 hostname（交换机名），注意提示的变化。

2. 在路由器上设置口令和标语

① 通过计算机超级终端接入交换机，并按【Enter】键。将会显示用户执行模式提示。输入命令 enable 以进入特权执行模式。将会显示特权执行模式提示。输入命令 configure terminal 以进入全局配置模式。将会显示全局配置模式提示。

② 输入命令 enable secret class 设置加密口令，以进入特权执行模式。

③ 输入命令 line con 0 以进入控制台线路的线路配置模式。注意提示的变化。输入命令 password cisco 设置控制台口令。输入命令 login 要求口令。输入命令 exit 返回全局配置模式。

④ 输入命令 line vty 0 4 以进入全部五条虚拟终端线路的线路配置模式。输入命令 password cisco 设置 vty 口令。输入命令 login 要求口令。输入命令 exit 返回全局配置模式。

⑤ 输入命令 banner motd #This is a secure system.# 以在用户连接路由器时显示标语。

二、验证和保存交换机配置

1. 验证配置

① 进入特权执行模式。输入命令 show running-config 查看配置。请注意，使能口令已经加密，但线路口令没有。

② 输入命令 exit 注销。按 Enter 重新连接，注意标语。使用配置的口令访问交换机，并进入特权执行模式。

2. 保存当前配置

① 进入特权执行模式。输入命令 copy running-config startup-config 将更改保存至 NVRAM。在提示出现时按【Enter】键确认目的文件名。

② 输入命令 show running-config 查看配置。请注意，线路口令现已加密。

思 考 练 习

一、选择题

（1）口令可用于限制对 Cisco IOS 所有或部分内容的访问。请选择可以用口令保护的模式和接口（　　）。（选择三项）

A. VTY 接口　　B. 控制台接口

C. 以太网接口　　D. 加密执行模式

E. 特权执行模式　　F. 路由器配置模式

（2）某位网络管理员需要配置路由器。下列哪一种连接方法需要用到网络功能？（　　）

A. 控制台电缆　　B. AUX　　C. Telnet　　D. 调制解调器

（3）下列哪一条命令用来显示 NVRAM 中的配置文件？（　　）

A. show running-config　　B. show startup-config

C. show backup-config　　D. show version

（4）以下描述中，不正确的是（　　）。

A. 设置了交换机的管理地址后,就可使用 Telnet 方式来登录连接交换机,并实现对交换的管理与配置

B. 首次配置交换机时,必须采用 Console 口登录配置

C. 默认情况下,交换机的所有端口均属于 VLAN 1,设置管理地址,实际上就是设置 VLAN 1 接口的地址

D. 交换机允许同时建立多个 Telnet 登录连接

(5) 哪一条命令提示符是在接口配置模式下?( )

A. > B. # C. (config)# D. (config-if)#

二、简答题

(1) 总结交换机的几种工作模式,比较它们功能间的区别和嵌套关系。

(2) 请通过网络查找以 Web 方式管理 Cisco 交换机的步骤和方法,并比较 Web 管理与命令行方式管理各自的优缺点。

任务三 中型网络的地址划分

任务描述

通过前面的任务,可以在物理层面用网络连接公司的各类计算机和其他网络设备。但是为了有序管理,通常还需要对联网的各种主机、设备按照公司的组织架构进行子网络划分,以方便公司的业务管理。本次任务要求读者通过学习,基本掌握交换式网络的子网划分方法;运用这一方法为公司的行政部、技术一部(中间件产品部)、技术二部(Web 应用集成)和销售部四部门分别划分一个 C 类子网;并为后续的网络配置和管理的学习打下一定的基础。

相关知识

一、IP 地址

(1) IP 地址的概念

在 20 世纪 70 年代初期,建立 Internet 的工程师们并未意识到计算机和通信在未来的迅猛发展。局域网和个人计算机的发明对未来的网络产生了巨大的冲击。开发者们依据他们当时的环境,并根据那时对网络的理解建立了逻辑地址分配策略。即:大型的互联网络中需要有一个全局的地址系统,它能够给每一台主机或网络设备的网络连接分配一个全局唯一的地址;TCP/IP 的网络层使用的地址标识符称做 IP 地址;IPv4 中 IP 地址是一个 32 位的二进制地址;网络中的每一个主机或网络设备至少有一个 IP 地址;在 Internet 中不允许有两个设备具有同样的 IP 地址;如果一台主机或网络设备连接到两个或多个物理网络,那么它可以拥有两个或多个 IP 地址。

为了给不同规模的网络提供必要的灵活性,IP 地址的设计者将 IP 地址空间划分为五个不同的地址类别,其中 A、B、C 三类最为常用。

从当时的情况来看,32 位的地址空间确实足够大,能够提供 2^{32}(4 294 967 296,约为 43 亿)个独立的地址。这样的地址空间在因特网早期看来几乎是无限的,于是便将 IP 地址根据申

请而按类别分配给某个组织或公司，而很少考虑是否真的需要这么多个地址空间，没有考虑到IPv4地址空间最终会被用尽。但是在实际网络规划中，它们并不利于有效地分配有限的地址空间。对于A、B类地址，很少有这么大规模的公司能够使用，而C类地址所容纳的主机数又相对太少。所以有类别的IP地址并不利于有效地分配有限的地址空间，不适用于网络规划。

（2）IP地址的结构

IP地址采用分层结构，是由网络号（net ID）与主机号（host ID）两部分组成的。

发送分组的主机即源主机，在网络上以其“源IP地址”来表示；接收分组的主机即目的主机，在网络上以其“目的IP地址”表示。

IP地址长度为32位，采用点分十进制（dotted decimal）地址，以x.x.x.x的格式来表示，每个x为8位，每个x的值为0~255（例如 202.113.29.119），根据不同的取值范围，IP地址可以分为五类。

IP地址中的前5位（二进制）用于标识IP地址的类别（见图2-16）：

A类地址的第一位为0；

B类地址的前两位为10；

C类地址的前三位为110；

D类地址的前四位为1110；

E类地址的前五位为11110。

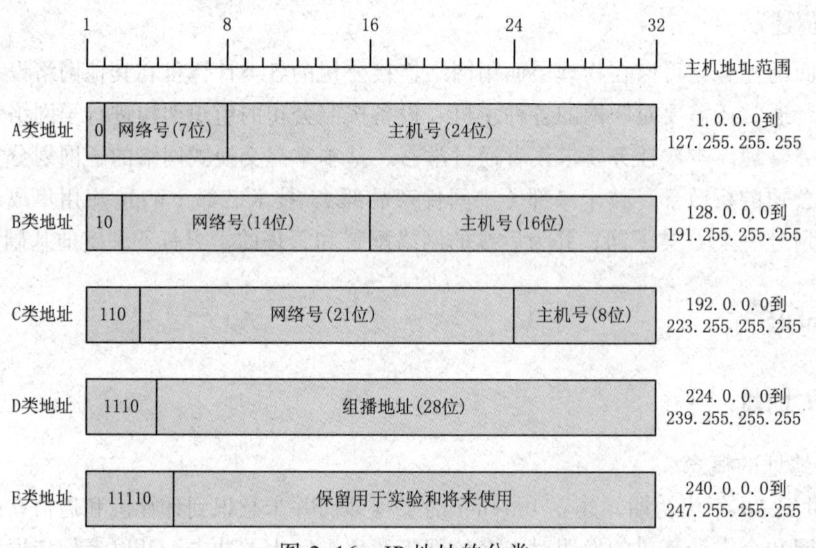

图2-16 IP地址的分类

IP地址可以点分十进制表示或二进制表示，如表2-2所示。

表2-2 IP地址的点分十进制表示或二进制表示示例

用点分十进制表示	用二进制表示
129.8.16.25	10000001 00001000 00010000 00011001
10.2.0.52	00001010 00000010 00000000 00110100
126.0.0.0	01111110 0000000 00000000 00000000
192.255.255.255	11000000 11111111 11111111 11111111

(3) IP 地址的分类

① A 类 IP 地址。A 类 IP 地址的网络号长度为 7 位，主机号长度为 24 位，地址是从：1.0.0.0 ~ 127.255.255.255。其中网络号长度为 7 位，从理论上可以有 2^7=128 个网络。网络号为全 0 和全 1（用十进制表示为 0 与 127）的两个地址保留用于特殊目的，实际允许有 126 个不同的 A 类网络。由于主机号长度为 24 位，因此每个 A 类网络的主机 IP 数理论上为 2^{24}=16 777 216。主机 IP 为全 0 和全 1 的两个地址保留用于特殊目的，实际允许连接 16 777 214 个主机。A 类 IP 地址结构适用于有大量主机的大型网络。

② B 类 IP 地址。B 类 IP 地址的网络 IP 长度为 14 位，主机 IP 长度为 16 位，地址是从：128.0.0.0 ~ 191.255.255.255。由于网络 IP 长度为 14 位，因此允许有 2^{14}=16 384 个不同的 B 类网络，实际允许连接 16 382 个网络。由于主机 IP 长度为 16 位，因此每个 B 类网络可以有 2^{16}=65 536 个主机或网络设备，实际一个 B 类 IP 地址允许连接 65 534 个主机或网络设备。B 类 IP 地址适用于一些国际性大公司与政府机构等中等大小的组织使用。

③ C 类 IP 地址。C 类 IP 地址的网络号长度为 21 位，主机号长度为 8 位，地址是从：192.0.0.0 ~ 223.255.255.255。网络号长度为 21 位，因此允许有 2^{21}=2097152 个不同的 C 类网络。主机号长度为 8 位，每个 C 类网络的主机地址数最多为 2^8=256 个，实际允许连接 254 个主机或网络设备。C 类 IP 地址适用于一些小公司与普通的研究机构。

④ D 类和 E 类 IP 地址。D 类 IP 地址不标识网络，地址范围：224.0.0.0 ~ 239.255.255.255，用于其他特殊的用途，如多播地址 Multicasting。

E 类 IP 地址暂时保留，地址范围：240.0.0.0 ~ 255.255.255.255，用于某些实验和将来使用。

⑤ 特殊 IP 地址形式。特殊 IP 地址形式包括：直接广播地址、受限广播地址、“这个网的这个主机”地址、“这个网络上的特定主机”地址、回送地址等。

- 直接广播地址。A 类、B 类与 C 类 IP 地址中主机号全 1 的地址为直接广播地址，它用来使网络设备将一个分组以广播方式发送给特定网络上的所有主机。它只能作为分组中的目的地址。物理网络采用的是点-点传输方式，分组广播需要通过软件来实现。
- 受限广播地址。网络号与主机号的 32 位全为 1 的地址为受限广播地址，它用来将一个分组以广播方式发送给本网的所有主机，分组将被本网的所有主机将接受该分组，路由器等网络设备则阻挡该分组通过。
- “这个网络上的特定主机”地址。主机或网络设备向本网络上的某个特定的主机发送分组时，网络号部分为全 0，主机号为确定的值。这样的分组被限制在本网络内部。
- 回送地址。回送地址是用于网络软件测试和本地进程间通信。TCP/IP 规定：含网络号为 127 的分组不能出现在任何网络上；主机和网络设备不能为该地址广播任何寻址信息。

二、子网的划分

(1) 子网地址的概念

为了提高 IP 地址的使用效率，引入了子网的概念。将一个网络划分为子网：采用借位的方式，从主机位最高位开始借位变为新的子网位，所剩余的部分则仍为主机位。这使得 IP 地址的结构分为三级地址结构：网络位、子网位和主机位。这种层次结构便于 IP 地址分配和管理。它的使用关键在于选择合适的层次结构——如何既能适应各种现实的物理网络规模，又能充分地利用 IP 地址空间（即：从何处分隔子网号和主机号）。

掩码用于说明子网域在一个 IP 地址中的位置。子网掩码主要用于说明如何进行子网的划分。掩码是由 32 位组成的，类似 IP 地址。对于三类 IP 地址来说，有一些自然的或缺省的固定掩码。

划分了子网的 IP 地址有三级层次结构，三级层次的 IP 地址是：网络号、子网号、主机号。第一级网络号定义了网点的位置；第二级子网号定义了物理子网；第三级主机号定义了主机或网络设备到物理网络的连接，如图 2-17 所示。

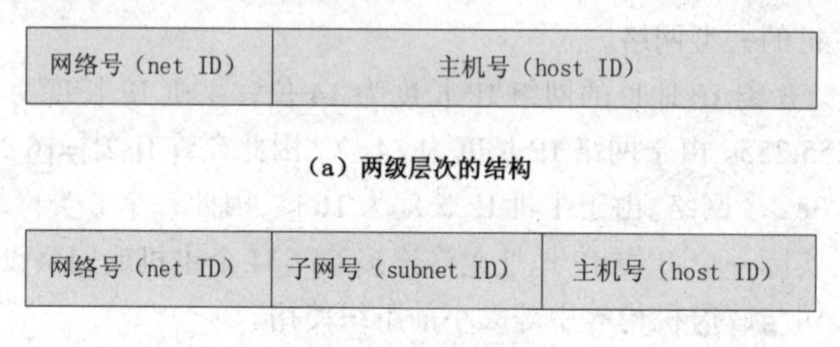

图 2-17　划分了子网的 IP 地址的三级结构

图 2-18 以一个 B 类地址为例，说明了子网掩码与划分了子网的 IP 地址的关系。对一个三级层次的 IP 地址，一个 IP 分组的路由选择的过程为三步：第一步转发给网点，第二步转发给物理子网，第三步转发给主机。

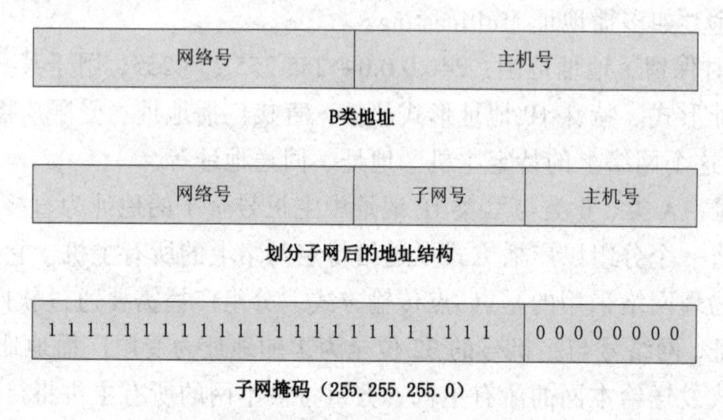

图 2-18　子网地址与子网掩码

（2）如何确定子网地址

如果此时有一个 I P 地址和子网掩码，就能够确定设备所在的子网。子网掩码和 IP 地址一样长，由 32 bit 组成，其中的 1 表示在 IP 地址中对应的网络号和子网号对应比特，0 表示在 IP 地址中的主机号对应的比特。将子网掩码与 IP 地址逐位相“与”，得全 0 部分为主机号，前面非 0 部分为网络号。

要划分子网就需要计算子网掩码和分配相应的主机块，尽管采用二进制计算可以得出结论，但采用十进制计算方法看起来要比二进制方法简单许多，经过一番观察和总结，可以得出了子网掩码及主机块的十进制算法。

首先要明确一些概念：

① 类默认子网掩码：

A 类为 255.0.0.0;

B 类为 255.255.0.0；

C 类为 255.255.255.0。

当要划分子网用到子网掩码 M 时，类子网掩码的格式应为：

A 类为 255.M.0.0；

B 类为 255.255.M.0；

C 类为 255.255.255.M。

M 是相应的子网掩码，如：255.255.255.240。

十进制计算基数：256，下面所有的十进制计算都要用 256 来进行。

② 几个公式变量的说明：

Subnet_block：可分配子网块大小，指在某一子网掩码下的子网的块数。

Subnet_num：实际可分配子网数，指可分配子网块中要剔除首、尾两块（思科产品可使用全 0 和全 1 子网，华为产品不使用全 0 和全 1 子网，本例使用华为方式讲解），这是某一子网掩码下可分配的实际子网数量，它等于 Subnet_block-2。

IP_block：每个子网可分配的 IP 地址块大小。

IP_num：每个子网实际可分配的 IP 地址数，因为每个子网的首、尾 IP 地址必须保留（一个为网络地址，一个为广播地址），所以它等于 IP_block-2，IP_num 也用于计算主机段

M：子网掩码(net mask)。

③ 关于子网掩码的几个公式如下：

M=256 - IP_block

IP_block=256/Subnet_block，反之 Subnet_block=256/IP_block

IP_num=IP_block - 2

Subnet_num=Subnet_block - 2

2 的幂数：要熟练掌握 2^8（256）以内的 2 的幂代表的十进制数，如 $128=2^7$、$64=2^6$…，这可使我们立即推算出 Subnet_block 和 IP_block 数。

④ 现在我们举一些例子：

【例 1】已知所需子网数 12，求实际子网数。

解：这里实际子网数指 Subnet_num，由于 12 最接近 2 的幂为 16(2^4)，即 Subnet_block=16，那么 Subnet_num=16-2=14，故实际子网数为 14。

【例 2】已知一个 B 类子网每个子网主机数要达到 60×255（约相当于 X.Y.0.1--X.Y.59.254 的数量）个，求子网掩码。

解：60 接近 2 的幂为 64（2^6），即，IP_block=64

子网掩码 M=256-IP_block

=256-64=192

B 类子网掩码格式是：255.255.M.0.

所以子网掩码为：255.255.192.0。

【例 3】如果所需子网数为 7，求子网掩码

解：7 最接近 2 的幂为 8，但 8 个 Subnet_block 因为要保留首、尾 2 个子网块，即 8-2=6<7,并不能达到所需子网数，所以应取 2 的幂为 16，即 Subnet_block=16

IP_block=256/Subnet_block=256/16=16

子网掩码 M=256-IP_block=256-16=240。

【例 4】已知网络地址为 211.134.12.0，要有 4 个子网，求子网掩码及主机段。

解：211.y.y.y 是一个 C 类网，子网掩码格式为 255.255.255.M

4 个子网，4 接近 2 的幂是 8（2^3），所以 Subnet_block=8

Subnet_num=8-2=6

IP_block=256/Subnet_block=256/8=32

子网掩码 M=256-IP_block=256-32=224

所以子网掩码表示为 255.255.255.224

因为子网块（Subnet_block）的首、尾两块不能使用，所以可分配 6 个子网块（Subnet_num），每块 32 个可分配主机块（IP_block）

即：32-63、64-95、96-127、128-159、160-191、192-223

首块（0-31）和尾块（224-255）不能使用

每个子网块中的可分配主机块又有首、尾两个不能使用（一个是子网网络地址，一个是子网广播地址），所以主机段分别为：

33-62、65-94、97-126、129-158、161-190、193-222

所以子网掩码为 255.255.255.224

主机段共 6 段，分别为：

211.134.12.33——211.134.12.62

211.134.12.65——211.134.12.94

211.134.12.97——211.134.12.126

211.134.12.129——211.134.12.158

211.134.12.161——211.134.12.190

211.134.12.193——211.134.12.222

可以任选其中的 4 段作为 4 个子网。

任务实施

S 公司现规划其内部网络地址使用 192.168.0.0/24 网段，其下属的行政部、技术一部（中间件产品部）、技术二部（Web 应用集成）和销售部四部门现有员工均在 10~15 人之间，每人都分别有自己的办公计算机。请根据本节所学知识，为公司的四个部门规划子网划分方案。并填写子网规划表，参考结果如表 2-3 所示。

表 2-3　公司部门子网规划（按全 0 和全 1 子网不能用设置）

部门名称	子网络地址	子网掩码	子网主机可用地址范围
行政部	192.168.0.32	255.255.255.224	192.168.0.33-192.168.0.62
技术一部	192.168.0.64	255.255.255.224	192.168.0.65-192.168.0.94
技术二部	192.168.0.96	255.255.255.224	192.168.0.97-192.168.0.126
销售部	192.168.0.128	255.255.255.224	192.168.0.129-192.168.0.190

思 考 练 习

一、选择题

（1）某网络使用B类IP地址，子网掩码是255.255.224.0，请问通常可以设定多少个子网？

A. 14　B. 7　C. 9　D. 6

（2）用户需要在一个C类地址中划分子网，其中一个子网的最大主机数为16，如要得到最多的子网数量，子网掩码应为（　　）。

A. 255.255.255.192　B. 255.255.255.248

C. 255.255.255.224　D. 255.255.255.240

（3）某主机的IP地址是165.247.52.119，子网掩码是255.255.248.0，问主机在哪个子网上？（　　）

A. 165.247.52.0　B. 165.247.32.0

C. 165.247.56.0　D. 165.247.48.0

（4）在一台IP地址为192.168.1.139的Windows 7计算机上配置TCP/IP，用下面哪个命令来检查这台主机和IP地址为192.168.1.220的主机之间的连通性？（　　）

A. ping 192.168.1.220　B. ipconfig 192.168.1.220

C. pathping 192.168.1.220　D. ping 192.168.1.139

（5）假设有一组B类地址为172.16.0.0～172.31.0.0，如果需要用CIDR来聚合这组地址，其表示方法为（　　）。

A. 172.15.0.0/12　B. 172.16.0.0/12

C. 172.16.0.0/16　D. 172.16.255.255/16

（6）某单位搭建了一个有6个子网、C类IP地址的网络，要正确配置该网络应该使用的子网掩码是（　　）。

A. 255.255.255.248　B. 255.255.255.224

C. 255.255.255.192　D. 255.255.255.240

二、简答题

（1）如果S公司的技术一部的规模每年增长10%；技术二部的规模每年增长20%；其他部门整体变化不大。考虑未来三年的网络需求，该公司的子网又应该如何规划。根据上述要求重新填写表2-3。

（2）在给定的地址段内进行子网划分通常希望被分配的地址段是连续的。请你谈一谈如何能够做到这一点，以及这样做有何好处。

任务四　高速网络（光纤）组建与管理

任务描述

本次任务要求读者通过学习，基本掌握用光纤连接交换机等网络设备的方法；了解光纤连接部件的特性；为公司设计内部局域网络中需要高速连接的部分规划配置光纤网络；并为后续的课程学习打下一定的基础。

相关知识

一、光纤概述

光导纤维电缆（Optical Fiber），简称光纤电缆、光纤或光缆。它是一种用来传输光束的细软而柔韧的传输介质。光导纤维电缆通常由一捆纤维组成，因此得名“光缆”。光纤使用光而不是电信号来传输数据。

光纤通信系统由光纤、光发送机和光接收机等部分组成。

光纤具有如下优缺点：

（1）优点

① 传输信号的频带宽，通信容量大。由于光纤具有极高的容量，因此在实际中可到极高的传输速率，其度量单位通常为 Mbit/s、Gbit/s。

② 传输损耗小，传输（中继）距离长。光纤具有极低的衰减，可以长距离传输，光纤在 300 MHz 内的衰减基本不变。

③ 误码率低，传输可靠性高。一般误码率低于 10^{-9}。

④ 抗干扰能力强。由于光纤由非金属材料制作，因此它不受电磁波的干扰和电噪声的影响。

⑤ 保密性好。数据不易被窃听，或者被截取。

⑥ 体积小，重量轻。

⑦ 抗化学腐蚀能力强。因此，它适用于特殊场合的布线。

（2）缺点

① 价格昂贵，但正在不断下降，是最有发展的传输介质。单模和多模光缆的价格差距不大。

② 安装十分困难。需要专业的技术人员。

③ 质地脆、机械强度低。

光缆适用于长距离、布线条件特殊的情况，以及语音、数据和视频图像等应用领域；另外，在较大规模的计算机局域网络中，目前广泛地采用光缆作为外界数据传输的干线，这样一方面可以有效地防止电磁干扰的入侵，另一方面可以极大地扩展网络距离。

光纤中的信号衰减极小，在不安装光纤中继器的条件下，其可能传输的最大距离高达 6～8 km。

二、交换网络中的光纤连接

当单一交换机所能够提供的端口数量不足以满足网络计算机的需求时，必须要有两个以上的交换机提供相应数量的端口，这也就要涉及交换机之间连接的问题。从根本上来讲，交换机之间的连接不外乎两种方式，一是堆叠，一是级联。此时，可采用光纤作为连接介质。

1. GBIC 和 SFP

（1）GBIC

Cisco GBIC（GigaBit Interface Converter）是一个通用的、低成本的千兆位以太网堆叠模块，可提供 Cisco 交换机间的高速连接，既可建立高密度端口的堆叠，又可实现与服务器或千兆位主干的连接，为快速以太网向千兆以太网的过渡，提供了廉价的、高性能的选择方案。此外，借助于光纤，还可实现与远程高速主干网络的连接。GBIC 模块分为两大类，一是普通级联使用的 GBIC 模块，二是堆叠专用的 GBIC 模块。

① 级联 GBIC 模块。级联使用的 GBIC 模块分为 4 种，一是 1000Base-T GBIC 模块（见图 2-19），适用于超五类或六类双绞线，最长传输距离为 100 m；二是 1000Base-SX GBIC 模块（见图 2-20），适用于多模多纤（MMF），最长传输距离为 500 m；三是 1000Base-LX/LH GBIC 模块，适用于单模光纤（SMF），最长传输距离为 10 km；四是 1000Base-ZX GBIC，适用于长波单模光纤，最长传输距离为 70～100 km。

图 2-19　1000BASE-T GBIC 模块

图 2-20　1000BASE-SX GBIC 模块

GBIC 模块安装于千兆以太网模块的 GBIC 插槽中，用于提供与其他交换机和服务器的千兆位连接。图 2-21 所示为安装在 Cisco Catalyst 4006 千兆以太网模块中的 GBIC。

② 堆叠 GBIC 模块。堆叠 GBIC 模块用于实现交换机之间的廉价千兆连接。图 2-22 所示为适用于 Cisco Catalyst 2950/3550 的 GigaStack GBIC 堆叠模块。需要注意的是，GigaStack GBIC 专门用于交换机之间的千兆位堆叠，GigaStack GBIC 之间的连接采用专门的堆叠电缆。

图 2-21　安装在 GBIC 插槽中的 GBIC 模块

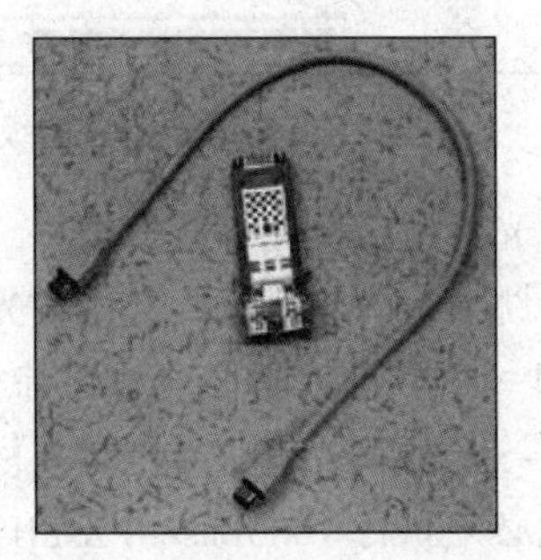

图 2-22　Cisco GigaStack GBIC 堆叠模块和电缆

（2）SFP

SFP（Small Form-factor Pluggables）可以简单的理解为 GBIC 的升级版本。SFP 模块（见图 2-23）体积比 GBIC 模块减少一半，可以在相同面板上配置多出一倍以上的端口数量。由于 SFP 模块在功能上与 GBIC 基本一致，因此，也被有些交换机厂商称为小型化 GBIC（Mini-GBIC）。

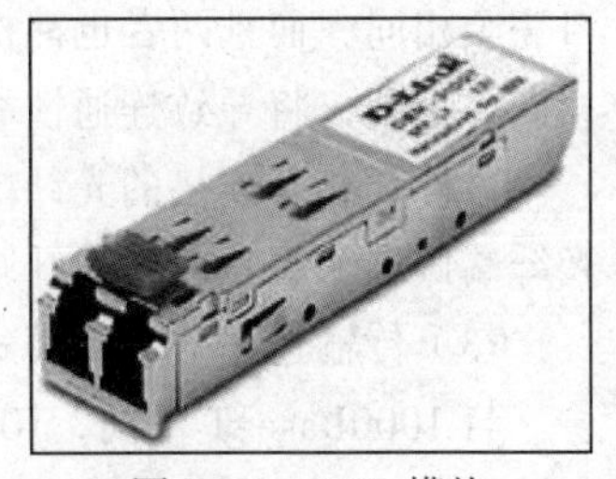

图 2-23　SFP 模块

2. 光纤端口的级联

由于光纤端口的价格仍然非常昂贵，所以，光纤主要被用于核心交换机和骨干交换机之间连接，或被用于骨干交换机之间的级联。需要注意的是，光纤端口均没有堆叠的能力，只能被用于级联。

（1）光纤跳线的交叉连接

所有交换机的光纤端口都是 2 个，分别是一发一收。当然，光纤跳线也必须是 2 根，否则端口之间将无法进行通信。当交换机通过光纤端口级联时，必须将光纤跳线两端的收发对调，当一端接“收”时，另一端接“发”。同理，当一端接“发”时，另一端接“收”（见图 2-24）。令人欣慰的是，Cisco GBIC 光纤模块都标记有收发标志，左侧向内的箭头表示“收”，右侧向外的箭头表示“发”。如果光纤跳线的两端均连接“收”或“发”，则该端口的 LED 指示灯不亮，表示该连接为失败。只有当光纤端口连接成功后，LED 指示灯才转为绿色。

同样，当骨干交换机连接至核心交换机时，光纤的收发端口之间也必须交叉连接（见图 2-25）。

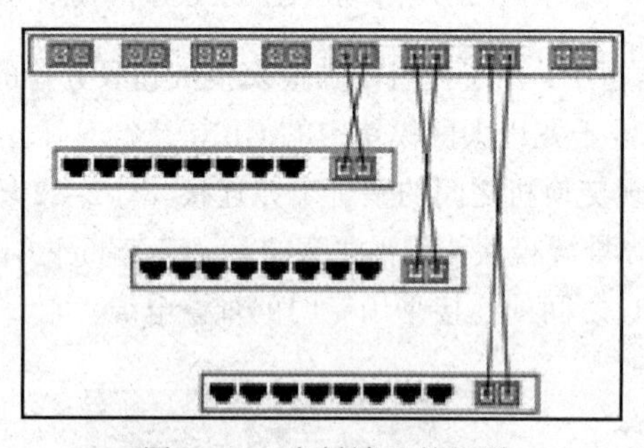

图 2-24 光纤端口的级联

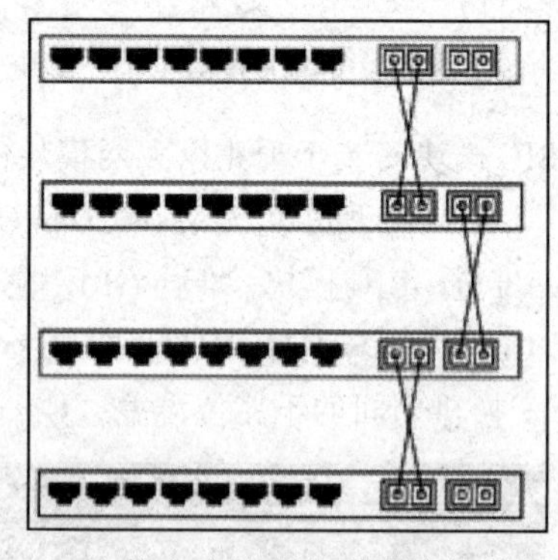

图 2-25 核心交换机与骨干交换机的连接

（2）光纤跳线及光纤端口类型

光纤跳线分为单模光纤和多模光纤。交换机光纤端口、跳线都必须与综合布线时使用的光纤类型相一致，也就是说，如果综合布线时使用的多模光纤，交换机的光纤接口就必须执行 1000Base-SX 标准，也必须使用多模光纤跳线；如果综合布线时使用的单模光纤，交换机的光纤接口就必须执行 1000Base-LX/LH 标准，也必须使用单模光纤跳线。

需要注意的是，多模光纤有两种类型，即 62.5/125μm 和 50/125μm。虽然交换机的光纤端口完全相同，而且两者也都执行 1000Base-SX 标准，但光纤跳线的芯径必须与光缆的芯径完全相同，否则，将导致连通性故障。

另外，相互连接的光纤端口的类型必须完全相同，或者均为多模光纤端口，或者均为单模光纤端口。一端是多模光纤端口，而另一端是单模光纤端口，将无法连接在一起。

（3）传输速率与双工模式

与 1000Base-T 不同，1000Base-SX、1000Base-LX/LH 和 1000Base-ZX 均不能支持自适应，不同速率和双工工作模式的端口将无法连接并通信。因此，要求相互连接的光纤端口必须拥有完全相同的传输速率和双工工作模式，既不可将 1 000 Mbit/s 的光纤端口与 100Mbit/s 的光纤端口连接在一起，也不可将全双工模式的光纤端口与半双工模式的光纤端口连接在一起，否则，将导致连通性故障。

3．光纤熔接

光纤熔接接续是光纤传输系统中工程量最大、技术要求最复杂的重要工序，其质量好坏直接影响光纤线路的传输质量和可靠性。进行有效的方法及正确熔接步骤极其重要的。

光纤熔接的方法一般有熔接、活动连接、机械连接三种。在实际工程中基本采用熔接法，因为熔接方法的结点损耗小，反射损耗大，可靠性高。

（1）光缆熔接时应该遵循的原则

芯数相同时，要将同束管内的对应色光纤熔接在一起；芯数不同时，按顺序先熔接大芯数再接小芯数，常见的光缆有层绞式、骨架式和中心管束式光缆，纤芯的颜色按顺序分为兰、桔、绿、棕、灰、白、红、黑、黄、紫、粉、青。多芯光缆把不同颜色的光纤放在同一管束中成为一组，这样一根光缆内里可能有好几个管束。正对光缆横切面，把红束管看作光缆的第一管束，顺时针依次为绿、白 1、白 2、白 3 等。

（2）光缆的熔接过程

① 开剥光缆，并将光缆固定到接续盒内。在固定多束管层式光缆时由于要分层盘纤，各束管应依序放置，以免缠绞。将光缆穿入接续盒，固定钢丝时一定要压紧，不能有松动。否则，有可能造成光缆打滚纤芯。注意不要伤到管束，开剥长度取 1 m 左右，用卫生纸将油膏擦拭干净。

② 将光纤穿过热缩套管。将不同管束、不同颜色的光纤分开，穿过热缩套管。剥去涂抹层的光缆很脆弱，使用热缩套管，可以保护光纤接头。

③ 打开熔接机电源，选择合适的熔接方式。光纤熔接机的供电电源有直流和交流两种，要根据供电电流的种类选择合理开关。每次使用熔接机前，应使熔接机在熔接环境中放置至少 15 min。根据光纤类型设置熔接参数、预放电时间、时间及主放电时间、主放电时间等。如没有特殊情况，一般选择用自动熔接程序。在使用中和使用后要及时去除熔接机中的粉尘和光纤碎末。

④ 制作光纤端面。光纤端面制作的好坏将直接影响接续质量，所以在熔接前一定要做好合格的端面。

⑤ 裸纤的清洁。将棉花撕成面平整的小块，沾少许酒精，夹住已经剥覆的光纤，顺光纤轴向擦拭，用力要适度，每次要使用棉花的不同部位和层面，这样即可以提高棉花利用率。

⑥ 裸纤的切割。首先清洁切刀和调整切刀位置，切刀的摆放要平稳，切割时，动作要自然，平稳，勿重，勿轻。避免断纤、斜角、毛刺及裂痕等不良端面产生。

⑦ 放置光纤。将光纤放在光纤熔接机的 V 形槽中，小心压上光纤压板和光纤夹具，要根据光纤切割长度设置光纤在压板中的位置，关上防风罩，按熔接键即可自动完成熔接，在光纤熔接机显示屏上会显示估算的损耗值。

⑧ 移出光纤，用熔接机加热炉加热。

⑨ 盘纤并固定。科学的盘纤方法可以使光纤布局合理、附加损耗小，经得住时间和恶劣环境得考验，可以避免因积压造成的断纤现象。在盘纤时，盘纤得半径越大，弧度越大整个线路的损耗就越小。所以，一定要保持一定半径，使激光在纤芯中传输时，避免产生一些不必要的损耗。

⑩ 密封接续盒。野外接续盒一定要密封好。如果接续盒进水，由于光纤以及光纤熔接点长期浸泡在水中，可能会导致光纤衰减增大。

任务实施

一、设计S公司光纤局域网规划

为提高S公司内网性能，公司拟升级网络，采用光纤实现内网交换机间的级联。请在市场中主流商品范围内做设备、部件选型，并进行光纤连接操作和网络调试。

二、练习光纤熔接

① 使用光纤剥线钳剥除2 cm左右的光纤被覆，光纤剥线钳上有3个钳孔，孔径尺寸由大至小分别用于剥除光纤的塑料保护层、光纤的被覆以及树脂涂层。在剥除时，注意将光纤置于刀孔正中间，防止光纤折断或扭曲；此外光纤应尽量保持平直，避免过度弯曲裸光纤，从而导致光纤变形影响熔接参数。（剥线钳可以适度倾斜，方便快速剥除被覆等）

② 用蘸有酒精的镜头纸擦净光纤，去除光纤表面的被覆残留。擦拭时应注意避免重复污染，擦拭干净后不能再触碰裸光纤。

③ 按步骤用光纤切割刀切断光纤。光纤切割刀的截面如图2-26所示。将清洁后的裸光纤放置在光纤切割刀中较小的V型槽中（如果固定端有被覆，应置于较大槽内），保持光纤与刀片垂直。切断后的裸光纤不能再触碰或者切割。（注意光纤碎屑要统一集中处理）

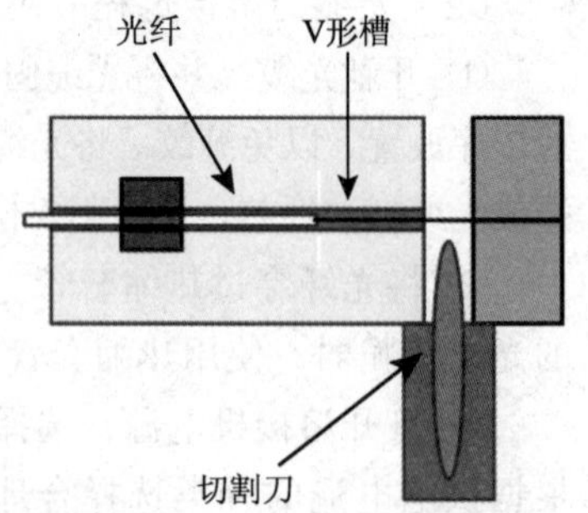

图2-26 光纤切割刀示意图

将切割好的光纤断面拿到电子显微镜下观察其端面，用CCD捕捉拍摄结果，如图2-27所示，由于这个步骤仅用来观察断面大致是否均匀，精细参数仍需要用熔接机测定，故实验过程仅拍摄一两张断面放大图像。

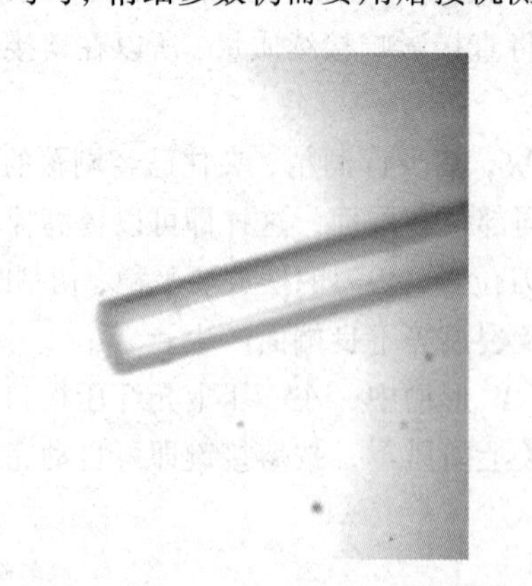
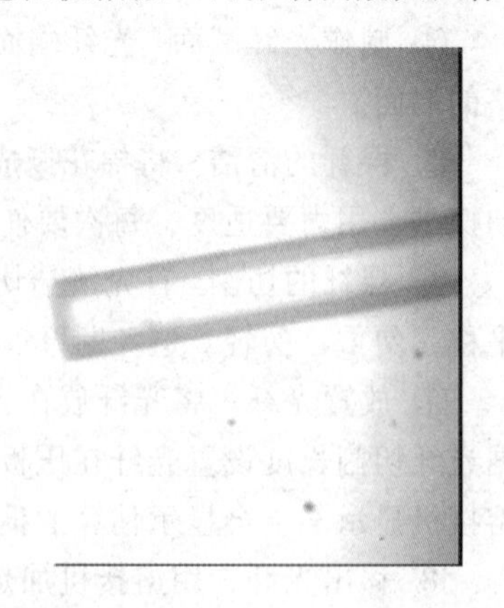

图2-27 光纤切断面显微图像

由于光纤断面人为将其略向上扬地放在载物台上，切割良好的画面应该是断面略微向外均匀凸起，边缘明暗较均匀。

④ 打开光纤熔接机的顶盖，把LCD显示屏竖起后，接通熔接机的电源，把开关置于AC挡；屏幕上显示“熔接方式菜单”，设定为“自动方式”；“熔接条件”设定为“SMF”；“选项”的第一个副菜单为放电时间设定，第二个为数据存储方式选择，这两个选项是根据光纤类型默认设定的。

⑤ 参数调整完毕，打开防风盖将处理好的光纤放置于熔接机的 V 形槽中。注意放置光纤时手尽量不触碰光纤和熔接机核心部件，而且两端光纤不能伸过尖端电弧，否则熔接时出现“距离错误”，正确放置方式如图 2-28 所示。光纤平整放置后，盖好防风盖和顶盖。

⑥ 按“SET”键，熔接机开始自动熔接。从屏幕中可以看到，熔接机将两根光纤在水平和垂直两个方向进行准直和方位对准（X、Y 方向），然后进行距离调整。若两端面放置距离过大，则熔接机将会停止熔接并发出警告。若光纤在 V 形槽内时碰触到边缘或处理不干净时，往往会在光纤端面处沾有灰尘，熔接机将使用瞬间电弧放电清除端面灰尘，然后再进行端面检查，若仍留有灰尘，同样会有错误提示。

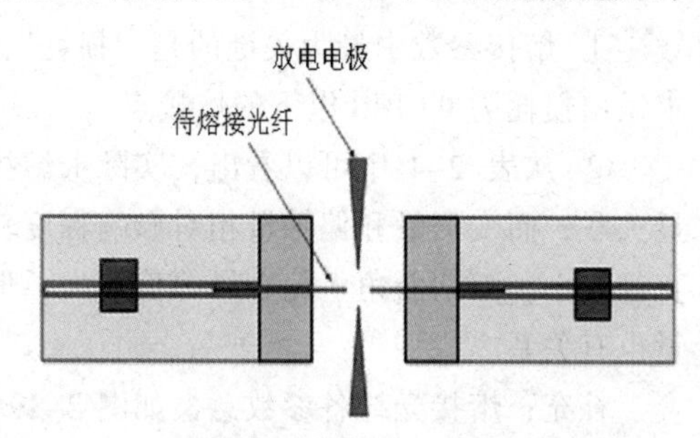

图 2-28　熔接机截面图和正确放置光纤的方法

⑦ 光纤熔接完成后，数据会自动保存，打开防风盖取出光纤，注意用力不能过猛防止刚熔接上的光纤断点裂开。同步骤③，将光纤接续点置于电子显微镜下观察，并用 CCD 捕获图像，对比不同实验得到的光纤熔接点（损耗不同）图像区别。

⑧ 将热保护套管套住接续点，置于内置的加热补强器中加热 1min 左右。为了对光纤熔接点进行加强保护，需要使光纤被覆与管中的金属棒有接触，这就要求在剥除光纤时，长度要控制在 2~3 cm，不能过长或过短。加热完毕后，稍待冷却后再取出光纤。

⑨ 关闭熔接机、显微镜电源，清理光纤碎屑。

三、光纤熔接结果分析

1. 实训数据采集

进入光纤熔接机数据存储界面并读取内存数据，可以得到前后 3 次熔接光纤的各种参数，填入表 2-4。

表 2-4　光纤熔接结果参数

参数 \ 序号	1	2	3
损耗/dB			
切断角（左）/度			
切断角（右）/度			
变形量/度			
偏轴量/μm			
放电强度/mA			
张力/g			
偏心量(左)/μm			
偏心量(右)/μm			
纤芯（左）/μm			
纤芯（右）/μm			

2. 结果分析

① 熔接参数中最为关键的是“损耗”，其余参数都是一定程度上影响着损耗，专业实验要求做出损耗为 0.01dB 以下的熔接点。

② 从表 2-4 中可以看出，实际上熔接光纤的切断角、偏心量等与光纤熔接损耗并没有明显关联，而变形量和偏轴量相对影响程度较大。比较不同直径的光纤熔接参数可以发现，光纤直径较小，而切断角、偏心量等值较大，但损耗却最小，这与光纤的制作工艺，出场参数和质量也有关系。

补充：熔接光纤各参数意义如图 2-29 所示。

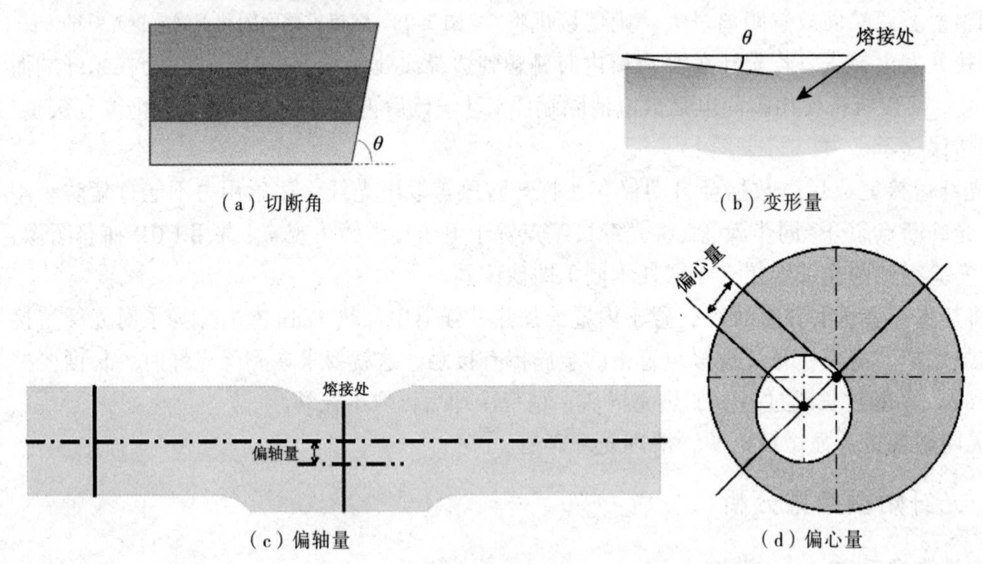

图 2-29　熔接光纤部分参数示意图

③ 从参数的示意图看出，变形量以及偏轴量都直接对光纤熔接部位的变形程度进行描述。相反当切割光纤时引入切断角较大，即端面不够垂直或者不平整，在电弧熔接时也可被熔接得较为平整；偏心量与光纤放置在 V 形槽中位置有关，但偏心量较大时，熔接机会自动调整，而使两光纤中轴尽量对齐。故变形量和偏轴量直接影响光纤损耗，其余参数主要影响两者进而影响损耗的或者说影响程度较小。

将损耗为 0.01 dB 和损耗为 0 dB 的熔接点显微图像进行对比，如图 2-30 所示。

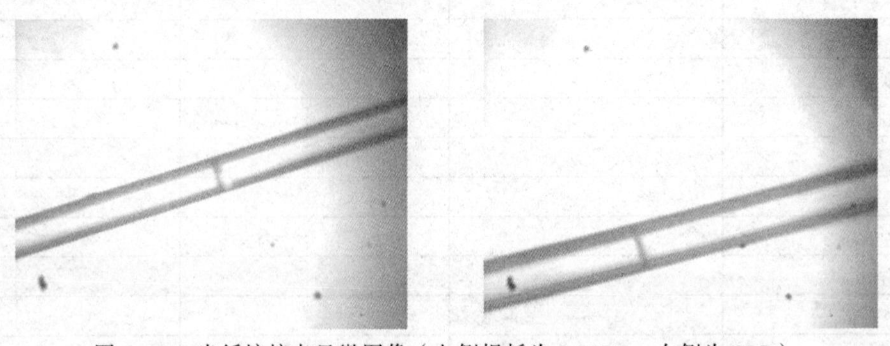

图 2-30　光纤熔接点显微图像（左侧损耗为 0.01DB，右侧为 0DB）

可观察到在熔接损耗较大的熔接点附近光纤边缘有明显变形和偏轴甚至锯齿，而损耗较小的熔接点附近光纤边缘很平整。

思 考 练 习

一、选择题

（1）光纤通信指的是（　　）。

A. 以电波作为信息载体、以光纤为传输媒介的通信方式

B. 以光波作为信息载体、以光纤为传输媒介的通信方式

C. 以光波作为信息载体、以电缆为传输媒介的通信方式

D. 以激光作为信息载体、以导线为传输媒介的通信方式

（2）一般情况下单模光纤中，不存在的色散有（　　）。

A. 材料色散　　B. 连接色散　　C. 波导色散　　D. 模式色散

（3）影响光接收机灵敏度的一个主要因素是（　　）。

A. 光纤色散　　B. 光电检测器噪声

C. 光纤衰减　　D. 光缆线路长度

（4）目前，大多数通信用光纤的纤芯和包层的组成材料是（　　）。

A. 多组分玻璃　　B. 石英　　C. 石英和塑料　　D. 塑料

（5）不属于无源光器件的是（　　）。

A. 光定向耦合器　　B. 半导体激光器

C. 光纤连接器　　D. 光衰减器

二、简答题

（1）什么因素可能影响光纤的接续损耗？如何减少插损？

（2）部署 UTP 线缆和光缆网络时，在操作上有哪些注意区别和注意事项？

扩展知识　使用交换机进行网络隔离

一、VLAN 概述

1. VLAN 的概念

VLAN 技术的核心是通过路由和交换设备，在网络的物理拓扑结构基础上建立一个逻辑网络，以使得网络中任意几个局域网网段或（和）结点能够组合成一个逻辑上的局域网。

虚拟网络（Virtual Network）是建立在交换技术基础上的，将网络上的结点按工作性质与需要划分成若干个“逻辑工作组”，一个逻辑工作组就组成一个虚拟网络。

在传统的局域网中，通常一个工作组是在同一个网段上的，每个网段可以是一个逻辑工作组或子网。多个逻辑工作组之间通过互联不同网段的网桥或路由器来交换数据。如果一个逻辑工作组中的某台计算机要转移到另一个逻辑工作组时，就需要将该计算机从一个网段撤出，连接到另一个网段，甚至需要重新布线，因此，逻辑工作组的组成就要受到结点所在网段物理位置的限制。

虚拟网络是建立在局域网交换机或 ATM 交换机之上的,它以软件方式实现逻辑工作组的划分与管理，逻辑工作组的结点组成不受物理位置的限制。

虚拟局域网与传统的局域网主要区别在于“虚拟”，即组网方式的不同。

虚拟局域网使用 1996 年 3 月 IEEE 802 委员会发布的 IEEE 802.1Q VLAN 标准.

2．VLAN 的实现技术

组建 VLAN 时应遵循下列的原则：

① 在网络中尽量使用同一厂家的交换机，能使用交换机的地方尽量使用交换机。

② 尽可能让计算机直接连接到交换机上。

③ 层次化地将交换机与交换机连接。

④ 使用软件划分出若干个 VLAN。

⑤ VLAN 间可互通（使用路由器或具有路由功能的第三层交换机）也可不互通。

通过 VLAN 的管理应该可以实现以下的的主要功能：

① 地址过滤能力：限制特定结点间连通，一是保证网络的安全，使网络资源只对授权用户开放；二是起到防火墙的作用，防止广播风暴。

② 虚拟联网能力：同一工作组的用户可以在物理位置上不属于同一物理 LAN，使得用户在逻辑上的组合与具体的物理配置、位置无关，简化了结点的增减和移动。

③ 广播功能：为同一逻辑工作组的用户间提供广播服务，同时还可以限制广播的区域，达到节省网络带宽的目的。

④ 封装：VLAN 建立在不同的物理 LAN 之上，用封装的方法可以实现使用不同协议的网络间互联。

可以以下列的几种方式实现 VLAN。

（1）基于交换机端口的虚拟局域网

这是早期最通用的划分 VLAN 的方法。

VLAN 从逻辑上可以把局域网交换机的不同端口划分为不同的虚拟子网，各虚拟子网相对独立。

划分方法：使用软件将交换机（可以是同一交换机，也可以是不同的交换机）的不同端口划分在不同的 VLAN 网段中，纯粹用端口定义 VLAN 时，不允许不同的 VLAN 网段包含相同的物理网段或交换机端口，即一个交换机端口只能位于一个 VLAN 中，另一方面位于共享介质集线器的所有用户由于使用了同一交换机的端口，也只能位于同一网段中（实际上一个交换机的端口被分配给多个 MAC 地址）。

缺点：无法自动解决结点的移动、增加和变更，而这一切需要网络管理员对 VLAN 进行重新配置。

（2）基于 MAC 地址的虚拟局域网

该方法是用结点的 MAC 地址来划分 VLAN 的方法，由于 MAC 地址是与硬件相关的地址，不论该结点的如何移动，这种 MAC 地址的不变都将保证该结点所在的 VLAN 也不会改变。

优点：允许结点移动，同一 Hub 内的结点可划分到不同的 VLAN。

缺点：由于要求所有的用户在初始阶段必须配置到一个 VLAN 中，才能进行自动跟踪用户。因此就需要对大量的毫无规律的 MAC 地址进行初始化操作，即手工操作将每一个结点配置到一个 VLAN 中，由此可见初始配置工作是相当繁重的。

（3）基于网络层地址的虚拟局域网

这是使用结点的网络层地址配置 VLAN 的方法，如使用 IP 地址或 IPX 协议来定义 VLAN。

要求：交换机能处理网络层的数据，即为路由交换机。

优点：允许按协议类型来组成虚拟局域网（如 IP、IPX 协议、NetBios 协议）；用户可随意移动结点；一个虚拟局域网可扩展到多个交换机的端口上，甚至一个端口能对应于多个虚拟局域网。

缺点：检查网络层地址的时延比检查 MAC 地址的时延要大，因此速度较慢，性能较差。

（4）基于 IP 组播的虚拟局域网

该方法是一个利用 IP 地址组动态建立的 VLAN 的方法。

利用一种称为代理的设备对虚拟局域网中的成员进行管理，当 IP 广播包要送达多个目的结点时，就动态地建立虚拟局域网代理，这个代理和多个 IP 结点组成 IP 广播组虚拟局域网。网络用广播信息通知各 IP 站，表明网络中存在 IP 广播组，结点若响应信息，就可以加入广播组成为 VLAN 一员。

优点：基于 IP 组播的 VLAN 具有动态特性，因而有较高的灵活性，可根据服务灵活地组建，还可跨越路由器形成与 WAN 的互联。

缺点：成员是特定时间段的 IP 组播 VLAN 的成员，VLAN 的建立要具有一定的时间。

（5）基于策略的虚拟局域网

使用上面的一种或几种划分虚拟局域网方法进行划分，其核心是采用何种策略。

二、在思科交换机上划分 VLAN

在思科交换机上划分 VLAN 可以采用表 2-5 中的命令。

表 2-5　进入全局配置模式配置 VLAN 命令

序　号	命　令	目　的
Step 1	configure terminal	进入配置状态
Step 2	vlan vlan-id	输入一个 VLAN 号，然后进入 VLAN 配置状态，可以输入一个新的 VLAN 号或旧的来进行修改。
Step 3	name vlan-name	（可选）输入一个 VLAN 名，如果没有配置 VLAN 名，缺省的名称是 VLAN 号前面用 0 填满的 4 位数，如 VLAN0004 是 VLAN4 的缺省名称
Step 4	mtu mtu-size	（可选）改变 MTU 大小
Step 5	end	退出
Step 6	show vlan {name vlan-name | id vlan-id}	验证
Step 7	copy running-config startup config	（可选）保存配置

用 no vlan name 或 no vlan mtu 退回到缺省的 vlan 配置状态。

举例如下：

```
Switch# configure terminal
Switch(config)# vlan 20
```

```
Switch(config-vlan)# name test20
Switch(config-vlan)# end
```

也可以在 enable 状态下，进行 VLAN 配置，命令如表 2-6 所示。

表 2-6　利用 VLAN Database 配置 VLAN 命令

序　　号	命　　令	目　　的
Step 1	vlan database	进入 VLAN 配置状态
Step 2	vlan vlan-id name vlan-name	加入 VLAN 号及 VLAN 名
Step 3	vlan vlan-id mtu mtu-size	（可选）修改 MTU 大小
Step 4	exit	更新 VLAN 数据库并退出
Step 5	show vlan {name vlan-name | id vlan-id}	验证配置
Step 6	copy running-config startup config	保存配置（可选）

举例如下：

```
Switch# vlan database
Switch(vlan)# vlan 20 name test20
Switch(vlan)# exit
APPLY completed.
Exiting....
Switch#
```

在此之后，应该将需要的端口划分给刚刚建立的 VLAN。可以采用表 2-7 的命令。

表 2-7　将交换机端口划分给 VLAN 命令

序　　号	命　　令	目　　的
Step 1	configure terminal	进入配置状态
Step 2	interface interface-id	进入要分配的端口
Step 3	switchport mode access	定义二层口
Step 4	switchport access vlan vlan-id	把端口分配给某一 VLAN
Step 5	end	退出
Step 6	show running-config interface interface-id	验证端口的 VLAN 号
Step 7	show interfaces interface-id switchport	验证端口的管理模式和 VLAN 情况
Step 8	copy running-config startup-config	保存配置

使用 default interface interface-id 还原到缺省配置状态。

举例如下：

```
Switch# configure terminal
Enter configuration commands, one per line. End with CNTL/Z.
Switch(config)# interface fastethernet0/1
Switch(config-if)# switchport mode access
Switch(config-if)# switchport access vlan 2
Switch(config-if)# end
Switch#
```

三、VTP 概述

VTP（VLAN Trunking Protocol）是 VLAN 中继协议，也称虚拟局域网干道协议。

它是一个 OSI 参考模型第二层的通信协议，主要用于管理在同一个域的网络范围内 VLAN 的建立、删除和重命名。在一台 VTP Server 上配置一个新的 VLAN 时，该 VLAN 的配置信息将自动传播到本域内的其他所有交换机。这些交换机会自动地接收这些配置信息，使其 VLAN 的配置与 VTP Server 保持一致，从而减少在多台设备上配置同一个 VLAN 信息的工作量，而且保持了 VLAN 配置的统一性。

VTP 通过网络（ISL 帧或 Cisco 私有 DTP 帧）保持 VLAN 配置统一性。VTP 在系统级管理增加、删除、调整的 VLAN，自动地将信息向网络中其他的交换机广播。此外，VTP 减小了那些可能导致安全问题的配置。便于管理，只要在 VTP Server 做相应设置，VTP Client 会自动学习 VTP Server 上的 VLAN 信息，实现：

① 当使用多重名字 VLAN 能变成交叉——连接。

② 当它们是错误地映射在一个和其他局域网，VLAN 能变成内部断开。

VTP 有三种工作模式：VTP Server、VTP Client 和 VTP Transparent。一般，一个 VTP 域内的整个网络只设一个 VTP Server。VTP Server 维护该 VTP 域中所有 VLAN 信息列表，VTP Server 可以建立、删除或修改 VLAN。VTP Client 虽然也维护所有 VLAN 信息列表，但其 VLAN 的配置信息是从 VTP Server 学到的，VTP Client 不能建立、删除或修改 VLAN。VTP Transparent 相当于是一上独立的交换机，它不参与 VTP 工作，不从 VTP Server 学习 VLAN 的配置信息，而只拥有本设备上自己维护的 VLAN 信息。VTP Transparent 可以建立、删除和修改本机上的 VLAN 信息。

当交换机是在 VTP Server 或透明的模式，能在交换机配置 VLAN。当交换机配置在 VTP Server 或透明的模式，可使用 CLI、控制台菜单、MIB（当使用 SNMP 简单网络管理协议管理工作站）修改 VLAN 配置。

一个配置为 VTP Server 模式的交换机向邻近的交换机广播 VLAN 配置，通过它的 Trunk 从邻近的交换机学习新的 VLAN 配置。在 Server 模式下可以通过 MIB、CLI 或者控制台模式添加、删除和修改 VLAN。

例如：增加了一个 VLAN，VTP 将广播这个新的 VLAN，Server 和 Client 机的 Trunk 网络端口准备接收信息。

在交换机自动转到 VTP 的 Client 模式后，它会传送广播信息并从广播中学习新的信息。但是，不能通过 MIB、CLI 或者控制台来增加、删除、修改 VLAN。VTP Client 端不能保持 VLAN 信息在非易失存储器中。当启动时，它会通过 Trunk 网络端口接受广播信息，学习配置信息。

在 VTP 透明的模式，交换不做广播或从网络学习 VLAN 配置。当一个交换机是在 VTP 透明的模式，能通过控制台、CLI、MIB 来修改、增加、删除 VLAN。

为使每一个 VLAN 能够使用，必须使 VTP 知道。并且包含在 Trunk port 的准许列表中，一个快速以太网 ISL Trunk 自动为 VLAN 传输数据，并且从一个交换机到另一个交换机。

需要注意的是如果交换在 VTP Server 模式接收广播包含 128 多个 VLAN，交换自动地转换向 VTP Client 模式。

更改交换机从 VTP Client 模式为 VTP 透明的模式，交换机保持初始、唯一 128VLAN 并删除剩余的 VLAN。

每个交换机用 VTP 广播 Trunk 端口的管理域，定义特定的 VLAN 边界，它的配置修订号，已知 VLAN 和特定参数。在一个 VTP 管理域登记后交换机才能工作。

通过 Trunk，VTP Server 向其他交换机传输信息和接收更新。VTP Server 也在 NVRAM 中保存本 VTP 管理域信息中 VLAN 的列表。VTP 能通过统一的名字和内部的列表动态显示出管理域中的 VLAN。

VTP 信息在全部 Trunk 连接上传输，包括 ISL、IEEE 802.10、LANE。VTP MIB 为 VTP 提供 SNMP 工具，并允许浏览 VTP 参数配置。

VTP 建立共用的配置值和分布下列的共用的配置信息：

- VLAN IDs（ISL）。
- 仿效 LAN 的名字（ATM LANE）。
- IEEE 802.10 SAID 值（FDDI）。
- VLAN 中最大的传输单元（MTU）大小。
- 帧格式。

VTP 用来确保配置的一致性，VTP 的具体优点如下：

- 保持了 VLAN 的一致性。
- 提供从一个交换机到另一个交换机在整个管理域中增加虚拟局域网的方法。

VTP 是思科的专用协议，大多数的 Catalys 交换机都支持该协议，VTP 可以减少 VLAN 的相关管理任务。

在 VTP 域中有两个重要的概念：

- VTP 域：也称 VLAN 管理域，由一个以上共享 VTP 域名的相互连接的交换机组成的。也就是说 VTP 域是一组域名相同并通过中继链路相互连接的交换机。
- VTP 通告：在交换机之间用来传递 VLAN 信息的数据包被称为 VTP 数据包。

思科 IOS 系统创建 VTP 域命令：

```
switch(config)#vtp domain DOMAIN_NAME
```

配置交换机的 VTP 模式：

```
三种模式 server client transparent(透明模式)
switch(config)# vtp mode server | client | transparent
```

配置 VTP 口令：

```
switch (config) # vtp password PASSWORD
```

配置 VTP 修剪：

```
switch (config) # vtp pruning
```

配置 VTP 版本：

```
switch (config) # vtp version 2(默认是版本 1)
```

查看 VTP 配置信息：

```
switch# show vtp status
```

四、生成树概述

随着交换技术在网络中的普遍应用，保证各种网路终端包括服务器在内的设备间的正常通信成为一项重要的任务，绝大多数情况下，在交换网络中采用交换设备之间多条链路连接，形成冗余链路来保证狭路的单点故障不会影响正常网络通信。但交换机的基本工作原理导致了这样的设计会在交换网络中产生严重的广播风暴的问题，本节将讲解在交换网络中既能保证冗余链路提供链路备份，又避免广播风暴产生的技术——生成树技术。

为了解决冗余链路引起的问题，IEEE 通过了 IEEE 802.1d 协议，即生成树协议。IEEE 802.1d 协议通过在交换机上运行一套复杂的算法，使冗余端口置于“阻塞状态”使得网络中的计算机在通信时，只有一条链路生效，而当这个链路出现故障时，IEEE 802.1d 协议将会重新计算出网络的最优链路，将处于“阻塞状态”的端口重新打开，从而确保网络连接稳定可靠。

生成树协议和其他的协议一样，是随着网络的不断发展而不断更新换代的。在生成树协议发展过程中，旧的缺陷不断被克服，新的特性不断被开发出来。按照发大功能点的改进情况，我们可以把生成树协议的发展过程划分成 3 代。

- 第一代生成树协议：STP/RSTP。
- 第二代生成树协议：PVST/PVST+。
- 第三代生成树协议：MISTP/MSTP。

本书将对第一代生成树协议（STP）进行详细的介绍。

1. 生成树协议 STP

生成树协议（Spanning Tree Protocol，STP）最初由美国数字设备公司（Digital Equipment Corp，DEC）开发，后经电气电子工程学会（Institute Electrical Electronics Engineers，IEEE）进行修改，最终制定了相应的 IEEE 802.1d 标准。STP 协议主要功能为解决由于备份连接所产生的环路问题。

STP 协议主要思想就是当网络中存在备份链路时，只允许主链路激活，如果主链路因故障被断开后，备用链路才被打开。IEEE 802.1d 生成树协议检测到网络存在环路时，自动断开环路链路。当交换机间存在多条链路时，交换机的生成算法只启动最主要的一条链路，而将其他链路都阻塞掉，将这些链路变为备用链路。当主链路出现问题时，生成树协议将自动启用备用链路接替主链路的工作，不需要任何人工干预。

大家知道，自然界中生长的树是不会出现环路的，如果网络也能够像树一样生长就不会出现环路。于是，STP 协议中定义了根交换机（Root Bridge）、根端口（Root Port）、指定端口（Dsignated Port）、路径端口（Path Cost）等概念，目的就在于通过构造一棵自然树的方法达到阻塞冗余环路的目的，同时实现链路备份的路径最优化。用于构造这棵树的算法成为生成树算法 SPA（Spanning Tree Algorithm）。

2. STP 的基本概念

要实现这些功能，交换机之间必须进行一些信息交流，这些信息交流单元就称为桥协议数据单元 BPDU（Bridge Protocol Data Unit）。STP BPDU 是一种二层报文，目的 MAC 是多播地址 01-80-C2-00-00-00，所有支持 STP 协议的交换机都会接收并处理收到的 BPDU 报文。该报文的数据区里携带了用于生成树计算的所有有用的信息。包括以下几种：

① Bridge ID。每个交换机唯一的牵 ID，由桥优先级和 MAC 地址组合而成。

② Root path cost。交换机到根交换机的路径花费，以下简称根路径花费。

③ Port ID。每个端口 ID，由端口优先级和端口号组合而成。

④ BPDU。交换机之间通过 BPDU 帧来获得建立最佳树形拓扑结构所需要的信息。这些帧以组播地址 01-80-C2-00-00-00（十六进制）为目的地址。

每个 BPDU 由以下要素组成：

① Root Bridge ID（本交换机所认为的根交换机 ID）。

② Root Path Cost（本交换机的根路径花费）。

③ Bridge ID（本交换机的牵 ID）。

④ Port ID（发送该报文端口 ID）。

⑤ Message age（报文已存活的时间）。

⑥ Forward-Delay Time 、Hello Time、Max-Age Time 3 个协议规定的时间参数。

⑦ 其他一些诸如表示发现网络拓扑变化、本端口状态标志位。

当交换机的一个端口收到高优先级的 BPDU（更小的 Bridge ID，更小的 Root Path Cost 等）就在该端口保存这些信息，同时向所有的端口更新并传播信息。如果收到比自己低优先级的 BPDU，交换机就丢弃该信息。

这样的机制就使高优先级的信息在整个网络中传播，BPDU 的交流就有了下面的结果：

① 网络中选择了一个交换机为根交换机（Root Bridge）。

② 除根交换机外的每个交换机都有一个根口（Root Port），即提供最短路径到 Root Bridge 的端口。

③ 每个交换机都计算出了到根交换机（Designated）的最短路径。

④ 每个 LAN 都有了指定交换机（Designated Bridge），位于该 LAN 与根交换机之间的最短路径中。指定交换机和 LAN 相连的端口称为指定端口（Designated Port）。

⑤ 根口（Root Port）和指定端口（Designated Port）进入转发 Forwarding 状态。

⑥ 其他的冗余端口就处于阻塞状态（Forwarding 或 Discarding）。

⑦ STP 的工作过程。

生成树协议的工作过程以图 2-31 所示的例子进行描述。

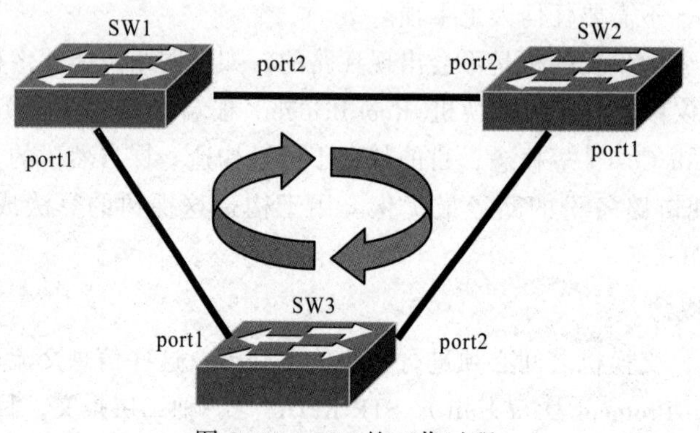

图 2-31　STP 的工作过程

首先进行根交换机的选举。选举的依据是交换机优先级和交换机 MAC 地址组合成桥 ID（Bridge ID），桥 ID 最小的交换机将成为网络中的根交换机。在图 2-31 所示的网络中，各交换机都以默认配置启动，在交换机优先级都一样（默认优先级是 32768）的情况下，MAC 地址最小的交换机成为根交换机，例如图 2-31 中的 SW1，它的所有端口的角色都成为指定的端口，进入转发状态。

接下来，其他交换机将各自选择一条“最粗壮”的树枝作为到根交换机的路径，相应端口的角色就成为根端口。假设图 2-31 中 SW2 和 SW1、SW3 之间的链路是千兆 GE 链路，是 19，而从端口 2 经过 SW2 到根交换机的路径开销是 4+4=8，所以端口 2 成为根端口，进入转发状态。同理，SW2 的端口 2 成为根端口，端口 1 成为指定端口，进入转发状态。

路径开销的计算。路径开销是以时间为单位的，如图 2-32 所示（假设 SWA 为根交换机）。表 2-8 列出了路径开销。

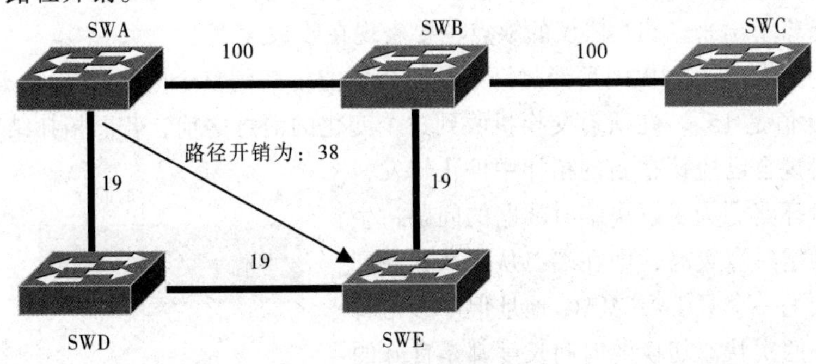

图 2-32　路径开销的计算

表 2-8　路径开销的计算

宽　　带	IEEE 802.1d	IEEE 802.1w
10 Mbit/s	100	2 000 000
100 Mbit/s	19	200 000
1 000 Mbit/s	4	20 000

根交换机和根端口都确定之后一棵树就生成了，如图 2-33 中实线所示。下面的任务是裁剪冗余的环路。这个工作是通过阻塞非根交换机上相应端口来实现的，例如 SW3 的端口 1 的角色成为禁用端口，进入阻塞状态（图中用“X”表示）。

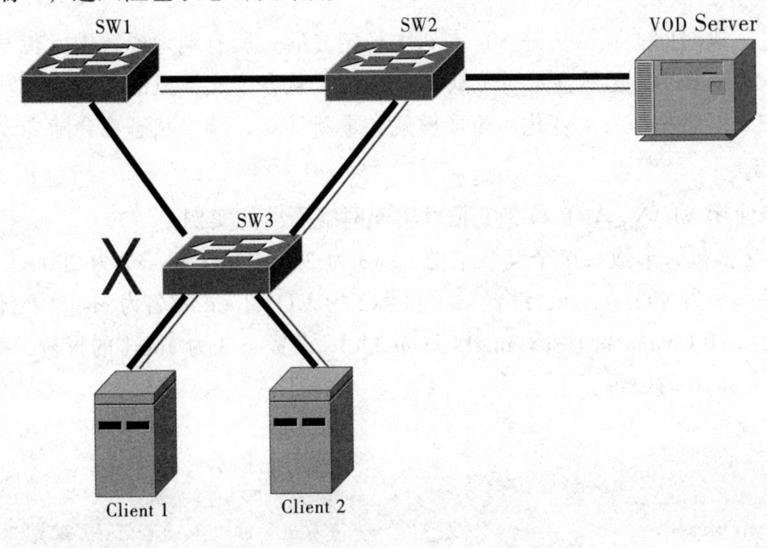

图 2-33　裁剪冗余环路

生成树的选举过程中，应遵循以下优先顺序来选择最佳路径：

① 比较 Root path cost。

② 比较 Sender's bridge ID。

③ 比较 Sender's port ID。

④ 比较本交换机的 port ID。

STP 协议解决了交换链路冗余问题。但是，随着应用的深入和网络技术的发展，它的缺点在应用中也被暴露了出来。STP 协议的缺点主要表现在收敛速度上。

当拓扑发生变化,新的 BPDU 要经过一定的时延才能传播到整个网络,这个时延称为 Forward Delay，协议默认值是 15 s。在所有交换机收到这个变化的消息之前，若旧拓扑结构中处于转发的端口还没有发现自己应该在新的拓扑中停止转发，则可能存在临时环路。为了解决临时环路的问题，生成树使用了一种定时器策略，即在端口从阻塞状态到转发状态中间加上一个只学习 MAC 地址但不参与转发的中间状态，两次状态切换的时间长度都是良好的解决方案实际上带来的却是至少两倍 Forward Delay 的收敛时间。

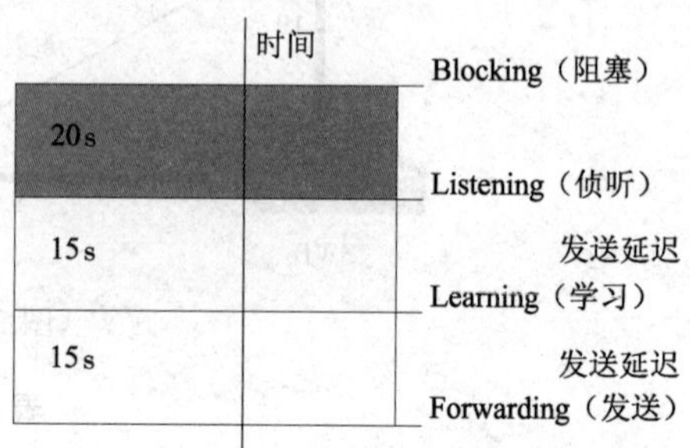

图 2-34 影响生成树性能的三个计时器

图 2-34 描述了影响到这个生成树性能的 3 个记时器。

① Hello timer（BPDU 发送间隔）。定时发送 BPDU 报文的时间间隔，默认为 2 s。

② Forward-Delay timer（发送延迟）。端口状态改变的时间间隔。当 RETP 协议以兼容 STP 协议模式运行时，端口从 listening 转变向 learning ，或者从 learning 转向 forwarding 状态的时间间隔，默认为 15s。

③ Max-Age timer（最大保留时间）。BPDU 报文消息生存的最长时间。当超出这个时间，报文消息将被丢弃，默认为 20s。

生成树经过一段时间（默认值是 50s 左右）稳定之后，所有端口或旨进入转发状态，或者进入阻塞状态。STP BPDU 仍然会定时（默认每隔 2s）从各个交换机的指定端口发出，以维护链路的状态。如果网络拓扑发生变化，生成树就会重新计算，端口状态也会随之改变。

3．配置实例

下面是一个使用 VLAN、VTP 和 STP 技术实现网络隔离的实例。

环境：3 台交换机，形成一个全互联结构，sw3 为 2950，sw1 和 sw2 为 2900xl。

要求：设置 sw3 为 VTP server，设置 sw1 和 sw2 为 VTP client,域名为 cisco，密码为：cisco，在 server 创建 vlan 10（name:aa）和 vlan20（name:bb）；设置 sw3 为 vlan1 的根桥，sw1 为 vlan10 的根桥，sw2 为 vlan20 的根桥。

（1）初始化配置

```
sw#show vlan                              查看 vlan 信息
sw#Delete vlan.dat                        用此命令将 vlan 删除
sw#show startup-config                    查看一下 NVRAM 是否保存了配置
sw#erase startup-config                   清空配置文件
sw#reload                                 重新启动交换机
sw>enable
sw#config terminal
sw(config)#hostname sw1
sw1(config)#no ip domain-lookup           关闭域名查找
sw1(config)#line console 0
```

```
sw1(config-line)#logging synchronous

sw1(config-line)#exec-timeout 0 0         设置永不超时
sw1(config-line)#exit
```

（2）配置 VTP

sw3 的配置：

```
sw3(config)#vtp mode server               在 sw3 上启用 vtp server
Device mode already VTP SERVER.
sw3(config)#vtp domain cisco              设置域名
Changing VTP domain name from NULL to cisco
sw3(config)#vtp password cisco            设置密码
Setting device VLAN database password to cisco
```

sw1 的配置：

```
sw1#vlan database                         进入 vlan 数据库
sw1(vlan)#vtp client                      启用 VTP client 模式
Setting device to VTP CLIENT mode.
sw1(vlan)#vtp domain cisco                作用到 cisco 域中
Changing VTP domain name from NULL to cisco
sw1(vlan)#vtp password cisco              设置密码与 server 端相同
Setting device VLAN database password to cisco.
sw1(vlan)#exit                            使配置生效
In CLIENT state, no apply attempted.
Exiting....
```

sw2 的配置：

```
sw2#vlan database
sw2(vlan)#vtp client
Setting device to VTP CLIENT mode.
sw2(vlan)#vtp domain cisco
Changing VTP domain name from NULL to cisco
sw2(vlan)#vtp password cisco
Setting device VLAN database password to cisco.
sw2(vlan)#exit
sw2#
```

（3）启用干道端口

sw3 的配置：

```
sw3(config)#interface fa0/23
sw3(config-if)#switchport mode trunk      启用 trunk 端口
sw3(config-if)#interface fa0/24
sw3(config-if)#switchport mode trunk
```

sw1 的配置：

```
sw1(config)#interface fa0/23
sw1(config-if)#switchport trunk encapsulation dot1q      封装干道协议
sw1(config-if)#switchport mode trunk      启用 trunk 模式
sw1(config-if)#
sw1(config)#interface fa0/24
sw1(config-if)#switchport trunk encapsulation dot1q
sw1(config-if)#switchport mode trunk
```

sw2 的配置：

```
sw2(config)#interface fa0/23
sw2(config-if)#switchport trunk encapsulation dot1q
sw2(config-if)#switchport mode trunk

sw2(config)#interface fa0/24
sw2(config-if)#switchport trunk encapsulation dot1q
sw2(config-if)#switchport mode trunk
```

（4）测试 vtp 状态及创建 vlan

sw3 的状态：

```
sw3#show vtp status                                  显示 vtp 状态
VTP Version                      : 2
Configuration Revision           : 0                 配置修订号
Maximum VLANs supported locally  : 254
Number of existing VLANs         : 5
VTP Operating Mode               : server            vtp 模式
VTP Domain Name                  : cisco             vtp 域名
VTP Pruning Mode                 : Disabled
VTP V2 Mode                      : Disabled
VTP Traps Generation             : Disabled
MD5 digest                       : 0x3F 0x17 0xC8 0xB8 0x5A 0xE3 0x01 0x66
Configuration last modified by 0.0.0.0 at 0-0-00 00:00:00
```

创建 vlan:

```
sw3(config)#vlan 10                              创建 VLAN10
sw3(config-vlan)#name aa                         命名为 aa
sw3(config-vlan)#exit                            应用配置
sw3(config)#vlan 20                              创建 VLAN20
sw3(config-vlan)#name bb                         命名为 bb
sw3(config-vlan)#exit
sw3(config)#
```

sw3 的状态：

```
sw3#show vtp status                              在 sw3 显示 vtp 的状态
VTP Version                      : 2
Configuration Revision           : 2       server 的修订号
Maximum VLANs supported locally  : 254
Number of existing VLANs         : 7       vlan 也已经增加
VTP Operating Mode               : server
VTP Domain Name                  : cisco
VTP Pruning Mode                 : Disabled
VTP V2 Mode                      : Disabled
VTP Traps Generation             : Disabled
MD5 digest                       : 0x98 0x31 0xCF 0xA0 0xA7 0x17 0x73 0x66
Configuration last modified by 0.0.0.0 at 3-1-93 00:52:05
```

sw2 的状态：

```
sw2#show vtp status
VTP Version                      : 2
Configuration Revision           : 2       已经同步 server
```

```
Maximum VLANs supported locally  : 254
Number of existing VLANs         : 7
VTP Operating Mode               : Client
VTP Domain Name                  : cisco
VTP Pruning Mode                 : Disabled
VTP V2 Mode                      : Disabled
VTP Traps Generation             : Disabled
MD5 digest                       : 0x98 0x31 0xCF 0xA0 0xA7 0x17 0x73 0x66
Configuration last modified by 0.0.0.0 at 3-1-93 00:52:05
```

sw1 的 vlan 信息:

```
sw1#show vlan                                        显示 vlan 信息
VLAN Name                             Status    Ports
---- -------------------------------- ---------
1    default                          active    Fa0/1, Fa0/2, Fa0/3, Fa0/4,
                                                Fa0/5, Fa0/6, Fa0/7, Fa0/8,
                                                Fa0/9, Fa0/10, Fa0/11, Fa0/12,
                                                Fa0/13, Fa0/14, Fa0/15, Fa0/16,
                                                Fa0/17, Fa0/18, Fa0/19, Fa0/20,
                                                Fa0/21, Fa0/22, Fa0/23, Fa0/24
10   aa                               active         已经同步了 vlan 的信息
20   bb                               active
```

(5)配置 PVST

```
sw3(config)#spanning-tree vlan 1 root primary          设置为 vlan1 的根桥

Sw1(config)#spanning-tree vlan 10 priority 4096        设置为 vlan10 的根桥

Sw2(config)#spanning-tree vlan 20 priority 4096        设置为 vlan20 的根桥
```

(6)显示 STP 的信息

sw1 的生成树信息:

```
sw1#show spanning-tree brief                    显示每条 VLAN 生成树信息

VLAN1
  Spanning tree enabled protocol IEEE
  ROOT ID    Priority 24577
          Address 0007.eb06.1740            非 vlan1 的根桥
          Hello Time   2 sec  Max Age 20 sec  Forward Delay 15 sec

  Bridge ID  Priority    32768
          Address     0030.803d.f640

          Hello Time   2 sec  Max Age 20 sec  Forward Delay 15 sec
VLAN10
  Spanning tree enabled protocol IEEE
  ROOT ID    Priority 4096
          Address 0030.803d.f641            为 vlan10 的根桥
          This bridge is the root
          Hello Time   2 sec  Max Age 20 sec  Forward Delay 15 sec
```

```
  Bridge ID  Priority    4096
            Address     0030.803d.f641
            Hello Time   2 sec  Max Age 20 sec  Forward Delay 15 sec
VLAN20
  Spanning tree enabled protocol IEEE
  ROOT ID    Priority 4096
            Address 00b0.645f.34c2         非 vlan20 的根桥
            Hello Time   2 sec  Max Age 20 sec  Forward Delay 15 sec

  Bridge ID  Priority    32768
            Address     0030.803d.f642
            Hello Time   2 sec  Max Age 20 sec  Forward Delay 15 sec
```

sw2 的生成树信息:

```
sw2#show spanning-tree brief

VLAN1
  Spanning tree enabled protocol IEEE    非 vlan1 的根桥
  ROOT ID    Priority 24577
            Address 0007.eb06.1740
            Hello Time   2 sec  Max Age 20 sec  Forward Delay 15 sec

  Bridge ID  Priority    32768
            Address     00b0.645f.34c0
            Hello Time   2 sec  Max Age 20 sec  Forward Delay 15 sec

VLAN10
  Spanning tree enabled protocol IEEE
  ROOT ID    Priority 4096                 非 vlan10 的根桥
            Address 0030.803d.f641
            Hello Time   2 sec  Max Age 20 sec  Forward Delay 15 sec

  Bridge ID  Priority    32768
            Address     00b0.645f.34c1
            Hello Time   2 sec  Max Age 20 sec  Forward Delay 15 sec

VLAN20
  Spanning tree enabled protocol IEEE
  ROOT ID    Priority 4096                 为 vlan20 的根桥
            Address 00b0.645f.34c2
            This bridge is the root
            Hello Time   2 sec  Max Age 20 sec  Forward Delay 15 sec

  Bridge ID  Priority    4096
            Address     00b0.645f.34c2
            Hello Time   2 sec  Max Age 20 sec  Forward Delay 15 sec
```

sw3 的生成树信息:

```
sw3#show spanning-tree

VLAN0001
  Spanning tree enabled protocol ieee
  Root ID    Priority    24577            为 vlan1 的根桥
             Address     0007.eb06.1740
             This bridge is the root
             Hello Time   2 sec  Max Age 20 sec  Forward Delay 15 sec

  Bridge ID  Priority    24577  (priority 24576 sys-id-ext 1)
             Address     0007.eb06.1740
             Hello Time   2 sec  Max Age 20 sec  Forward Delay 15 sec
             Aging Time 300

VLAN0010
  Spanning tree enabled protocol ieee
  Root ID    Priority    4096             非 vlan10 的根桥
             Address     0030.803d.f641
             Cost        19
             Port        24 (FastEthernet0/24)
             Hello Time   2 sec  Max Age 20 sec  Forward Delay 15 sec

  Bridge ID  Priority    32779  (priority 32768 sys-id-ext 11)
             Address     0007.eb06.1740
             Hello Time   2 sec  Max Age 20 sec  Forward Delay 15 sec
             Aging Time 300

VLAN0020
  Spanning tree enabled protocol ieee
  Root ID    Priority    4096             非 vlan20 的根桥
             Address     00b0.645f.34c2
             Cost        19
             Port        23 (FastEthernet0/23)
             Hello Time   2 sec  Max Age 20 sec  Forward Delay 15 sec

  Bridge ID  Priority    32780  (priority 32768 sys-id-ext 12)
             Address     0007.eb06.1740
             Hello Time   2 sec  Max Age 20 sec  Forward Delay 15 sec
             Aging Time 300

Interface        Role Sts Cost      Prio.Nbr Type
---------------- ---- --- --------- -------- --------------------------------
Fa0/23          Root FWD 19        128.23   P2p
Fa0/24          Altn BLK 19        128.24   P2p
```

（7）显示当前配置结果

Sw1 的配置结果：

```
sw1#show running-config

hostname sw1

spanning-tree vlan 10 priority 4096

no ip domain-lookup

interface FastEthernet0/23
switchport trunk encapsulation dot1q
switchport mode trunk

interface FastEthernet0/24
switchport trunk encapsulation dot1q
switchport mode trunk

end
```

sw2 的配置结果：

```
sw2#show running-config
hostname sw2

spanning-tree vlan 20 priority 4096

no ip domain-lookup

interface FastEthernet0/23
switchport trunk encapsulation dot1q
switchport mode trunk


interface FastEthernet0/24
switchport trunk encapsulation dot1q
switchport mode trunk

end
```

sw3 的配置结果：

```
sw3#show running-config

hostname sw3

no ip domain-lookup

spanning-tree vlan 1 priority 24576

interface FastEthernet0/23
switchport mode trunk

interface FastEthernet0/24
```

```
switchport mode trunk

End
```

项 目 小 结

在项目二中，我们以公司的内部交换网络组建为例，学习了常见的以太网络搭建的部分基础知识和技能。这其中包括中小型交换网络中交换机的互联互通操作；交换机的基本配置管理知识；公司内部网络的子网划分和计算；以及以光缆实现交换机高速互联等。

希望读者通过掌握这些技能，能够建立对中小型交换网络搭建的基本认识，并为进一步学习打下一些理论和实操的基础。对于二层交换所涉及的 VLAN 操作、STP 设置，以及三层交换和其他高级交换设置，请参考本项目最后的拓展知识部分，及其他相关书籍。

情境描述

公司的内部交换网络搭建完成后，需要使用服务器等设备部署公司的管理信息（MIS）系统。小张需要继续完成这一工作任务。公司内部有大量的文件资料需要提供给众多员工访问，另外公司还有一些信息以及公告是以Web方式来发布给员工以及公司以外的其他人员查看。所以在这种情况下，需要架设一些专门的服务器以满足公司的这些IT管理目标。服务器上需要安装专门的操作系统，Windows Server 2008 R2就是一个非常好的选择。

在一个网络中，服务器作为重要的资源承载体有着异常重要的作用，而最为常见的就是文件服务器、Web服务器。作为网络资源的发放者，文件服务器可以提供文件资源供用户共享，Web服务器提供网页资源供客户浏览。

Windows Server 2008 R2是一个与因特网高度集成的多功能网络操作系统。无论对大、中、小型企业网络，Windows Server 2008 R2都可以提供高性能、高效率、高稳定性、高安全性、高扩展性、低成本、易于管理的企业网络的解决方案。

学习目标

- Windows Server 2008 R2安装与基本使用；
- Windows Server 2008 R2文件共享设置；
- Windows Server 2008 R2 Web服务器与FTP服务器安装与设置。

学习重难点

- Windows Server 2008 R2的分区；
- Windows Server 2008 R2共享权限；
- Windows Server 2008 R2虚拟目录。

任务一　Windows Server 2008 R2 的功能与安装

任务描述

小张所在的公司新建了一栋新的办公大楼，目前网络基础建设已经完成。各种网络设备与计算机都已经到位，员工马上就要搬到新的办公楼来办公。

小张现在是公司的网络管理人员，他被要求在员工正式进入办公楼办公之前，将公司的一些网络服务器安装完毕。这些服务器将存储公司的一些共享重要的文件资料以供员工访问，另外公司还将架设若干的 Web 服务器，用以发布公司的通告信息等。

通过研究，小张决定在服务器上安装 Windows Server 2008 R2 的操作系统，以此作为网络平台来进行文件服务和 Web 服务的发布。

一、Windows Server 2008 R2 家族系列

Windows Server 2008 R2 家族系列都是 64 位操作系统，不支持 32 位。

（1）Windows Server 2008 R2 Foundation

此版本适合小型企业使用，它是最经济的入门版本，具有容易部署、可靠、稳定等特性，小型企业可利用它来执行常用的商业应用程序与作为信息分享的平台。

（2）Windows Server 2008 R2 Standard

此版本具备关键性服务器所拥有的功能，它内置网站与虚拟化技术，可以增加服务器基础结构的可靠性和弹性、节省搭建时间与降低成本。

（3）Windows Server 2008 R2 Enterprise

此版本提供更高的扩展性与可用性，并且增加适用于企业的技术，例如故障转移群集功能

（4）Windows Server 2008 R2 Datacenter

此版本除了拥有 Windows Server 2008 R2 Enterprise 的所有功能之外，它还支持更大的内存与更好的处理器。

（5）Windows Web Server 2008 R2

此版本主要是用来架设网站服务器。

（6）Windows Server 2008 R2 for Itanium-Based Systems

此版本是针对 Intel Itanium 处理器所设计的操作系统，用来支持网站与应用程序服务器的搭建。

二、安装前的注意事项

为了能够顺利地安装 Windows Server 2008 R2，下面介绍一些安装前必须注意的事项。

1. 系统需求

如果要在计算机内安装与使用 Windows Server 2008 R2，需要如表 3-1 所示的硬件配置。

表 3-1　Windows Server 2008 R2 安装系统需求

硬　件	需　求
处理器（CPU）	最低 1.4 GHz（x64 处理器）
内存（RAM）	最低：512 MB 最多：Foundation – 8 GB Web、Standard – 32 GB Enterprise、Datacenter、Itanium – 2 TB
硬盘	最少 32 GB
显示设备	Super VGA（800 × 600）或更高分辨率的显示器
其他	DVD 光驱、键盘、鼠标（或兼容的指针设备）与可以连接因特网

2. 选择文件系统

任何一个新的磁盘分区都必须被格式化为合适的文件系统后，才可以在其中安装 Windows Server 2008 R2、存储数据，在新建用来安装 Windows Server 2008 R2 的磁盘分区后，安装程序就会要求用户选择文件系统，以便格式化该磁盘分区。Windows Server 2008 R2 总共支持 FAT、FAT32 与 NTFS 3 种文件系统。

安装 Windows Server 2008 R2 时，建议采用 NTFS 文件系统，因为它具备许多 FAT 与 FAT32 所没有的功能，例如（以下仅列出部分功能）：

① 文件权限的设置，它可以增强数据的安全性

② 文件压缩，它可以节省磁盘空间

③ 文件加密，它可以增强数据的安全性

④ 磁盘配额，它可以让管理员监控每个用户的磁盘使用空间

⑤ 域与活动目录，它让网络资源的管理与使用更为容易

⑥ 审核文件资源的使用情况，它可以跟踪用户访问文件的情况

表 3-2 中列出各文件系统与各操作系统之间的关系，以及各文件系统所支持的磁盘分区容量与文件大小。

表 3-2　文件系统的特性

	FAT	FAT32	NTFS
操作系统支持	MS-DOS、所有 Windows 操作系统、OS/2	Windows 95 OSR2、Windows 98、Windows ME、Windows 2000、Windows XP、Windows Vista、Windows 7、Windows Server 2008、Windows Server 2008 R2	Windows NT、Windows 2000、Windows XP、Windows Vista、Windows 7、Windows Server 2008、Windows Server 2008 R2
磁盘分区容量	最大 2 GB	最大可达 2 TB（Windows Server 2008 R2 最大可达 32 GB）	最大可达 2 TB
文件大小	最大 2 GB	最大 4 GB	最大 16 TB

3. 安装前的准备工作

为了能够成功安装 Windows Server 2008 R2，因此建议先准备好以下工作：

（1）拔掉 UPS 的连接线

如果 UPS（不间断电源供应系统）与计算机之间通过串行电缆串接，请拔掉这条线，因为安装程序会通过串行端口来监测所连接的设备，这可能会让 UPS 接收到自动关闭的错误命令，从而造成计算机断电。

（2）备份数据

安装过程可能会删除硬盘中的数据，或者可能由于操作不慎造成数据破坏，因此请先备份硬盘中的重要数据。

（3）退出防病毒软件

因为防病毒软件可能会干扰 Windows Server 2008 R2 的安装，例如它可能会因为扫描每一个文件，导致安装速度变得很慢。

（4）运行 Windows 内存诊断工具

它可以测试计算机内存是否正常。运行方法为：利用 Windows Server 2008 R2 DVD 来启动计算机，然后在安装 Windows 窗口中单击修复计算机，在后续的操作中选择 Windows 内存诊断即可。

（5）准备好大容量存储设备的驱动程序

如果该设备厂商提供了其他驱动程序文件，可将文件放到软盘、CD、DVD 或 U 盘等设备的根目录内，或将它们存储到以下文件夹内：amd64 文件夹（针对 x64 计算机）或 ia64 文件夹（针对 Itanium 计算机），然后在安装过程中选择这些驱动程序。

（6）注意 Windows 防火墙的干扰

Windows Server 2008 R2 的 Windows 防火墙默认是启用的，因此如果有应用程序需要接收接入连接的话，这些连接会被防火墙阻挡，因此可能需要在安装完成后，暂时关闭防火墙或在防火墙设置中打开该应用程序所使用的端口。

4. Windows Server 2008 R2 的安装模式

（1）完全安装模式

这是一般的安装模式，安装完成后的 Windows Server 2008 R2 内置窗口图形用户界面。它可以充当各种服务器角色，例如 DHCP 服务器、DNS 服务器、域控制器等。

（2）服务器核心安装模式

安装完成后的 Windows Server 2008 R2 仅提供最小化的环境，它可以降低维护与管理需求、减少使用硬盘容量、减少被攻击次数。由于它没有窗口管理窗口，因此只能在命令提示符（Command Prompt）或 Windows Power Shell 内使用命令来管理系统。它仅支持部分的服务器角色，例如：

① 域控制器（Active Directory Domain Services）。

② DHCP 服务器。

③ DNS 服务器。

④ 文件服务器。

⑤ 打印服务器。

⑥ Web 服务器（IIS）。

⑦ Windows 媒体服务。

⑧ Hyper-V。

5. 选择磁盘分区

在数据能被存储到磁盘之前，该磁盘必须被划分成一个或多个磁盘分区，每个磁盘分区都是一个独立的存储单位。可以在安装过程中选择要安装 Windows Server 2008 R2 的磁盘分区。

如果磁盘完全未经过划分(例如全新磁盘)，则可以选择将整个磁盘当作一个磁盘分区，然后将 Windows Server 2008 R2 安装到此磁盘分区的 Windows 文件夹内，如图 3-1 所示。

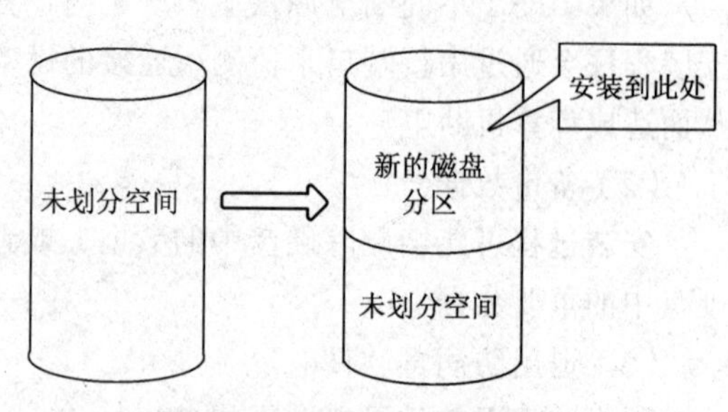

图 3-1　Windows 全新安装

如果磁盘分区内已经有其他操作系统，例如 Windows Server 2008，而要将 Windows Server 2008 R2 安装在此分区的话，则可以通过升级安装或者全新安装的方式，如图 3-2 所示。

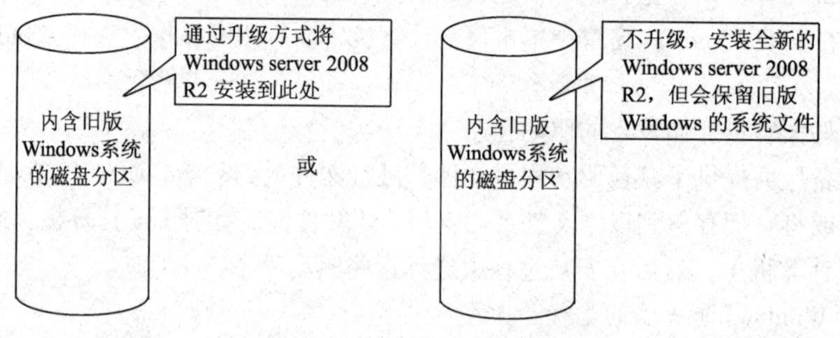

图 3-2　Windows 升级安装

在操作系统的安装过程中，还可以选择是否已经升级安装操作。

（1）升级原 Windows 操作系统

此时，原来的 Windows 系统会被 Windows Server 2008 R2 替代，不过原来大部分的系统设置会被保留在 Windows Server 2008 R2 系统内，常规的数据文件（非操作系统文件）也会被保留。

（2）不升级原 Windows 操作系统

此磁盘分区内原有的文件会被保留，但现有 Windows 操作系统所在的文件夹（一般是 Windows）会被移动到 Windows.old 文件夹内。安装程序会将新操作系统安装到此磁盘分区的 Windows 文件夹内。

如果在安装过程中选择将现有磁盘分区删除或格式化的话，则该分区内的所有数据都将丢失。

6. 操作系统多重启动

如果计算机内仅安装了一套 Windows Server 2008 R2 操作系统，则直接启动 Windows Server 2008 R2 操作系统。

如果计算机内安装了多套的操作系统，则每次重新启动计算机时，就会出现类似图 3-3 的画面。此方式让用户在启动计算机时，可以选择其他 Windows 操作系统或 Windows Server 2008 R2，这就是所谓的多重启动（Multiboot）。

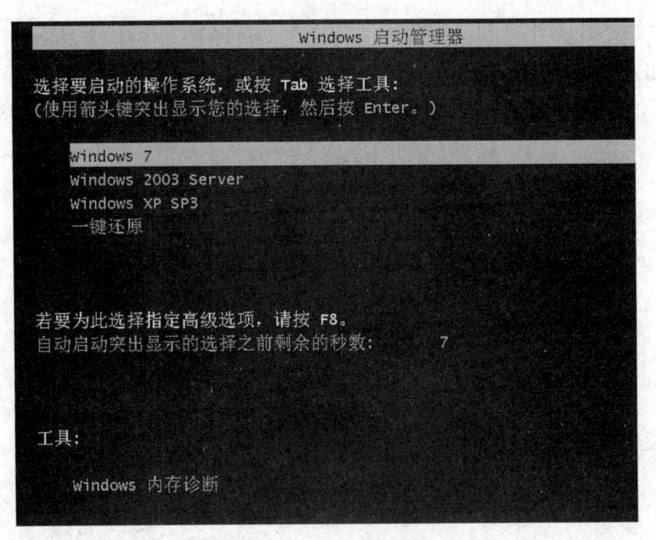

图 3-3 Windows 多重启动

三、启动与登录测试

当屏幕上显示如图 3-4 所示的登录画面时，按【Ctrl+Alt+Delete】组合键。在图 3-5 的画面中，输入系统管理员的账户名称与密码以便登录。

图 3-4 Windows Server 2008 R2 登录

图 3-5 Windows Server 2008 R2 密码输入

如果不想再继续使用该计算机，请执行“注销”的操作。如果要关闭计算机，则需要执行“关机”的操作，如图 3-6 所示。

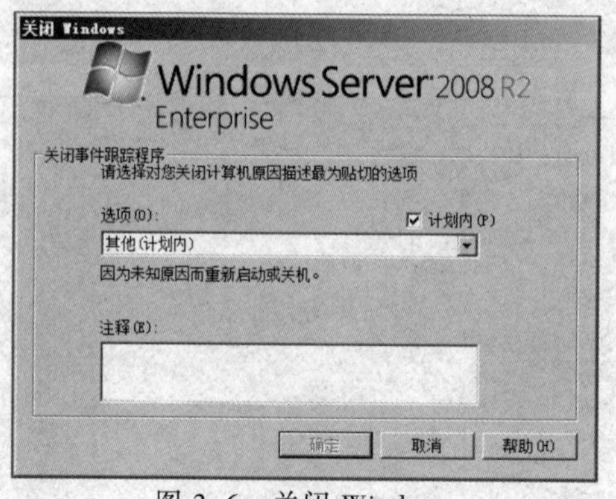

图 3-6　关闭 Windows

四、Windows Server 2008 R2 桌面环境设置

1．安装与设置硬件

在大部分情况下安装硬件设备是非常简单的，只要将设备安装到计算机即可，因为现在绝大部分的硬件设备都支持即插即用（Plug and Play，PnP）。而 Windows Server 2008 R2 的即插即用功能会自动地检测到所安装的即插即用硬件设备并且自动安装该设备所需要的驱动程序。

如果 Windows Server 2008 R2 检测到某个设备，却无法找到合适的驱动程序，则系统会弹出提示框，要求提供驱动程序。

如果所安装的是最新的硬件设备而 Windows Server 2008 R2 也检测不到这个尚未被支持的硬件设备，或者硬件设备不支持即插即用，则可以利用“添加硬件”向导安装与设置这个设备。

2．查看已安装的设备

用户可以利用“设备管理器”查看、禁用、启用计算机内已经安装的硬件设备。也可以用它针对硬件设备执行调试、更新驱动程序、返回驱动程序等操作。“设备管理器”的启动途径为：“开始”→“控制面板”→“管理工具”→“计算机管理”→“设备管理器”，如图 3-7 所示。

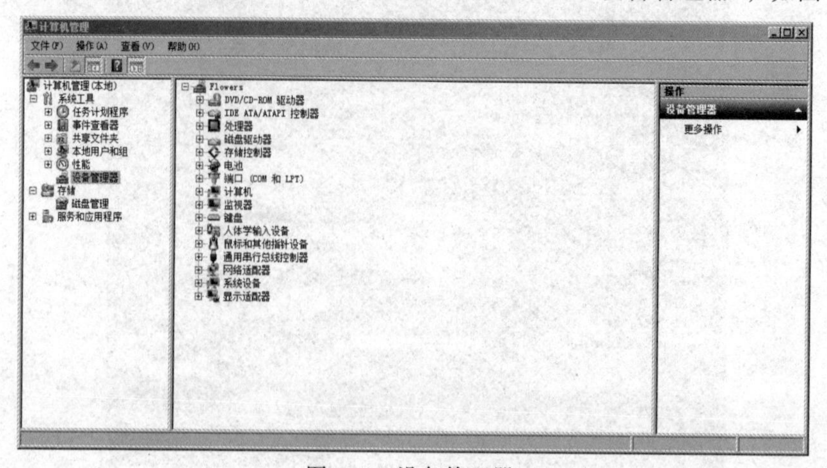

图 3-7　设备管理器

3. 禁用，卸载、添加硬件设备

如果要更新某个设备的驱动程序，则只要右击该设备，弹出图 3-8 所示的快捷菜单，从中可以禁用、卸载该设备或者扫描是否有新的设备。

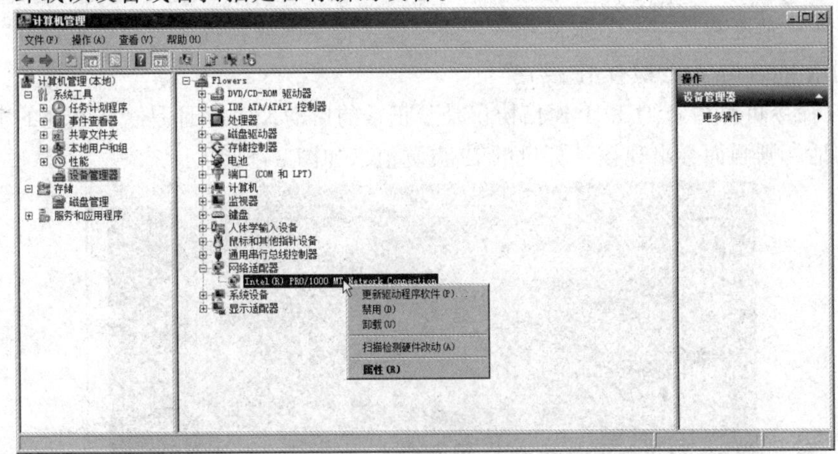

图 3-8　硬件设备管理

除此之外，还可以通过“开始”→“控制面板”→“设备与打印机”→“添加设备”的途径添加硬件设备。

五、Windows Server 2008 R2 网络环境设置

如果网络设置不正确，将无法与网络上其他的计算机通信。

1. 设置 IP 地址

网络上的计算机需要设置 IP 地址、子网掩码和默认网关之后才能够进行网络通信，可以通过以下途径进行修改：“开始”→“控制面板”→“网络和共享中心”→“更改适配器设置”→“本地连接”→“属性”→“Internet 协议版本 4（TCP/IPv4）”→“属性”，然后在如图 3-9 所示的对话框中设置新的 IP 地址等相关数据。

如果用户设置的新 IP 地址与其他计算机重复的话，则设置完成后，会出现如图 3-10 所示的对话框。

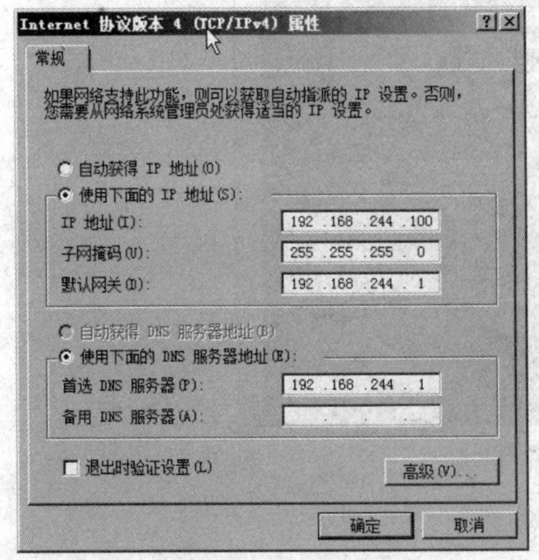

图 3-9　IP 地址设置

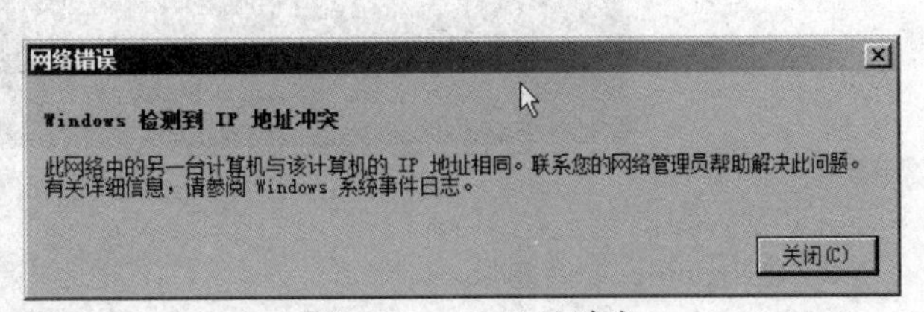

图 3-10　IP 地址冲突

完成后，在“命令提示符”下利用 ipconfig 与 ping 命令检查是否正确。

2. 检查 IP 设置

用户可以利用 ipconfig 与 ping 这两个命令检查 TCP/IP 通信协议是否安装与设置正确。先利用“开始”→“所有程序”→“附件”→“命令提示符”的途径进入“命令提示符”的环境。

（1）利用 ipconfig 命令检查 IP 设置

ipconfig 命令可以检查 TCP/IP 通信协议是否正常的启动，IP 地址是否与其他的主机重复。如果正常的话，则画面会出现该计算机的 IP 设置值，如图 3-11 所示。

```
管理员: 命令提示符
Microsoft Windows [版本 6.1.7601]
版权所有 (c) 2009 Microsoft Corporation。保留所有权利。

C:\Users\Administrator>ipconfig

Windows IP 配置


以太网适配器 本地连接:

   连接特定的 DNS 后缀 . . . . . . . :
   本地链接 IPv6 地址. . . . . . . . : fe80::e00a:a833:7359:4873%11
   IPv4 地址 . . . . . . . . . . . . : 192.168.244.100
   子网掩码  . . . . . . . . . . . . : 255.255.255.0
   默认网关. . . . . . . . . . . . . : 192.168.244.1

隧道适配器 isatap.{1C1FF8F3-88D5-4E10-8E0B-4F9D311A50BB}:

   媒体状态  . . . . . . . . . . . . : 媒体已断开
   连接特定的 DNS 后缀 . . . . . . . :

隧道适配器 本地连接*:

   媒体状态  . . . . . . . . . . . . : 媒体已断开
   连接特定的 DNS 后缀 . . . . . . . :

C:\Users\Administrator>_
```

图 3-11　ipconfig 结果

用户也可以利用 ipconlig /all 进行检查，能够提供更多的信息，如图 3-12 所示。图中还可以看到该计算机的物理地址（Physical Address，也就是 MAC 地址）为 00-0C-29- DD-B3-9F。

图 3-12　ipconfig /all 结果

（2）利用 ping 命令测试

以下利用 ping 命令检测用户的计算机是否能够正确地与网络上其他计算机通信。

① 执行“循环测试”，它可以验证网卡的硬件与 TCP/IP 驱动程序是否可以正常接收、发送 TCP/IP 的数据包。请输入 ping 127.0.0.1 命令。如果正常的话，会出现类似图 3-13 所示的画面。

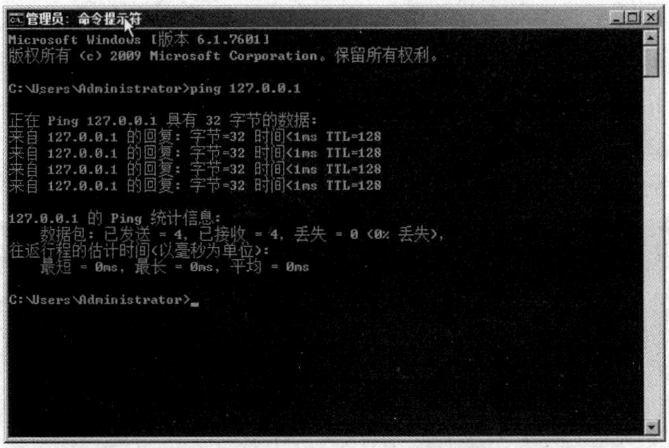

```
管理员: 命令提示符
Microsoft Windows [版本 6.1.7601]
版权所有 (c) 2009 Microsoft Corporation。保留所有权利。

C:\Users\Administrator>ping 127.0.0.1

正在 Ping 127.0.0.1 具有 32 字节的数据:
来自 127.0.0.1 的回复: 字节=32 时间<1ms TTL=128
来自 127.0.0.1 的回复: 字节=32 时间<1ms TTL=128
来自 127.0.0.1 的回复: 字节=32 时间<1ms TTL=128
来自 127.0.0.1 的回复: 字节=32 时间<1ms TTL=128

127.0.0.1 的 Ping 统计信息:
    数据包: 已发送 = 4, 已接收 = 4, 丢失 = 0 (0% 丢失),
往返行程的估计时间(以毫秒为单位):
    最短 = 0ms, 最长 = 0ms, 平均 = 0ms

C:\Users\Administrator>_
```

图 3-13　Ping 127.0.0.1

② ping 该主机自己的 IP 地址，以检查 IP 地址是否与其他的主机重复。如果没有重复的话。应该会出现类似图 3-14 所示的画面。

③ ping 同一个网络内其他计算机的 IP 地址，以便检查用户的计算机是否能够与同一个网络内的计算机通信。建议 ping 默认网关的 IP 地址，因为可以同时确认默认网关是否正常工作。如果正常的话，则也会出现类似图 3-14 所示的画面。

④ ping 位于其他网络内的主机，如果能够正常沟通的话，则也会出现类似图 3-14 所示的画面。

图 3-14　Ping IP 地址

事实上，只要步骤④成功的话，步骤①～③都可以省略。但是，如果步骤④失败的话就必须从步骤③返回，依序按前面的步骤测试，以便找出问题所在。

任务实施

准备好 Windows Server 2008 R2 安装光盘，然后按照以下步骤来安装 Windows Server 2008 R2。这种安装方式只能够运行全新安装无法进行升级安装。

① 将计算机的 BIOS 设置为从光驱启动。其所需要采取的步骤是在打开计算机的电源后按【Delete】键，然后在 BIOS 中设置光驱为第一启动设备。

② 将 Windows Server 2008 R2 光盘放到光驱内，然后重新启动，如果用户的硬盘内没有安装任何操作系统，则计算机会直接从光驱启动。如果硬盘内已经安装了其他的操作系统，则计算机会显示“Press any key to boot from CD or DVD”，此时请立即按任意键。以便从 DVD-ROM 启动。否则将会启动硬盘内的现有操作系统。

③ 在图 3-15 所示的对话框中直接单击“下一步”按钮。

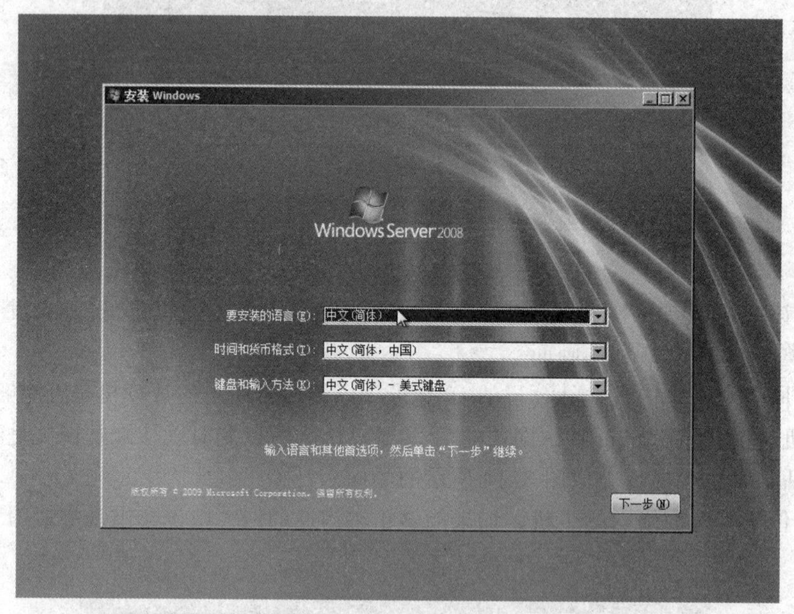

图 3-15　Windows 语言选择

④ 在图 3-16 所示的对话框中单击“现在安装”按钮。

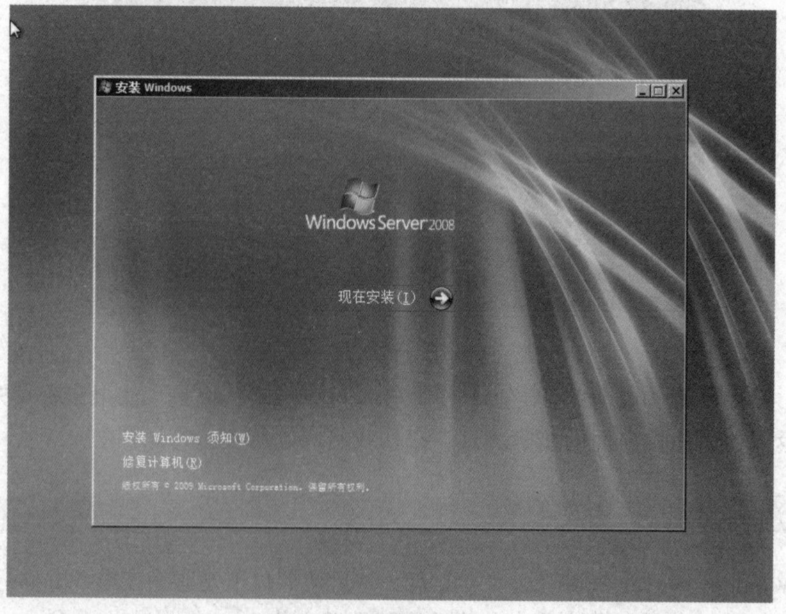

图 3-16　安装 Windows

⑤ 在图 3-17 所示的对话框中单击选择要安装的版本后单击“下一步”按钮。

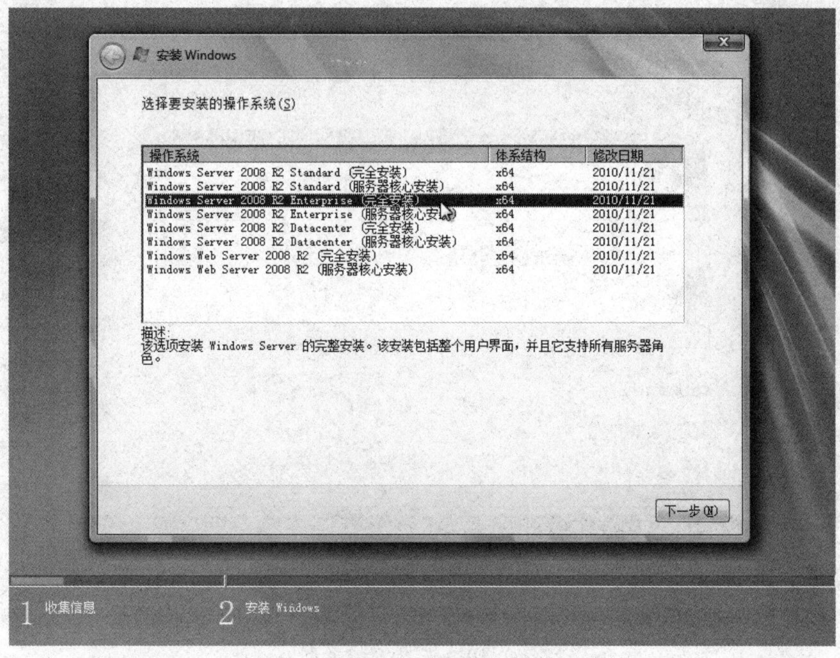

图 3-17 选择需要安装的操作系统

⑥ 阅读图 3-18 所示对话框中的许可条款后选择“我接受许可条款”复选框，单击“下一步”按钮。

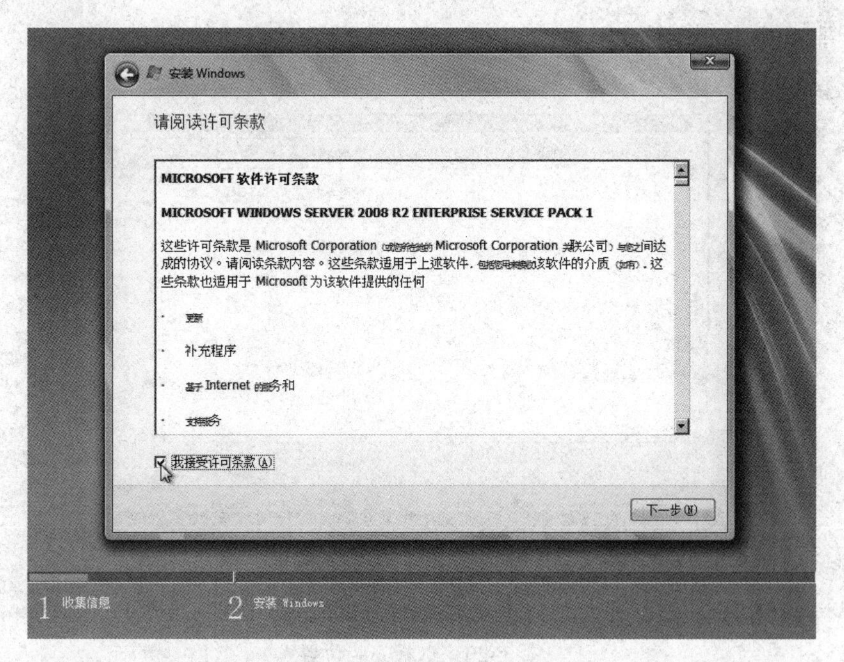

图 3-18 请阅读许可条款

⑦ 在图 3-19 所示的对话框中选择“自定义（高级）”选项。

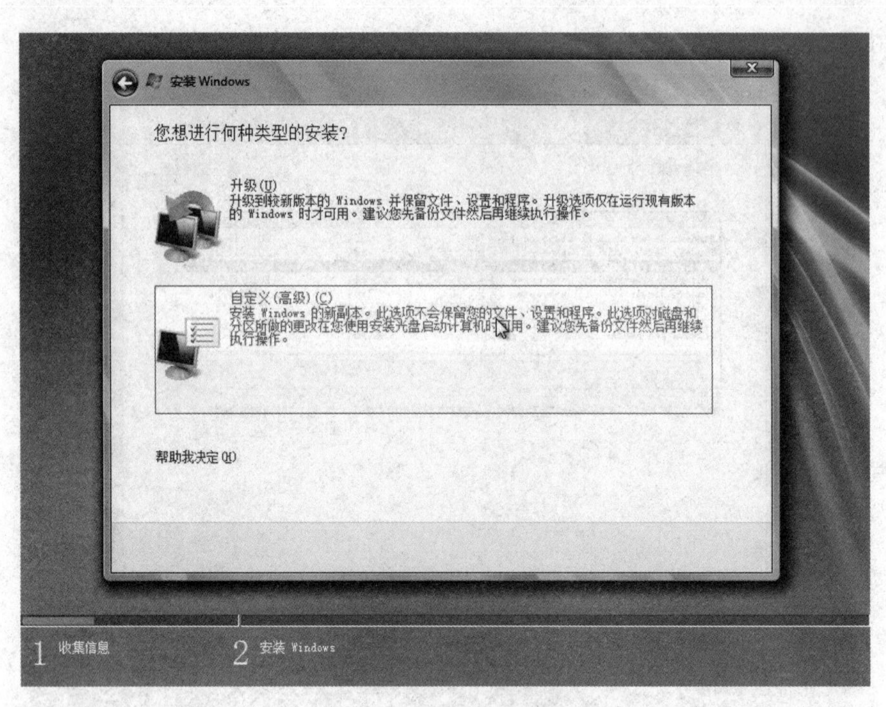

图 3-19　选择安装类型

⑧ 在图 3-20 所示的对话框中选择要安装 Windows 的磁盘分区，单击“下一步”按钮。

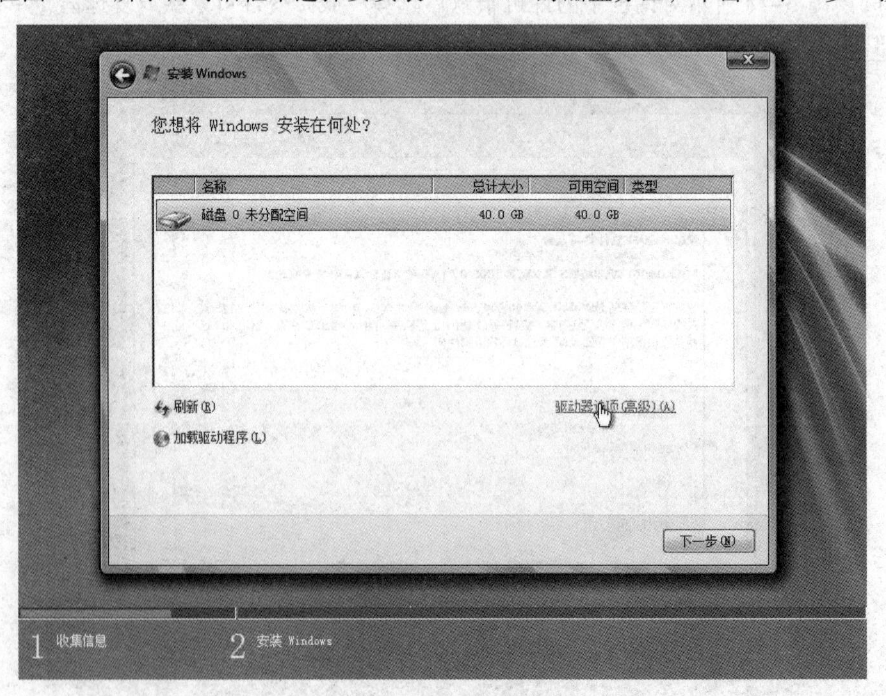

图 3-20　选择安装位置

如果服务器上安装的是一块新硬盘，在此界面要进行分区操作，则需要单击“驱动器选项（高级）”链接，在图 3-21 所示的界面中，单击“新建”链接，在图 3-22 的界面中，输入需要分区的大小，然后再单击“下一步”按钮。

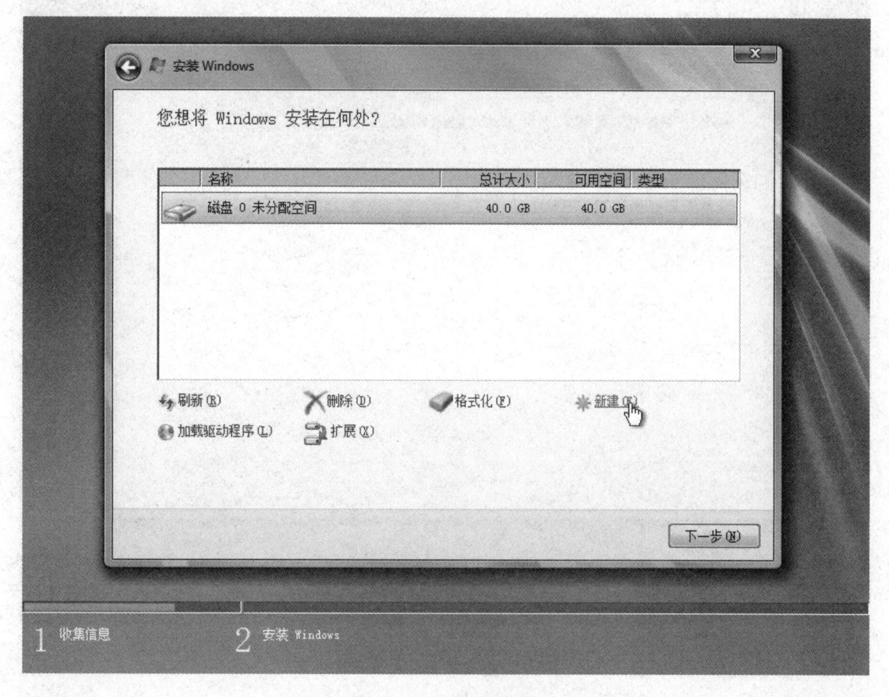

图 3-21 新建分区

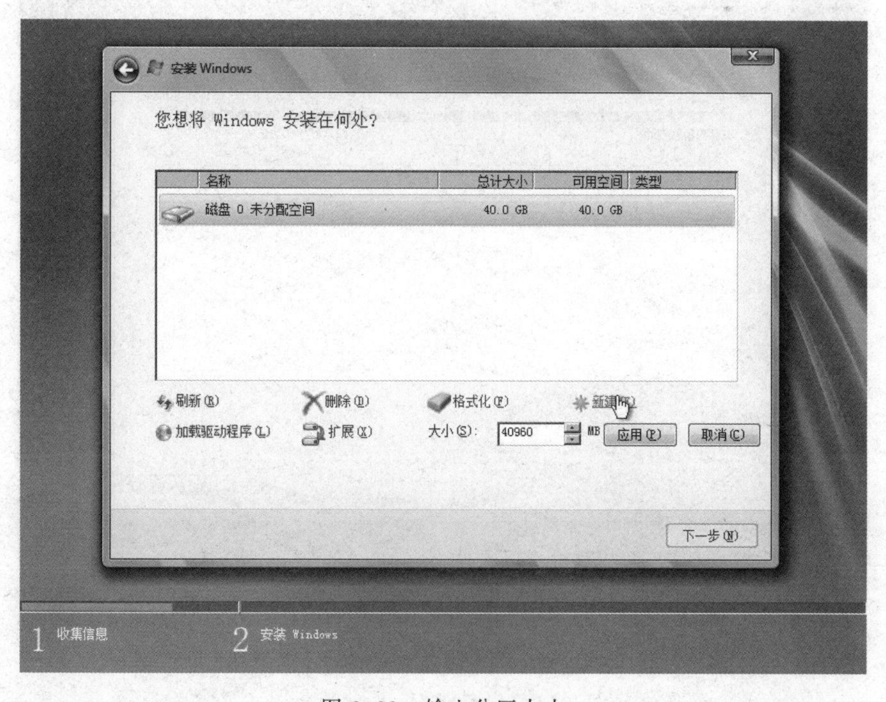

图 3-22 输入分区大小

⑨ 在完成以上步骤之后，Windows Server 2008 R2 就开始安装了，如图 3-23 所示。安装的过程中，需要重启数次（见图 3-24），根据操作系统的安装提示进行操作即可。

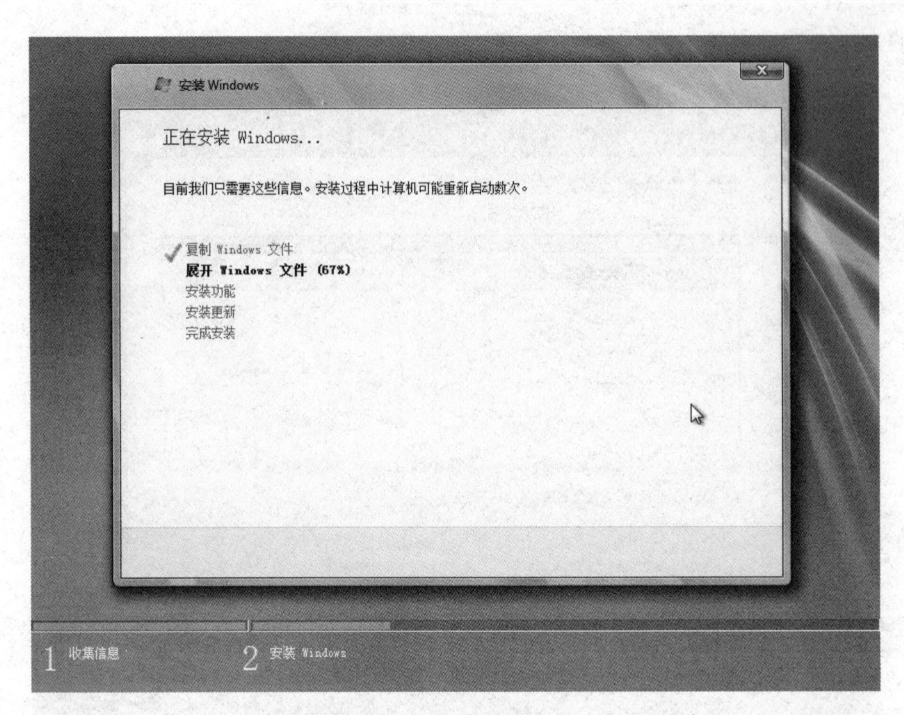

图 3-23　正在安装 Windows

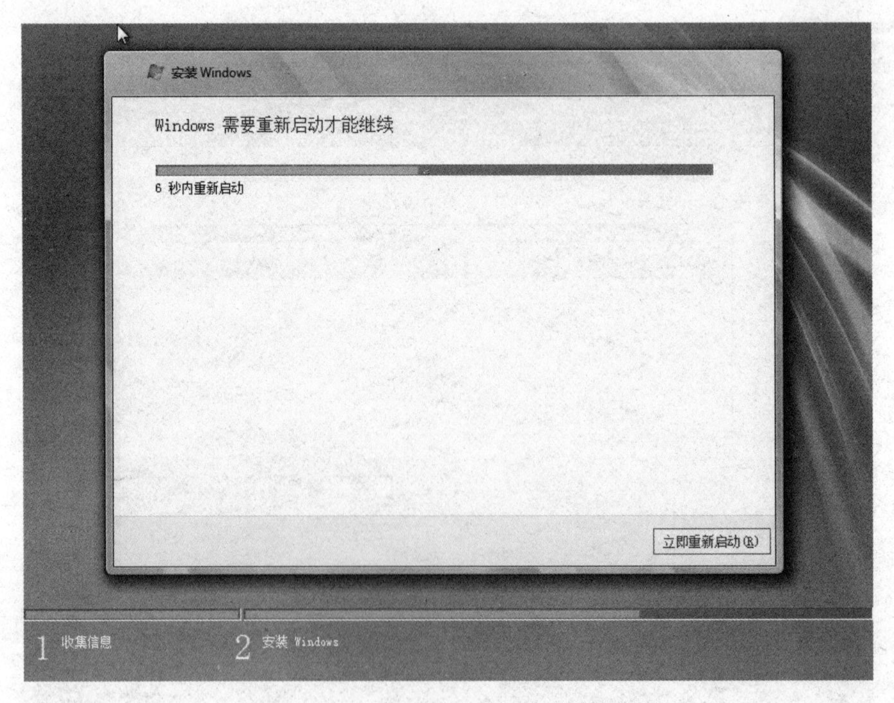

图 3-24　Windows 需要重新启动才能继续

⑩ 在完成 Windows Server 2008 R2 的安装之后，第一次重新启动之时，操作系统会提示“用户首次登录之前必须更改密码”（见图 3-25）。在此单击选择“确定”按钮，然后在图 3-26 的界面中输入更改的密码，然后单击蓝色的确认箭头按钮。出现如图 3-27 界面，提示“您的

密码已更改”，单击“确定”按钮，完成用户密码的更改操作。操作系统就会正式进入桌面。

图 3-25　更改密码提示

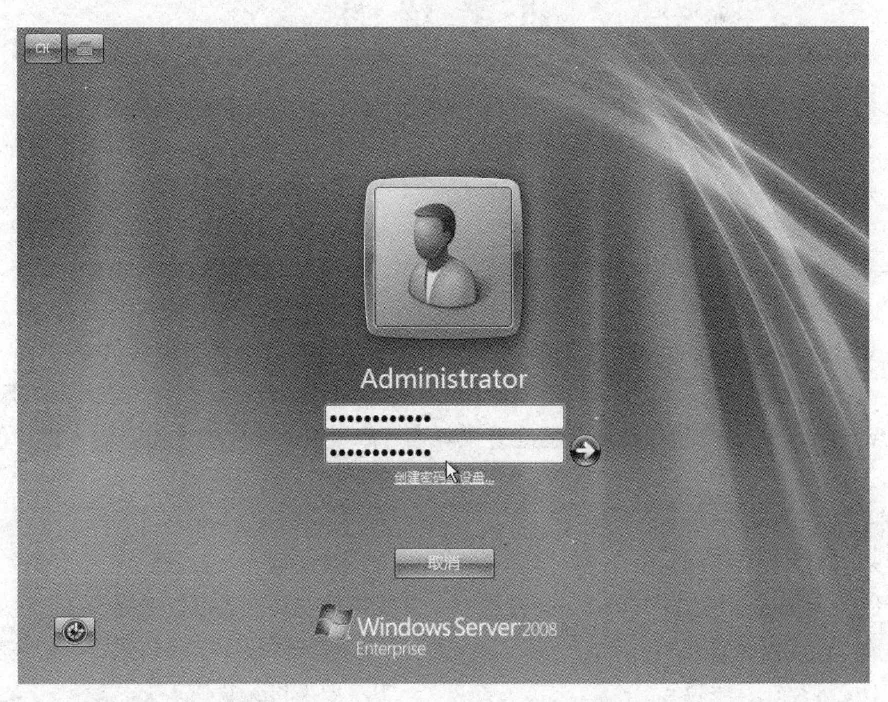

图 3-26　更改 Administrator 用户密码

图 3-27　密码修改完成

思 考 练 习

一、选择题

（1）Windows Server 2008 R2 有哪些版本？（　　）

A. Web 版　　B. 标准版

C. 企业版　　D. DataCenter 版

（2）Windows Server 2008 R2 服务器在安装时，有哪两种安装类型可以选择？（　　）

A. 全新安装　　B. 升级　　C. 自定义（高级）　　D. 降级

（3）Windows Server 2008 R2 服务器的 TCP/IP 配置页面，需要配置哪些信息？（　　）

A. IP 地址　　B. 子网掩码　　C. 默认网关　　D. DNS 服务器

（4）Windows Server 2008 R2 服务器在登录界面，需要按下哪些键才能够输入用户信息与密码？（　　）

A.【Ctrl+Shift+Delete】　　B.【Ctrl+Shift+Insert】

C.【Ctrl+Alt+Delete】　　D.【Ctrl+Alt+Insert】

（5）Windows Server 2008 R2 服务器中，有哪两种安装模式可以选择？（　　）

A. 完全安装模式　　B. 服务器核心安装模式

C. 选择性安装模式　　D. 最小化安装模式

二、操作题

（1）请在一台计算机上安装 Windows Server 2008 R2 的服务器操作系统。

（2）在 Windows Server 2008 R2 中使用 ipconfig /all 命令，查看计算机的 TCP/IP 设置。

任务二　访问网络文件

小张已经完成了 Windows Server 2008 R2 服务器的安装，现在公司的员工已经开始在新办公楼内进行工作。每个部门内部都有大量的文件资料以及数据需要由多人同时访问、浏览，现在需要在公司内部专门的存储数据的服务器上，将此文件信息以及数据共享给相应的用户。

此外，这些文件信息，有些是能够让员工进行修改或者是在新文件夹中新建文件的，但是有些内容，如公司的规章制度等信息对于员工只能够阅读，不能够进行修改，也不能新建文件信息。小张决定使用 Windows Server 2008 R2 的文件共享功能完成相应的共享任务。

相关知识

网络的主要功能之一就是资源共享，因此本节将介绍如何通过公用文件夹（Public Folder）与共享文件夹（Shared Folder）将文件资源共享给网络上的其他用户。

一、公用文件夹

磁盘内的文件经过适当权限设置后，每位登录计算机的用户都只可以访问自己有权限的文件，但是无法访问其他用户的文件。此时，如果这些用户要相互共享文件，应该如何做呢？ 开放权限是一种可行的方法，不过也可以利用公用文件夹。一个 Windows Server 2008 R2 系统只有一个公用文件夹，每位在本地登录的用户都可以访问这个公用文件夹，用户可以通过单击左下角的 Windows 资源管理器图标或展开“计算机”→“本地磁盘”→“用户”→“公用”的方法来查看公用文件夹，如图 3-28 所示。

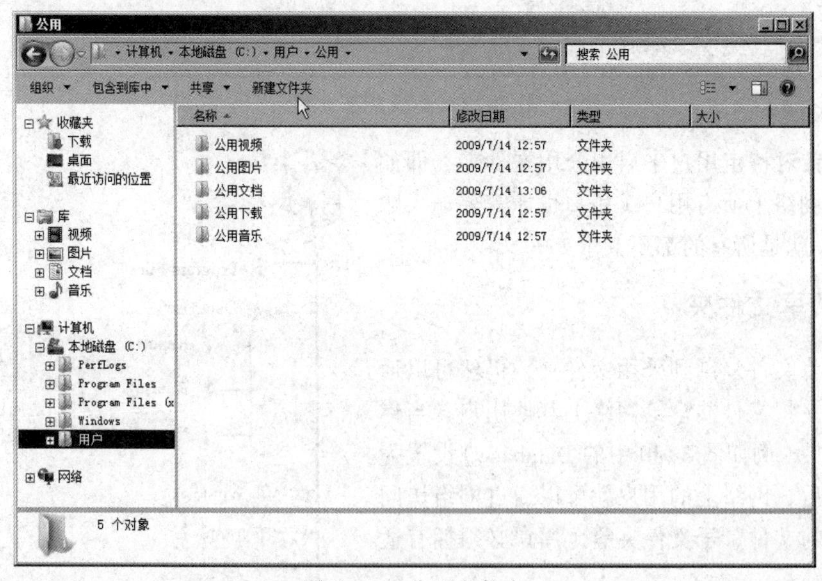

图 3-28　公用文件夹

由图 3-28 可知，公用文件夹内默认已经新建公用视频、公用图片、公用文档、公用下载与公用音乐等文件夹，用户只要把要共享的文件复制到适当的文件夹即可。用户还可以在公用文件夹内新建更多的文件夹。

我们还可以开放让用户通过网络来访问公用文件夹，开放方法为："开始" → "控制面板" → "网络和共享中心" → "更改高级共享设置"。选择如图 3-29 中"公用文件夹共享"处的"启用共享以便可以访问网络的用户可以读取和写入公用文件夹中的文件"单选按钮，单击"保存修改"按钮。图中是针对公用网络位置进行设置，你也可以针对家用或工作场所（专用网）、域 等网络位置进行设置。

图 3-29 最下方"密码保护的共享"如果启用的话（默认启用），则网络用户来连接此计算机时必须先输入有效的用户账户与密码后，才可以访问公用文件夹。若关闭密码保护的共享，则网络用户不需要输入账户与密码，就可以访问公用文件夹。

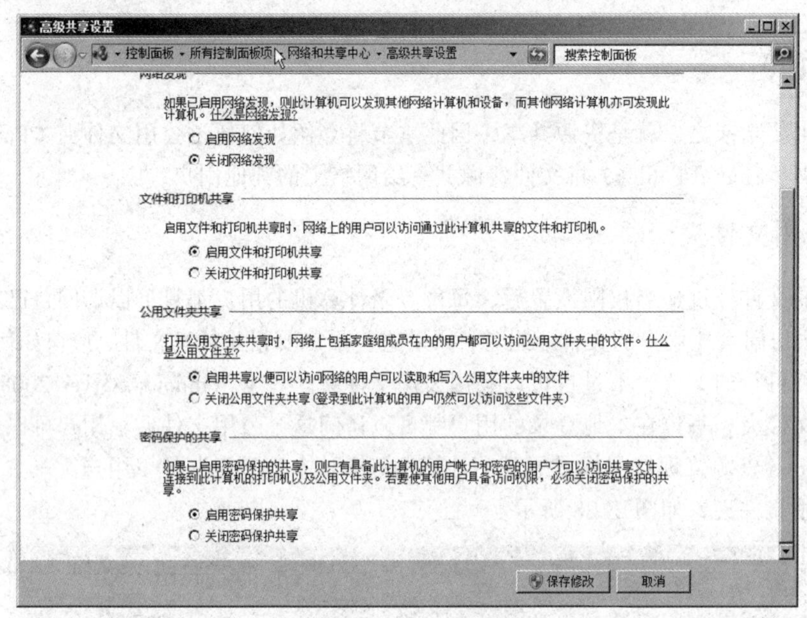

图 3-29　高级共享设置

无法只针对特定用户来启用公用文件夹，即如果不开放给网络上所有用户（用户可能需要输入账户与密码），就是所有的都不共享。

二、共享文件夹

即使不将文件复制到公用文件夹，仍然可以通过共享文件夹将文件共享给网络上其他用户。当你将某个文件夹（例如图 3-30 中的 Database）设置为共享文件夹后，网络上的用户就可以通过网络访问此文件夹内的文件、子文件夹等（用户必须拥有适当的权限）。

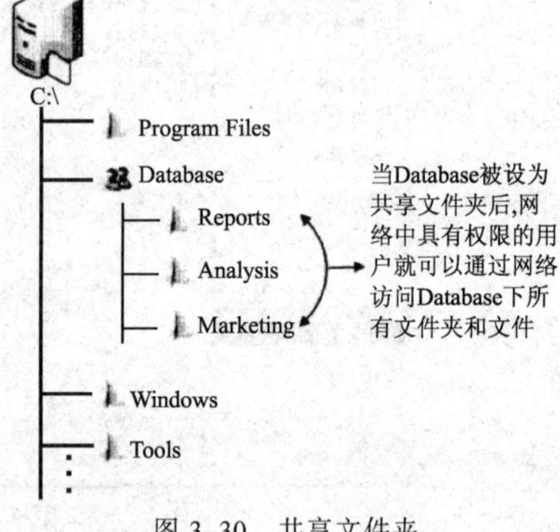

图 3-30　共享文件夹

无论文件夹是位于 NTFS、FAT、FAT32 或 exFAT（适用于 U 盘）磁盘内，都可以被设置为共享文件夹，然后通过共享权限来设置用户的访问权限。

1．共享文件夹的权限

用户必须拥有适当的共享权限才可以访问共享文件夹。表 3-3 列出共享权限的种类与其所具有的访问能力。

共享文件夹权限只对通过网络来访问此共享文件夹的用户有限制，若用户由本地登录，也就是直接在计算机前登录的话，则不会受此权限的限制。

表 3-3　共享文件夹权限

相应的能力	读　取	更　改	完全控制
查看文件名与子文件夹名称；查看文件内的数据，执行程序	√	√	√
新建域删除文件、子文件夹；更改文件内的数据		√	√
更改权限			√

位于 FAT、FAT32 或 exFAT 磁盘内的共享文件夹，由于没有 NTFS 权限的保护，同时共享权限又对本地登录的用户没有限制。此时，若用户直接在本地登录的话，他将可以访问 FAT、FAT32 与 exFAT 磁盘内的所有文件与文件夹。

2．用户的有效权限

如果用户同时属于多个组，他们分别对某个共享文件夹拥有不同的共享权限，则该用户对此共享文件夹的有效共享权限是什么？

（1）权限是有累加性的

用户对共享文件夹的有效权限是其所有权限来源的总和，例如用户 A 同时属于业务部组与经理组，其共享权限分别如表 3-4 所示，则用户 A 最后的有效共享权限为这 3 个权限的总和，也就是读取+更改=更改。

表 3-4　共享权限的累加性

用 户 或 组	权　限
用户 A	读取
业务部组	未指定
经理组	更改
用户 A 最终的有效共享权限为：读取+更改=更改	

（2）“拒绝”权限的优先级较高

虽然用户对某个共享文件夹的有效权限是其所有权限来源的总和，但是只要其中有一个权限来源被设置为拒绝的话，则用户将不会拥有此权限。例如，若用户 A 同时属于业务部组与经理组，并且其共享权限分别如表 3-5 所示，则用户 A 最后的有效共享权限为拒绝访问。

表 3-5　共享权限的累加性

用 户 或 组	权　限
用户 A	读取
业务部组	拒绝访问
经理组	更改
用户 A 最终的有效共享权限为拒绝访问	

由前面两个例子可以看出，未指定与拒绝访问对最后的有效权限产生不同影响：未指定并不参与累加的过程，而拒绝访问在累加的过程中会覆盖所有其他的权限来源。

（3）共享文件夹的复制或移动

如果将共享文件夹复制到其他磁盘分区内，则源文件夹仍然是保留共享状态，但是复制 的那一份新文件夹并不会被设置为共享文件夹。如果将共享文件夹移动到其他磁盘分区内，则 此文件夹将不再是共享的文件夹。

三、利用“计算机管理”管理共享文件夹

你可以通过“开始”→“管理工具”→“计算机管理”打开如图 3-31 所示的“计算机管理”窗口，单击“系统工具”→“共享文件夹”→“共享”的方法来管理共享文件夹，图中列出了现有的共享文件夹名（包含 C$、ADMIN$等隐藏式共享文件夹）、文件夹路径、适合哪一种客户端来访问（例如 Windows）、接到此共享文件夹的用户数目等。

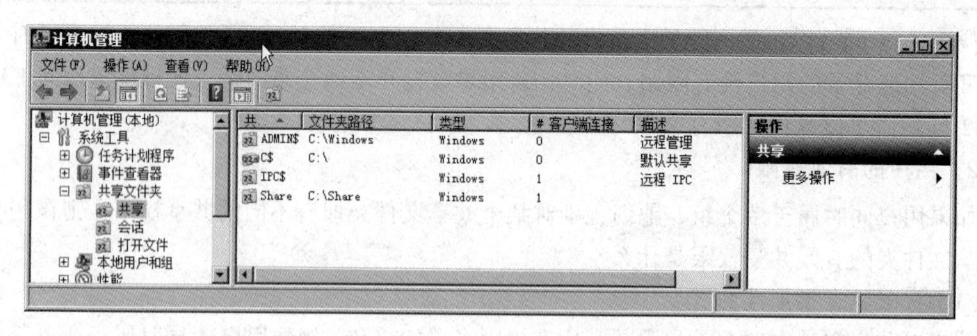

图 3-31 管理共享文件夹

1. 修改与添加共享文件夹

如果要停止将文件夹共享给网络用户，可以通过右击相应的共享文件夹，选择“停止共享”命令的方法，如图 3-32 所示。如果要修改共享文件夹的权限（例如更改共享文件夹权限），可以通过右击相应的共享文件夹，选择“属性”，在弹出的属性窗口，选择“共享权限”选项卡，如图 3-33 所示。如果要新建共享文件夹，可以通过右击窗口的空白区域，选择“新建共享”命令，在弹出的“创建共享文件夹向导”对话框中按照提示进行操作，如图 3-34 所示。

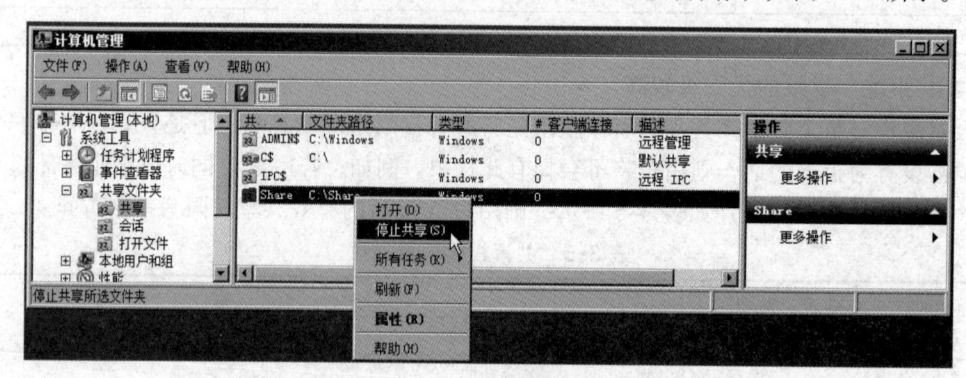

图 3-32 停止共享

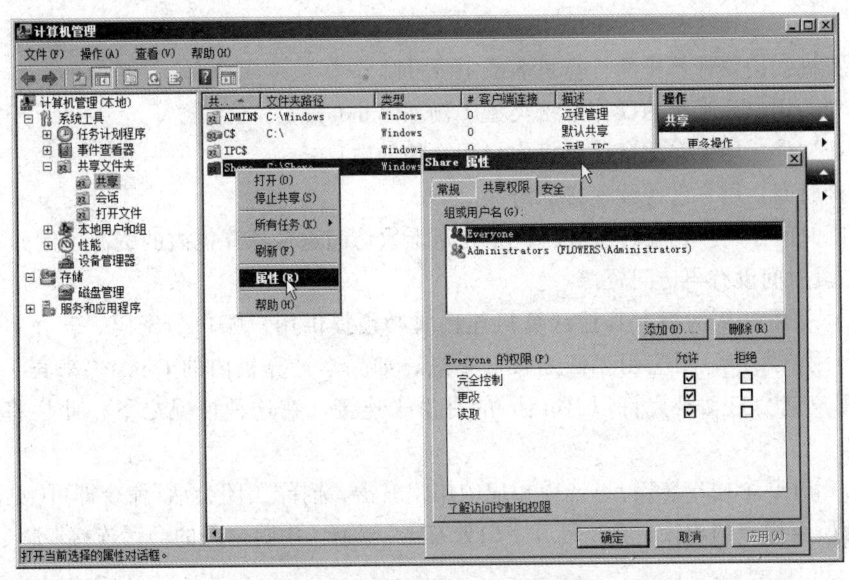

图 3-33　修改共享文件夹的权限

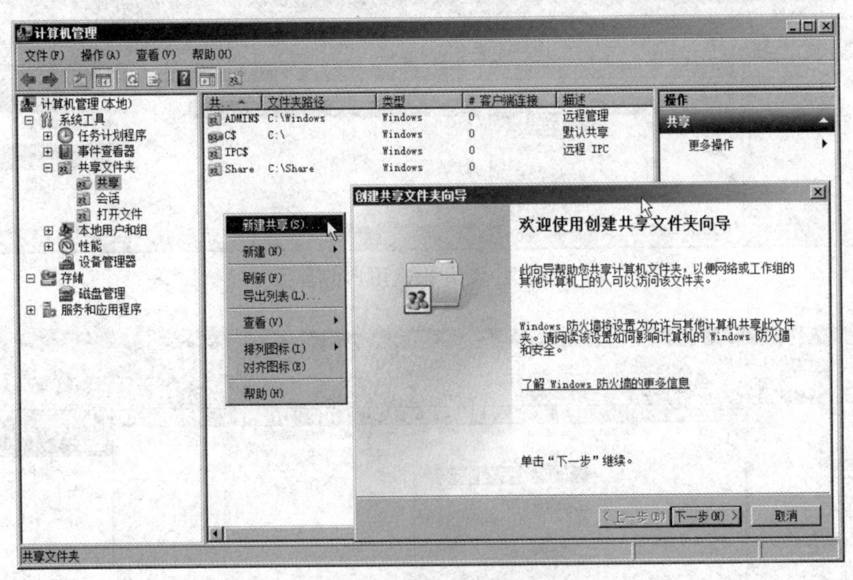

图 3-34　新建共享文件夹

2. 监控与管理已连接用户

单机“会话”选项，就可以查看与管理已经连接到此计算机的用户，如图 3-35 所示。

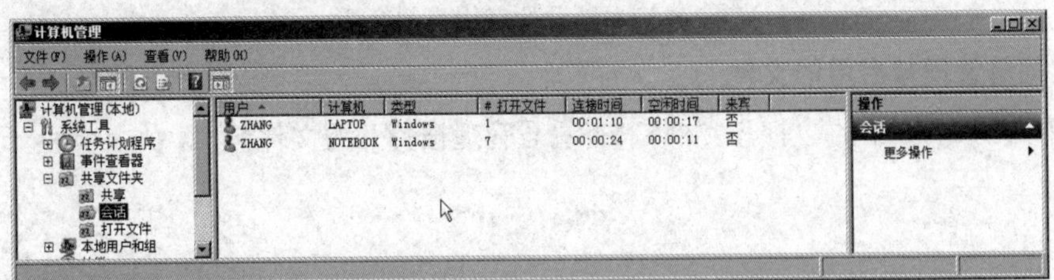

图 3-35　共享文件夹会话管理

① 用户：连接到这台计算机的用户名。

② 计算机：用户计算机的计算机名或 IP 地址。

③ 类型：用户计算机的操作系统类型（例如 Windows）。

④ 打开文件：用户在此台计算机内启用文件的数目。

⑤ 连接时间：用户已持续连接的时间。

⑥ 空闲时间：用户仍在连接中，但是自从上次访问这台计算机内的资源（例如文件）后，已经闲置一段时间没有再访问资源。

⑦ 来宾：用户从网络上其他计算机连接时必须提供用户账户与密码，若在本计算机内并没有这个用户账户，则应当无法连接。不过，如果本计算机内的 Guest（来宾）账户被启用，则该用户就会自动被允许以 Guest 的身份来连接，在这种情况之下，此栏将被设置为“是”。

如果要断开某个用户连接，可选择相应的用户右击，选择“关闭会话”命令即可（见图 3-36）。如果要断开所有用户的连接，可在窗口空白处右击，选择“中断全部的会话连接”命令即可（见图 3-37）。

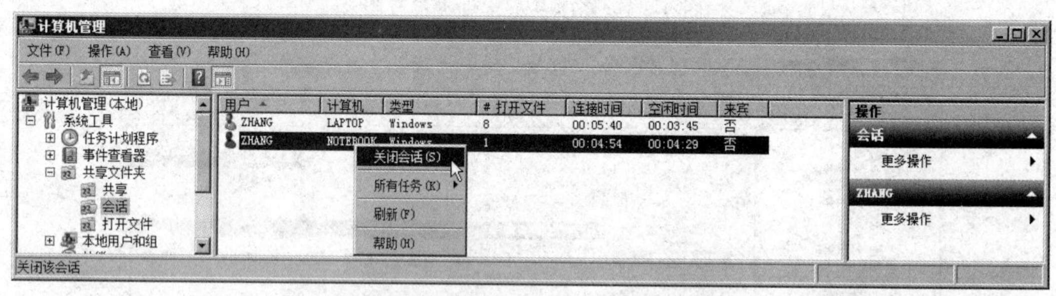

图 3-36　断开指定用户的会话

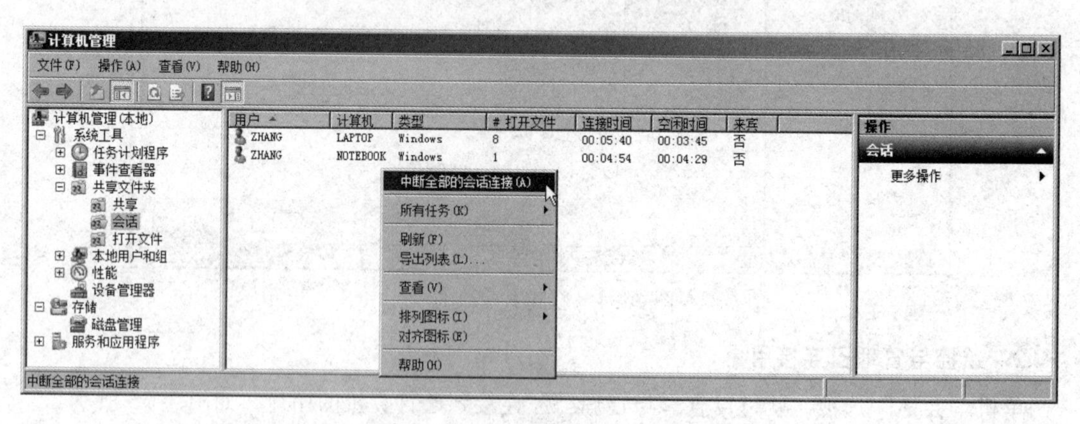

图 3-37　断开所有用户的会话

3. 监控与管理被启用的文件

可以单击图 3-38 中的“打开文件”，查看与管理被打开的文件。

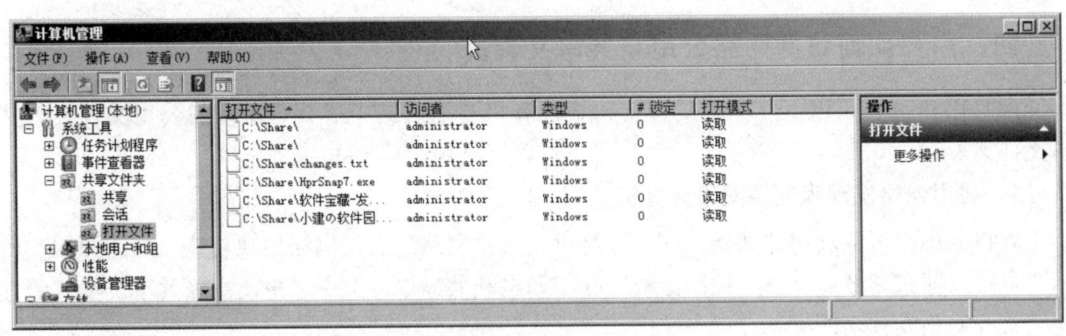

图 3-38　打开的共享文件

① 打开文件：在这台计算机内被打开的文件名（或其他资源的名称）。

② 访问者：打开此文件的用户账户名称。

③ 类型：用户计算机的操作系统类型（例如 Windows）。

④ 锁定：有的程序会锁住所打开的文件，此处表示该文件被锁定的次数。

⑤ 打开模式：应用程序打开此文件的访问模式，例如读取、写入等。

如果要断开某个用户所打开的文件，可选择相应的用户右击，选择“将打开的文件关闭”命令即可（见图 3-39）。如果要断开被用户打开的所有文件，可在窗口空白处右击，选择“中断全部打开文件”命令即可（见图 3-40）。

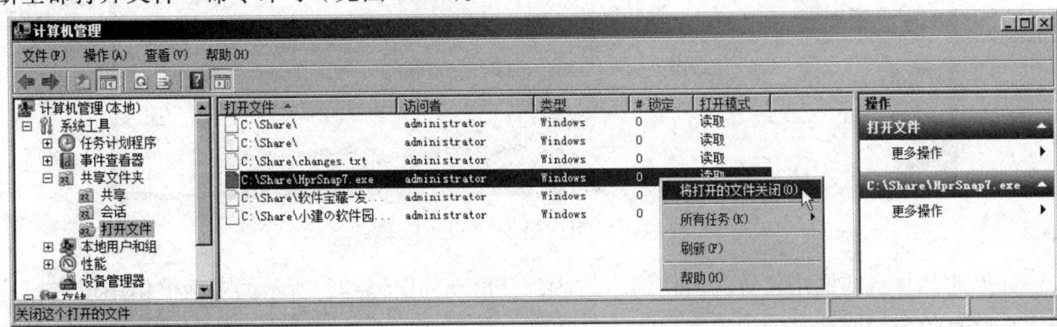

图 3-39　关闭单个打开的共享文件

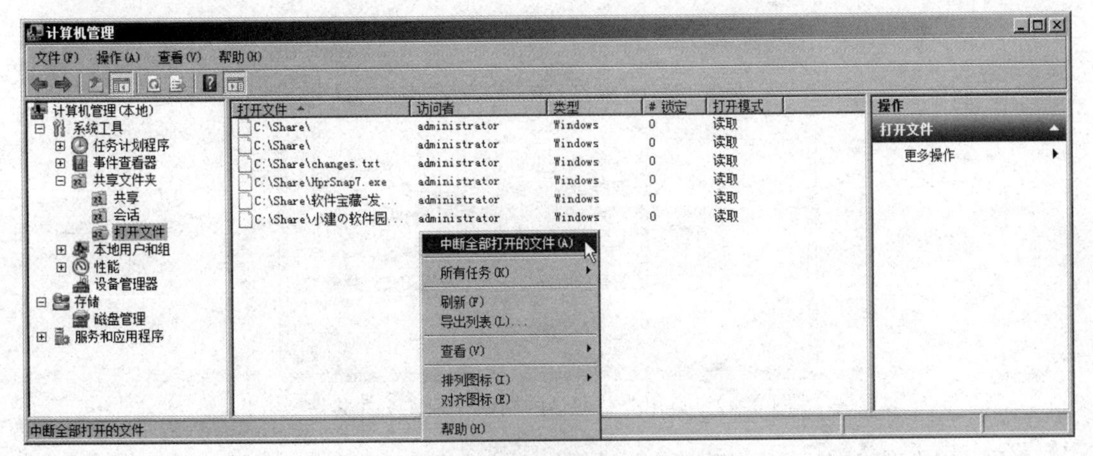

图 3-40　关闭所有打开的共享文件

四、用户如何访问网络公用与共享文件夹

网络用户可利用以下几种方式连接网络计算机与访问其中所共享出来的公用文件夹与共享文件夹。

1. 利用网络发现来连接网络计算机

客户端用户可以利用“开始”→“计算机”→“网络”启用网络发现功能，如图 3-41 所示。也可以通过“开始”→“控制面板”→“网络和共享中心”→“更改高级共享设置”的方法来打开网络发现功能。

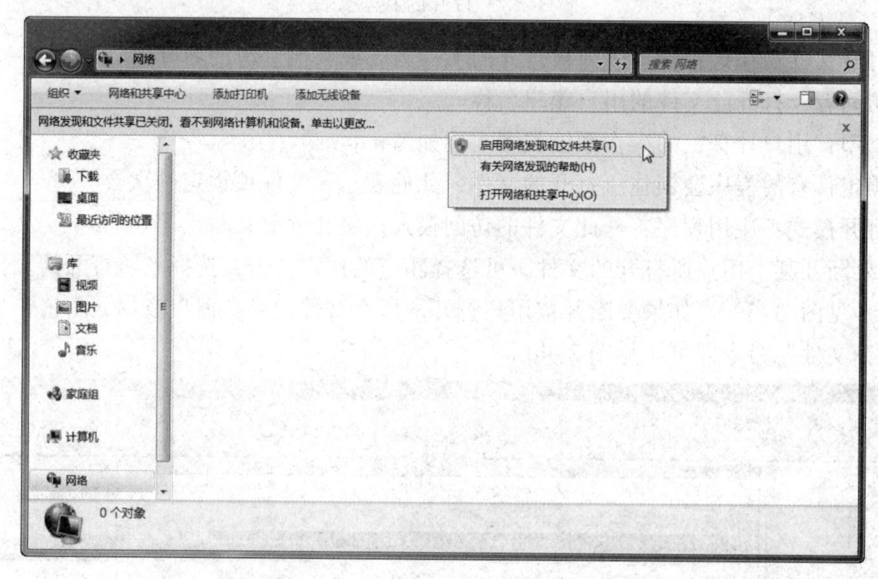

图 3-41　启用网络发现和文件共享

如果此计算机的网络位置为公用网络的话，会出现如图 3-42 所示的对话框供用户选择是否要在所有的公用网络打开网络发现和文件共享。如果选择否，此计算机的网络位置会被更改为专用网络。

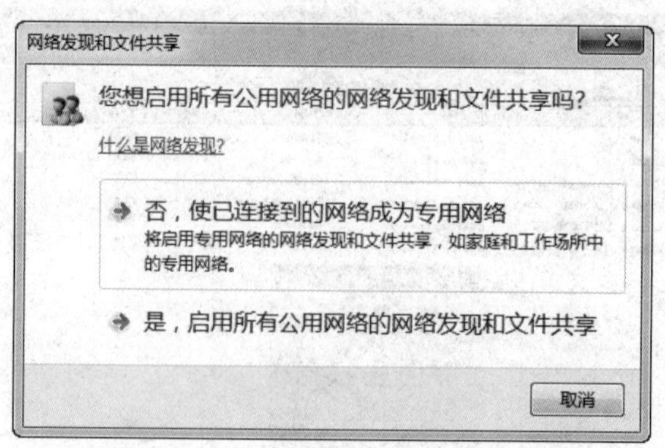

图 3-42　启用公共网络的网络发现和文件共享

之后可以在图 3-43 所示的窗口中看到网络上的计算机。单击相应计算机，可能需要输入有效的用户账户与密码后（见图 3-44），就可以访问此计算机内所共享的文件夹。

图 3-43　浏览网络共享

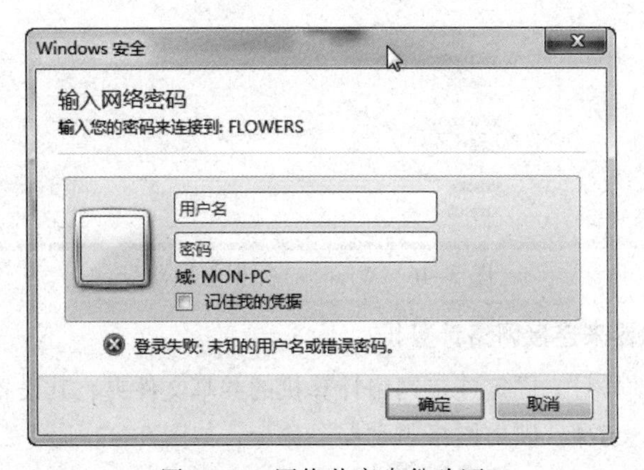

图 3-44　网络共享身份验证

（1）连接网络计算机的身份验证机制

当在连接网络上的其他计算机时，必须提供有效的用户账户与密码，不过计算机会自动以当前正在使用的账户与密码来连接该网络计算机，也就是会以用户当初按【Ctrl+Alt+Delete】组合键登录时所输入的账户与密码来连接网络计算机。

若该网络计算机内已经为用户新建了一个名称相同的用户账户：

① 若密码也相同，则将自动利用此用户账户来成功的连接。

② 若密码不相同，则系统会要求用户重新输入用户名与密码。

若该网络计算机内并未为用户新建一个名称相同的用户账户：

① 若该网络计算机已启用 Guest 账户，则系统会自动利用 Guest 的身份连接。

② 若该网络计算机禁用 Guest 账户（默认值），则系统会要求用户重新输入用户名与密码。

（2）管理网络密码

如果每次连接网络计算机都必须手动输入账户与密码，会让人觉得麻烦，可以在连接网络计算机时（见图 3-45）选择“记住我的凭据”，让系统以后都通过这个用户账户与密码来连接该网络计算机。

图 1-45　记住网络凭据

如果要更进一步来管理网络密码，可以选择“开始”→“控制面板”→“用户账户”→单击“管理您的凭据”之下的“Windows 凭据”，通过如图 3-46 所示的窗口管理网络密码，例如通过编辑更改账户与密码，通过从保管库中删除来删除账户与密码，通过添加 Windows 凭据来添加连接其他网络计算机的账户与密码等。

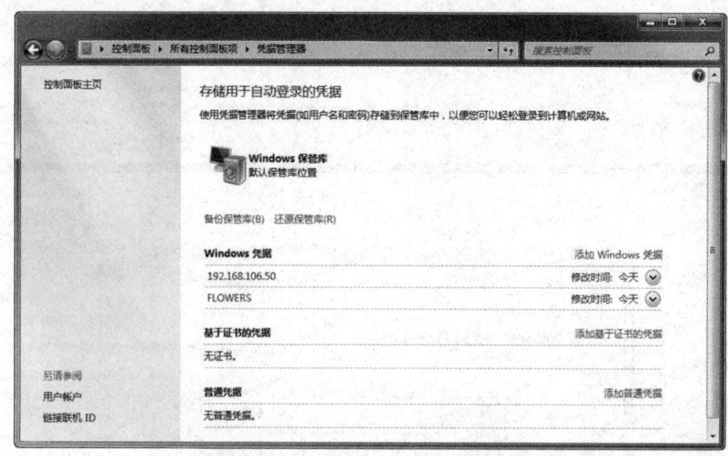

图 3-46　Windows 凭据管理器

2. 利用网络驱动器来连接网络计算机

可以利用一个驱动器号来固定连接网络计算机的共享文件夹，其设置方法为在网络选择相应的共享文件夹右击，选择“映射网络驱动器”命令，如图 3-47 所示。

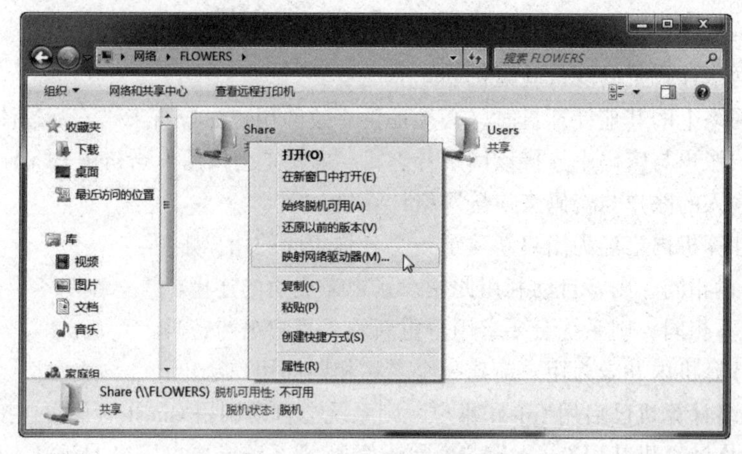

图 3-47　映射网络驱动器

① 驱动器：此处可选择要用来连接共享文件夹的驱动器号，可以使用任何一个尚未被使用的驱动器号，如图 3-48 所示。

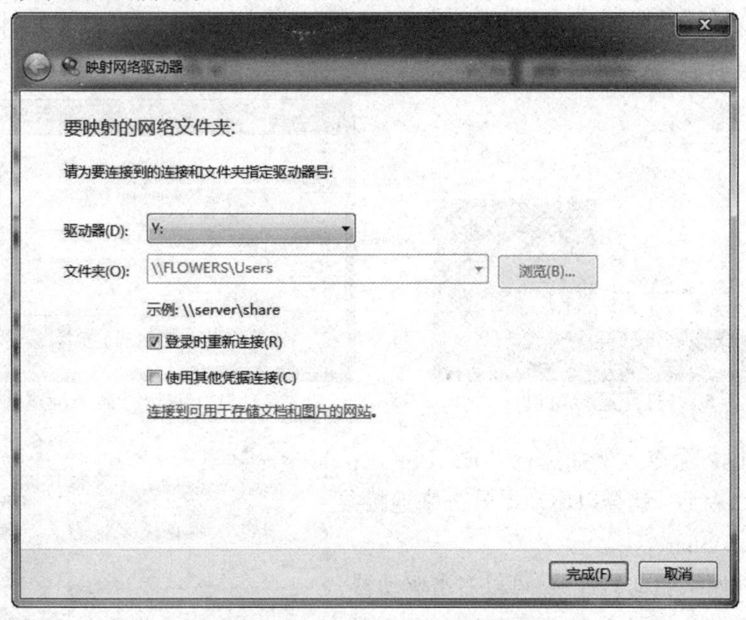

图 3-48　映射网络驱动器设置

② 文件夹：可以直接输入共享文件夹的 UNC（Universal Naming Convention）路径，格式为：\\计算机名\共享名，例如图中的\\Flowers\Users，其中的 Flowers 为计算机名，而 Users 为文件夹的共享名。或者也可以利用图中的“浏览”按钮来完成连接的操作。

③ 登录时重新连接：表示以后用户每次登录时，系统都会自动利用所指定的驱动器号来连接共享文件夹。完成映射网络驱动器的操作后，就可以通过该驱动器号来访问共享文件夹内的文件，如图 3-49 所示的 Z 驱动器。

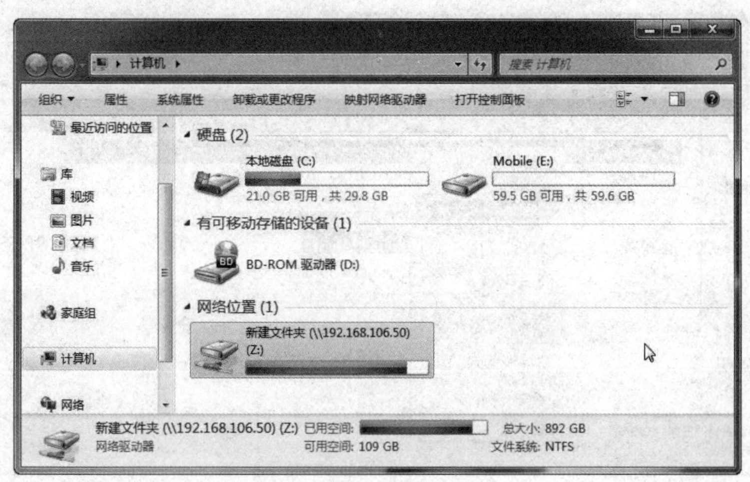

图 3-49　浏览映射的驱动器

④ 使用其他凭据连接：如果当前的用户账户没有权限连接此共享文件夹，则可以通过此处来改用其他账户与密码。

3. 其他连接网络共享文件夹的方法

可以通过开始运行输入命令来连接共享文件夹（见图 3-50），例如输入 UNC 路径，例如输入\\flowers\Share，单击“确定”按钮之后就可以浏览文件夹内的文件（如图 3-51 所示，可能需输入用户账户与密码）。

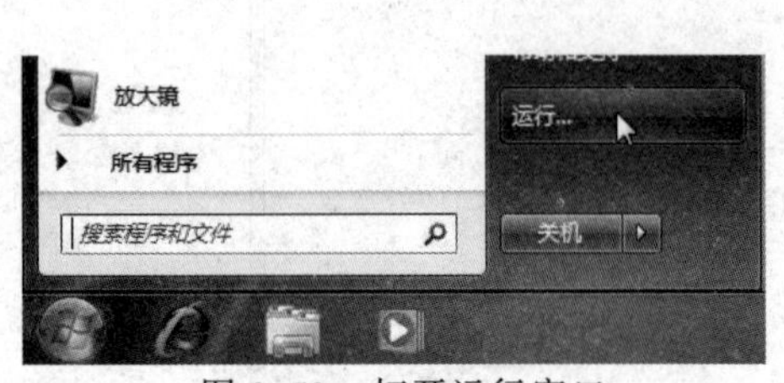

图 3-50　打开运行窗口

图 3-51　使运行命令浏览共享文件夹

运行 Net Use 命令，例如运行 NET USE Z: \\flowers\Share 命令后，就会以驱动器号 Z:来连接共享文件夹\\flowers\Share。

如果要断开网络驱动器连接，可以右击驱动器，选择“断开”命令，如图 3-52 所示。

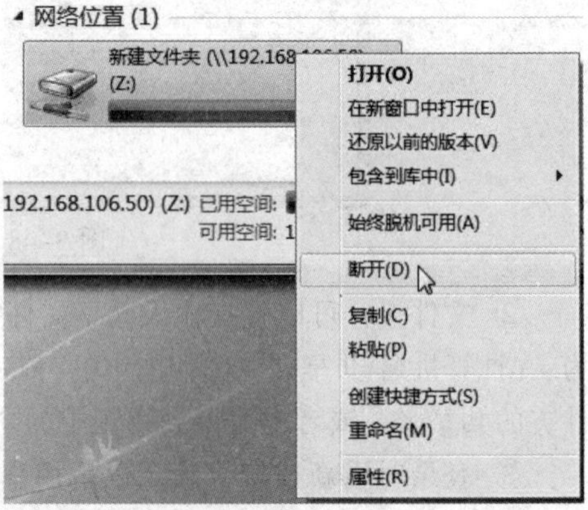

图 3-52　断开网络驱动器

任务实施

隶属 Administrators 组的用户具有将文件夹设置为共享文件夹的权限。

（1）新建共享文件夹

选择需要共享的文件夹右击，选择“共享”→“特定用户”命令，如图 3-53 所示。

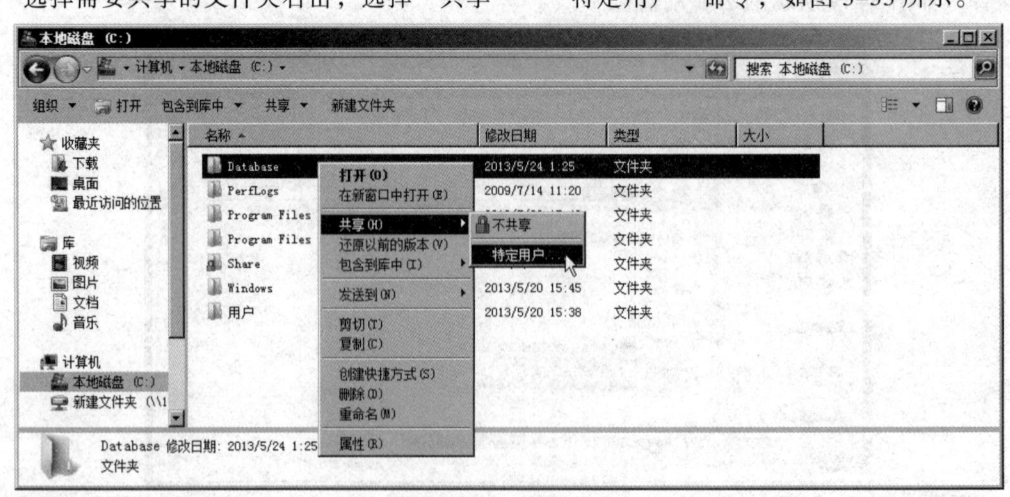

图 3-53　新建共享

输入要与之共享的用户或组名（或单击图中向下箭头来选择用户或组）后单击“添加”按钮，如图 3-54 所示。

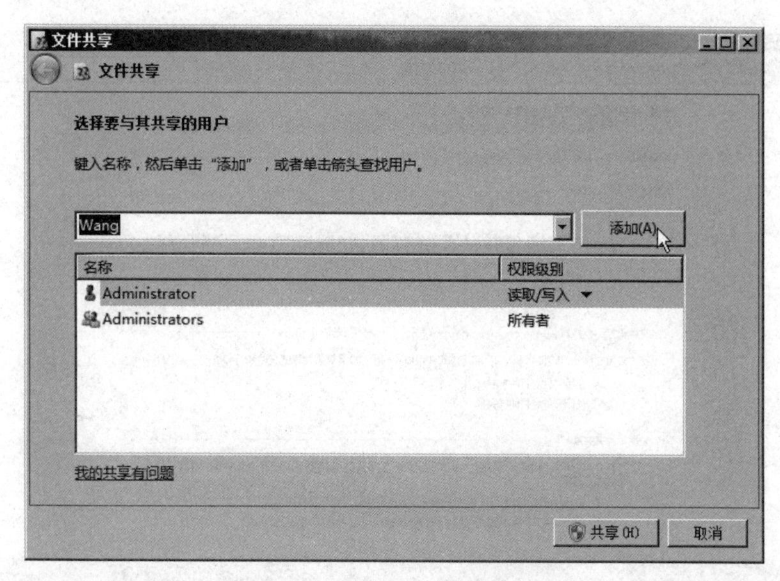

图 3-54　选择要与其共享的用户

被选择的用户或组的默认共享权限为读取，若要更改，可单击用户右侧向下的箭头，然后从显示的列表中选择，完成后单击“共享”按钮，如图 3-55 所示。

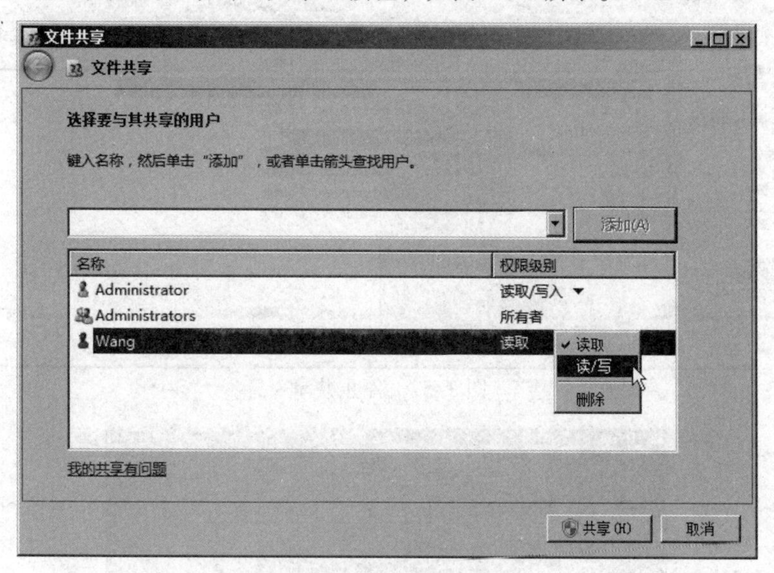

图 3-55　选择共享的权限

在第一次将文件夹共享后，系统就会启动文件共享权限设置，可以通过“开始”→“控制面板”→“网络和共享中心”→“更改高级共享设置”来查看此设置，如图 3-56 所示。

（2）停止共享与更改权限

如果要停止将文件夹共享，可以通过选择相应的共享文件夹右击，选择“不共享”→“停止共享”命令（见图 3-57），打开如图 3-58 所示的窗口，选择“停止共享”选项。

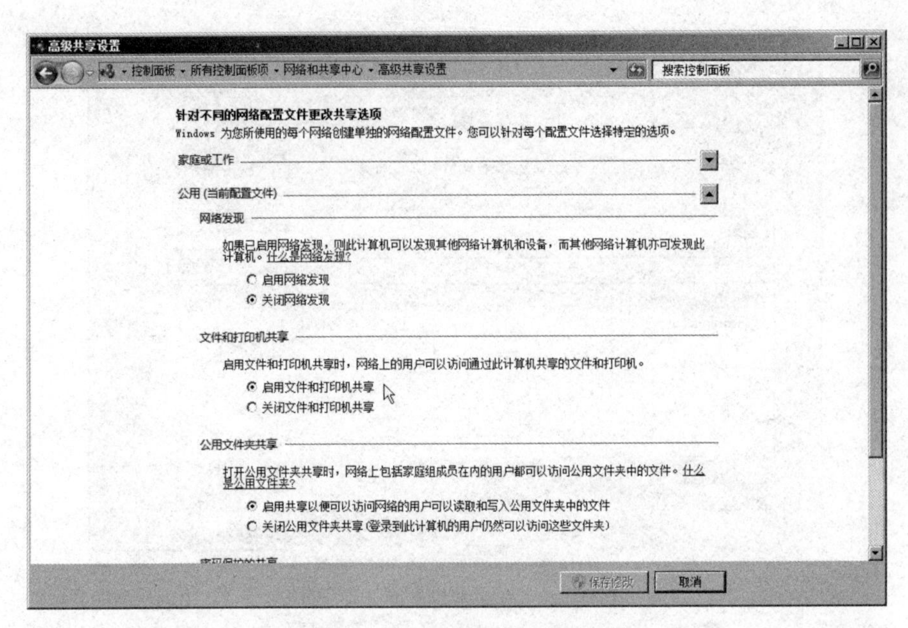

图 3-56 启用文件和打印机共享

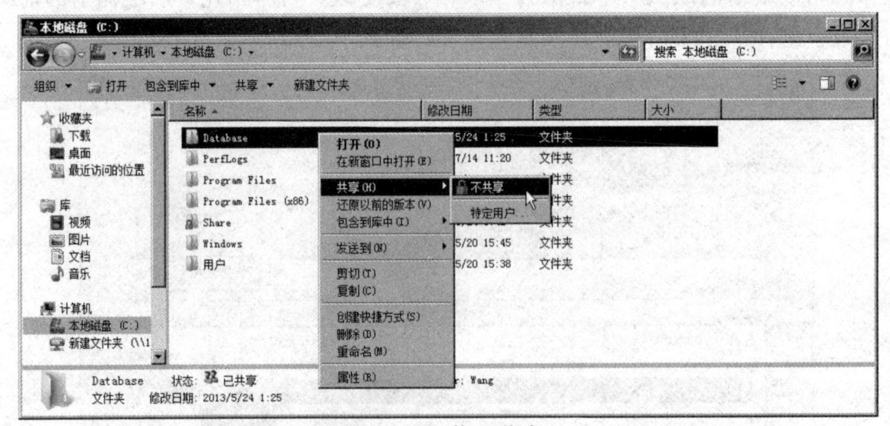

图 3-57 停止共享

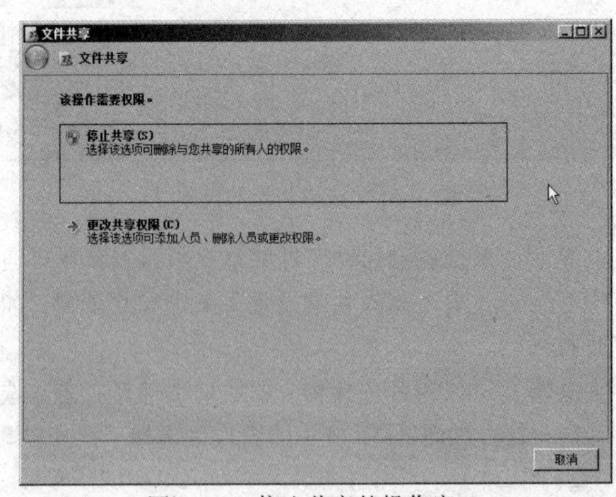

图 3-58 停止共享的操作窗口

如果要更改共享权限或添加用户，可以选择图 3-58 中的“更改共享权限”选项，或直接选择共享文件夹右击，选择“属性”命令，打开“共享”选项卡，单击“共享”按钮，如图 3-58 所示。

可以通过单击如图 3-59 所示下方的“高级共享”按钮，然后单击“权限”按钮设置共享权限，如图 3-60 所示。

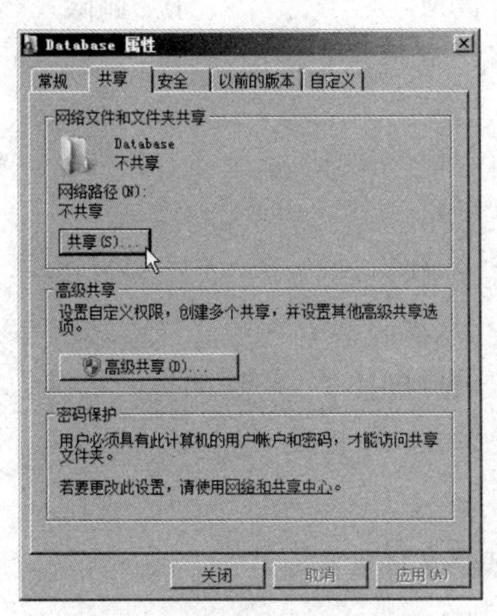

图 3-59　文件夹共享属性

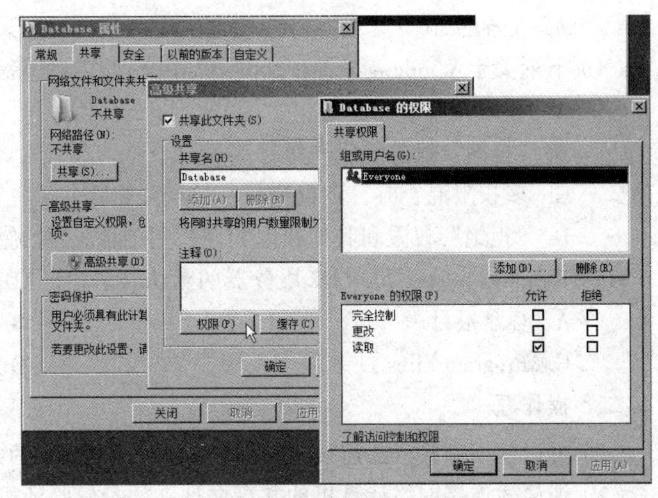

图 3-60　高级共享设置

（3）更改共享名

每个共享文件夹都有一个共享名，网络上用户通过共享名来访问共享文件夹内的文件，共享名默认就是文件夹名，例如文件夹名称为 Database，则默认共享名为 Database。如果要更改共享名或添加多个共享名，可单击图 3-59 中的“高级共享”按钮，然后通过图 3-61 中的“添加”按钮添加共享名，也可以通过“删除”按钮将旧的共享名删除。

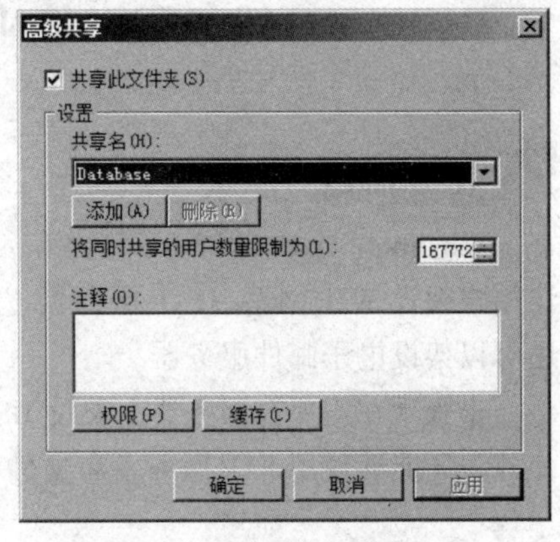

图 3-61　高级共享

（4）隐藏的共享文件夹

若共享文件夹有特殊使用目的，不想让用户在网络上浏览到，可在共享名最后加上一个符号$，就可以将其隐藏起来。例如将前面的共享名 Database 改为 Database$，更改此共享名的方法为在图 3-61 中单击“添加”按钮添加共享名 Database$，然后通过单击“删除”按钮删除旧的共享名 Database。

系统已经自动新建了多个隐藏的共享文件夹，它们是供系统内部使用或系统管理用的，例如 C$（代表 C 磁盘）、ADMIN$（代表安装 Windows Server 2008 R2 的文件夹，例如 C:\Windows）等。

思考练习

一、选择题

（1）Windows Server 2008 R2 若要创建隐藏的共享，需要在共享名后添加什么字符？（　　）

A. @　　B. #　　C. $　　D. %

（2）Windows Server 2008 R2 中，只有哪个用户或者组有权限创建共享文件夹？（　）

A. Everyone　　B. Administrators

C. Users　　D. Guests

（3）Windows Server 2008 R2 共享文件夹有哪些权限？（　）

A. 完全控制　　B. 更改　　C. 读取　　D. 删除

（4）下列关于 Windows Server 2008 R2 中文件共享的说法，哪些是正确的？（　）

A. 权限是有累加性的

B. “拒绝”权限的优先级较高

C. 多权限混合时，则仅有最小的权限生效

D. “拒绝”权限和其他权限相互作用的话，“拒绝”权限无效

（5）Windows Server 2008 R2 服务器的默认共享中，ADMIN$指的是（　）。

A. C 盘根目录　　B. 用户目录

C. Program Files 目录　　D. Windows 目录

二、操作题

（1）可以使用哪些方法连接 Windows Server 2008 R2 的共享文件夹？

（2）请简述连接网络计算机的共享文件夹的身份验证机制。

任务三　企业 Web 及 FTP 服务器架设

任务描述

Windows Server 2008 R2 包含 Internet Information Servers（Internet 信息服务，IIS），它可以让用户架设 Web 网站、FTP 服务器、SMTP 服务器、NNTP 服务器，并且在配置 POP3 服务后，还可以架设电子邮件服务器。

小张现在需要在服务器上架设 IIS 服务，以便公司能够使用 Web 服务发布新的公司信息，此外，还能够使用 FTP 服务发布文件。

相关知识

Internet Information Servers 是由微软公司提供，用于配置应用程序池或 Web 网站、FTP 站点、SMTP 或 NNTP 站点的，基于 MMC（Microsoft Management Console）控制台的管理程序。IIS 是 Windows Server 2008 R2 操作系统自带的组件，无须第三方程序，即可用来搭建基于各种主流技术的网站，并能管理 Web 服务器中的所有站点。在 Windows Server 2008 R2 企业版中的版本是 IIS 7.0，IIS 7.0 是一个集成了 IIS、ASP.NET、Windows Communication Foundation 的统一的 Web 平台，可以运行当前流行的、具有动态交互功能的 ASP.NET 网页。支持使用任何与.NET 兼容的语言编写的 Web 应用程序。

IIS 7.0 提供了基于任务的全新用户界面并新增了功能强大的命令行工具，借助这些工具可以方便地实现对 IIS 和 Web 站点的管理。同时，IIS 7.0 引入了新的配置存储和故障诊断和排除功能。

一、安装与测试 IIS

Windows Server 2008 R2 默认并不会自动安装 IIS，如果需要使用则必须自行安装，不过在安装之前请先确认以下事项：

① IIS 计算机的 IP 地址最好是静态的，也就是自行输入 IP 地址、子网掩码、默认网关等，尤其是要让 Internet 用户来连接的网站。

② 如果要让用户利用域名来连接此网站，则请为此网站设置一个 DNS 域名，并将 DNS 域名与 IP 地址注册到 DNS 服务器内。

③ 网页最好存储在 NTFS 磁盘分区内，以便通过 NTFS 权限来增加网页的安全性。

二、Web 网站的基本设置

IIS 安装完成后，系统会自动建立一个默认网站，可以直接利用它来作为自己的网站，或是自行建立一个新的网站。本节将利用默认网站来说明网站的设置。

1. 配置 IP 地址和端口

Web 服务器安装好之后，默认创建一个名为 Default Web Site 的站点，使用该站点就可以创建网站。默认情况下，Web 站点会自动绑定计算机中的所有 IP 地址，端口默认为 80，也就是说，如果一个计算机有多个 IP，那么客户端通过任何一个 IP 地址都可以访问该站点，但是一般情况下，一个站点只能对应一个 IP 地址，因此，需要为 Web 站点指定唯一的 IP 地址和端口。

在 IIS 管理器中，选择默认站点，在图 3-62 所示的“Default Web Site 主页”窗口中，可以对 Web 站点进行各种配置；在右侧的“操作”栏中，可以对 Web 站点进行相关的操作。

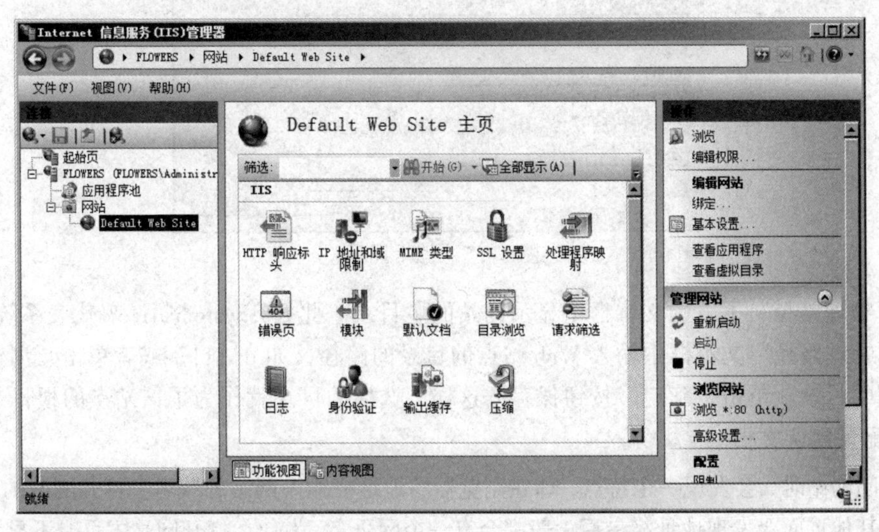

图 3-62 Default Web Site 站点

单击“操作”栏中的“绑定”链接，打开如图 3-63 所示的“网站绑定”对话框。可以看到 IP 地址下有一个“*”号，说明现在的 Web 站点绑定了本机的所有 IP 地址。

单击“添加”按钮，打开“编辑网站绑定”对话框，如图 3-64 所示。

图 3-63　网站绑定

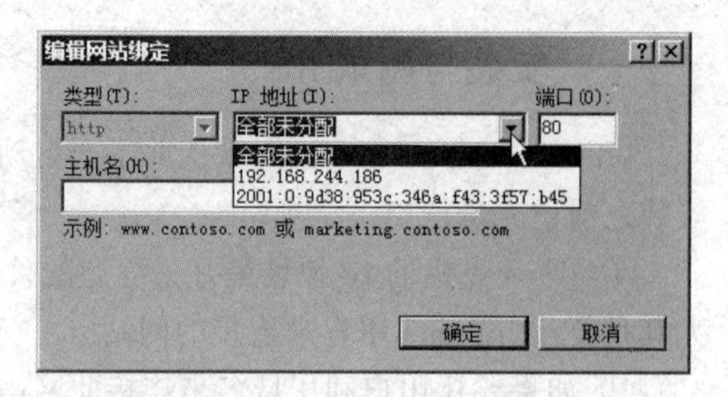

图 3-64　添加网站绑定

单击“全部未分配”后边的下拉箭头，选择要绑定的 IP 地址即可。这样，就可以通过该 IP 地址访问 Web 网站了。端口栏表示访问该 Web 服务器要使用端口号。下面就可以使用 http://192.168.244.186/访问 Web 服务器。

提示：Web 服务器默认的端口是 80 端口，因此访问 Web 服务器时就可以省略默认端口；如果设置的端口不是 80，比如是 8000，那么访问 Web 服务器就需要使用“http://192.168.244.186:8000/”访问。

2．配置主目录

主目录即网站的根目录，保存 Web 网站的相关资源，默认路径为 C:\Inetpub\wwwroot 文件夹。如果不想使用默认路径，可以更改网站的主目录。打开 IIS 管理器，选择 Web 站点，单击右侧“操作”栏中的“基本设置”链接，显示如图 3-65 所示的对话框。

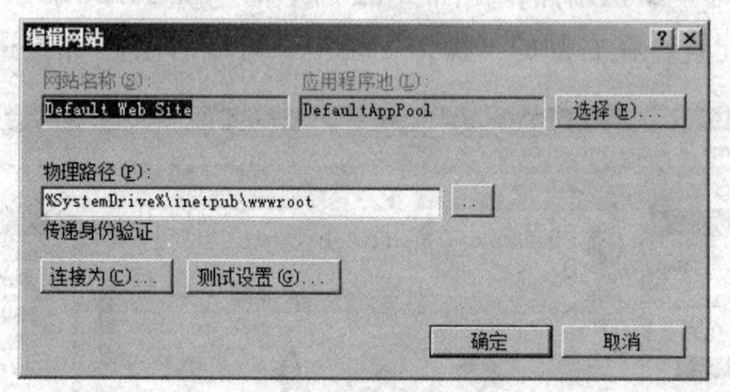

图 3-65　编辑网站

在“物理路径”下方的文本框中显示网站的主目录。此处%SystemDrive%代表系统盘符。

在“物理路径”文本框中输入 Web 站点的目录的路径，如 d:\111，或者单击“浏览”按钮选择相应的目录。单击“确定”按钮保存。这样，选择的目录就作为了该站点的根目录。

3．配置默认文档

在访问网站时，会发现一个特点，即在浏览器的地址栏输入网站的域名可打开网站的主页，而继续访问其他页面会发现地址栏最后一般都会有一个网页名。为什么打开网站主页时不显示主页的名字呢？实际上，在输入网址时，默认访问的就是网站的主页，只是主页名没有显示而已。通常，Web 网站的主页都会设置成默认文档，当用户使用 IP 地址或者域名访问时，就不需要再输入主页名，从而便于用户的访问。下面来看如何配置 Web 站点的默认文档。

在 IIS 管理器中选择默认 Web 站点，在“Default Web Site 主页”窗口中双击 IIS 区域的“默认文档”图标，打开如图 3-66 所示窗口。

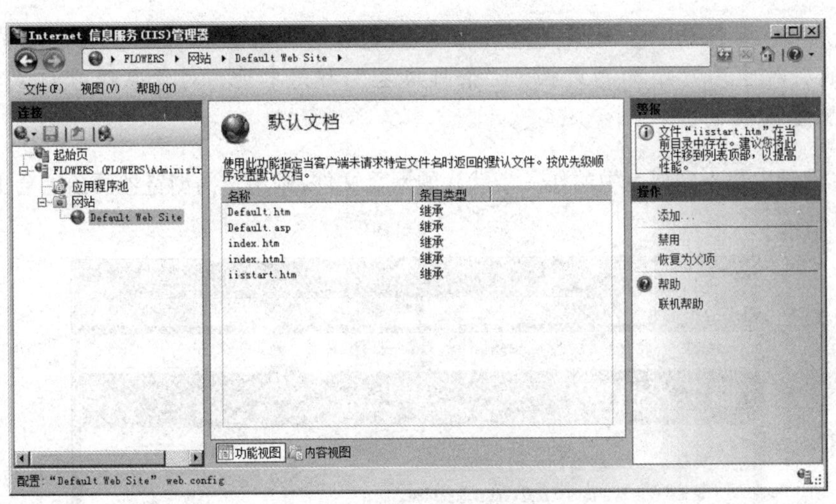

图 3-66　默认文档设置窗口

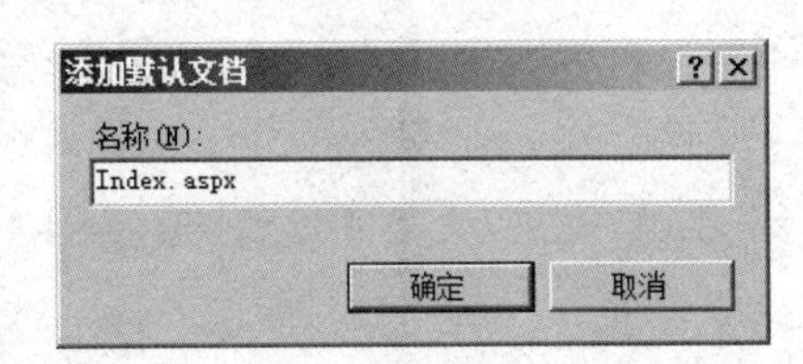

图 1-67　添加默认文档

可以看到，系统自带了 5 种默认文档，如果要使用其他名称的默认文档（例如，当前网站是使用 ASP.NET 开发的动态网站，首页名称为 Index.aspx），则需要添加该名称的默认文档。

单击右侧的"添加"链接，显示如图 3-67 所示的对话框，在"名称"文本框中输入要使用的主页名称。单击"确定"按钮，即可添加该默认文档。新添加的默认文档自动排在最上面。

当用户访问 Web 服务器时，输入域名或 IP 地址后，IIS 会自动按顺序由上至下依次查找与之相应的文件名。因此，配置 Web 服务器时，应将网站主页的默认文档移到最上面。如果需要将某个文件上移或者下移，可以先选中该文件，然后使用图 3-68 右侧"操作"栏下的"上移"和"下移"实现。

如果想删除或者禁用某个默认文档，只需要选择相应默认文档，然后单击图 3-68 右侧"操作"栏中的"删除"或"禁用"链接即可。

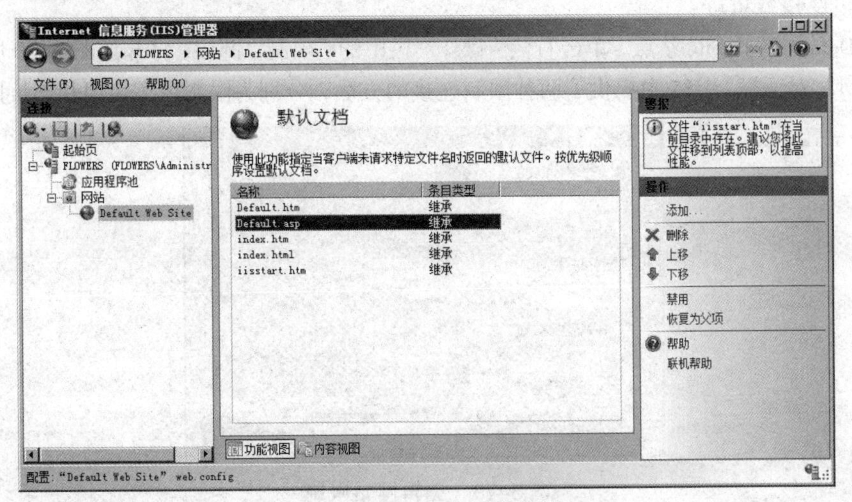

图 3-68　默认文档的编辑

提示：默认文档的“条目类型”指该文档是从本地配置文件添加的，还是从父配置文件读取的。对于用户添加的文档，“条目类型”都是本地。对于系统默认显示的文档，都是从父配置读取的。

若在主目录中找不到列表中的任一个默认的网页文件，则用户的浏览器画面上会出现图 3-69 所示的消息。

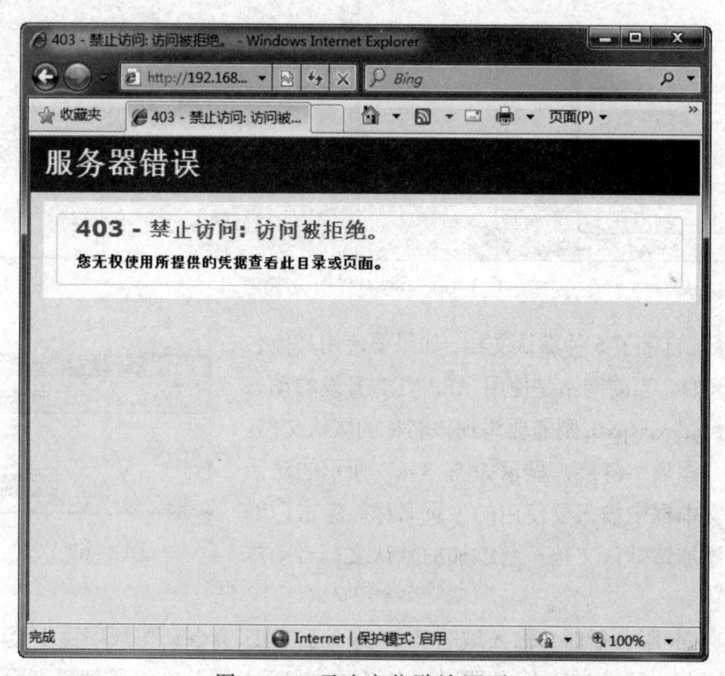

图 3-69　无法定位默认网页

4．访问限制

配置的 Web 服务器是要供用户访问的，因此，不管使用的网络带宽有多充裕，都有可能因为同时连接的计算机数量过多而使服务器死机。所以有时候需要对网站进行一定的限制，例如，限制带宽和连接数量等。

选中 Default Web Site 站点，单击右侧“操作”栏中的“限制”链接，打开如图 3-70 所示的“编辑网站限制”对话框。IIS7 中提供了两种限制连接的方法，分别为限制带宽使用和连接限制。

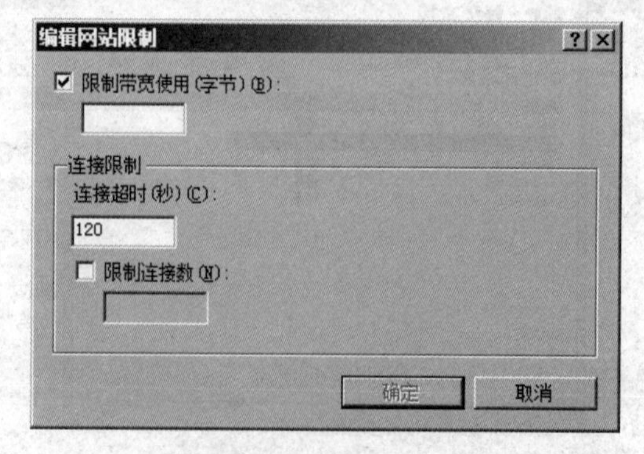

图 3-70　编辑网站限制

选择“限制带宽使用”复选框，在文本框中输入允许使用的最大带宽值。在控制 Web 服务器向用户开放的网络带宽值的同时，也可能降低服务器的响应速度。但是，当用户 Web 服务器的请求增多时，如果通信带宽超出了设定值，请求就会被延迟。

选择“限制连接数”复选框，在文本框中输入限制网站的同时连接数。如果连接数量达到指定的最大值，以后所有的连接尝试都会返回一个错误信息，连接将被断开。限制连接数可以有效防止试图用大量客户端请求造成 Web 服务器负载的恶意攻击。在“连接超时”文本框中输入超时时间，可以在用户端达到该时间时，显示为连接服务器超时等信息，默认是 120 s。

提示：IIS 连接数是虚拟主机性能的重要标准，所以，如果要申请虚拟主机（空间），首先要考虑的一个问题就是该虚拟主机（空间）的最大连接数。

5. 配置 IP 地址限制

有些 Web 网站由于其使用范围的限制，或者其私密性的限制，可能需要只向特定用户公开，而不是向所有用户公开。此时就需要拒绝所有 IP 地址访问，然后添加允许访问的 IP 地址（段），或者拒绝的 IP 地址（段）。需要注意的是，要使用“IP 地址限制”功能，必须安装 IIS 服务的“IP 和域限制”组件。

（1）设置允许访问的 IP 地址

在“服务器管理器”的“角色”窗口中，单击“Web 服务器（IIS）”区域中的“角色服务”，打开如图 3-71 所示窗口。添加“IP 和域限制”角色。如果先前安装 IIS 时已安装该角色，那么就不需要安装；如果没有安装，则选中该角色服务，安装即可。

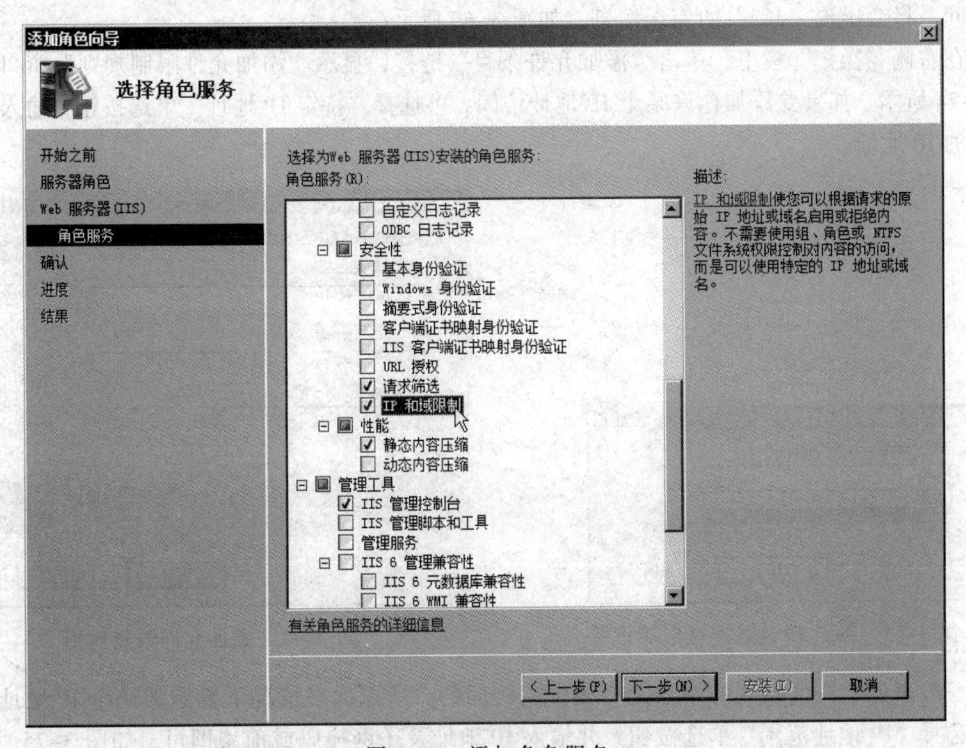

图 3-71　添加角色服务

安装完成后，重新打开 IIS 管理器，选择 Web 站点，双击“IP 地址和域限制”图标，显示如图 3-72 所示“IP 地址和域限制”窗口。

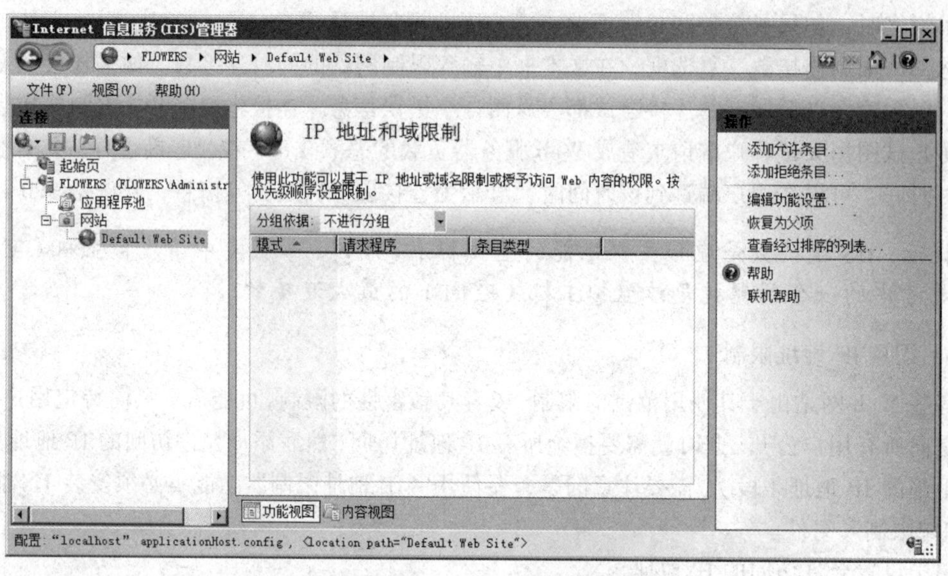

图 3-72 IP 地址和域限制

单击右侧“操作”栏中的“编辑功能设置”链接，显示如图 3-73 所示的“编辑 IP 和域限制设置”对话框。在下拉列表中选择“拒绝”选项，此时所有的 IP 地址都将无法访问站点。如果访问，将会出现“403”的错误信息，如图 3-69 所示。

在右侧“操作”栏中，单击“添加允许条目”链接，显示“添加允许限制规则”窗口，如图 3-74 所示。如果要添加允许某个 IP 地址访问，可选择“特定 IP 地址”单选按钮，输入允许访问的 IP 地址。

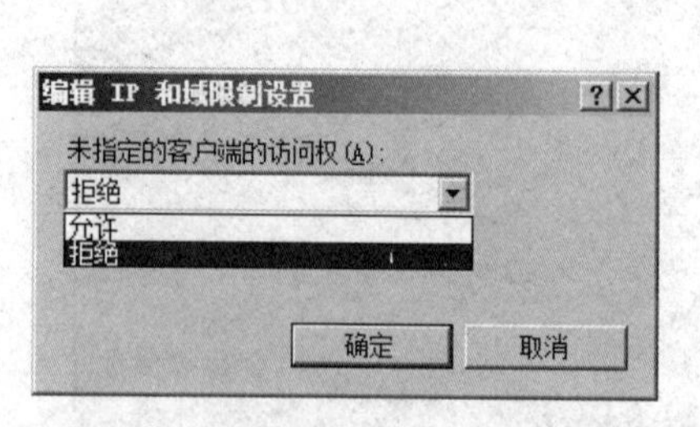

图 3-73 编辑 IP 地址和域限制设置

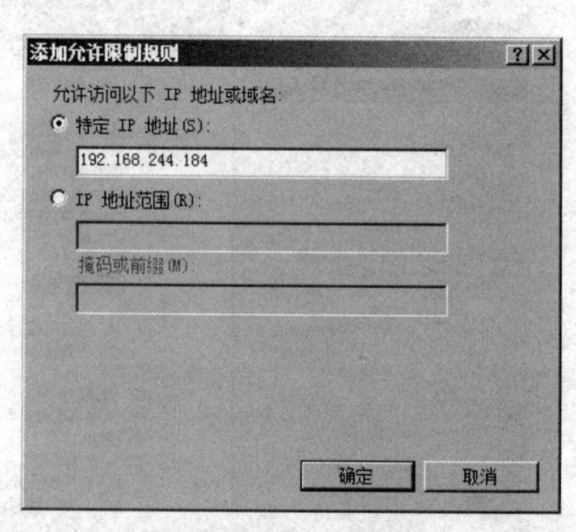

图 3-74 添加允许限制规则

一般来说，我们设置的站点是要多个人访问的，所以大多情况下要添加一个 IP 地址段，可以选择“IP 地址范围”单选按钮，并输入 IP 地址及子网掩码或前缀即可，如图 3-75 所示。需要说明的是，此处输入的是 IP 地址的网络 ID，然后输入子网掩码，当 IIS 将此子网掩码与

“IP 地址范围”框中输入的 IP 地址一起计算时，就确定了 IP 地址空间的上边界和下边界。

经过以上设置后，只有添加到允许限制规则列表中的 IP 地址才可以访问 Web 网站，使用其他 IP 地址都不能访问，从而保证了站点的安全。

（2）设置拒绝访问的计算机

“拒绝访问”和“允许访问”正好相反。“拒绝访问”将拒绝一个特定 IP 地址或者拒绝一个 IP 地址段访问 Web 站点。比如，Web 站点对于一般的 IP 都可以访问，只是针对某些 IP 地址或 IP 地址段不开放，就可以使用该功能。

首先打开“编辑 IP 和域限制设置”对话框，选择“允许”，使未指定的 IP 地址允许访问 Web 站点，参考图 3-73。

单击“添加拒绝条目”链接，显示如图 3-75 所示对话框，添加拒绝访问的 IP 地址或者 IP 地址段即可（见图 3-76）。操作步骤和原理与“添加允许条目”相同，这里不再重复。

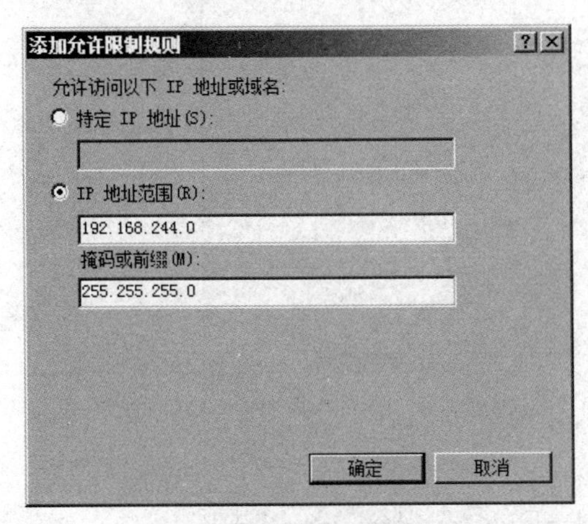

图 3-75　添加 IP 地址段

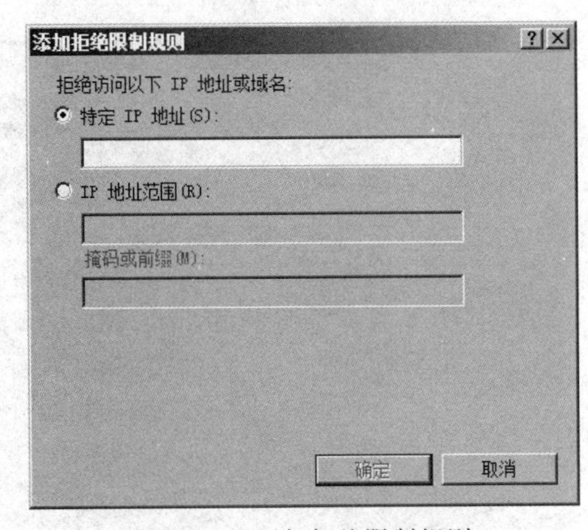

图 3-76　添加拒绝限制规则

三、FTP 站点的基本设置

FTP 网站的基本设置与 Web 服务器基本相同，安装好 FTP 服务之后，默认情况下并不会创建 FTP 的网站，而需要手动创建网站。

任务实施

一、Web 服务的安装与配置

1. 安装 IIS

① 选择“开始”→“所有程序”→“管理工具”→“服务器管理器”。打开“服务器管理器”的窗口，如图 3-77 所示。

② 在“服务器管理器”窗口左侧选择“角色”之后，在右侧单击“添加角色”链接。会弹出“添加角色向导”对话框，如图 3-78 所示，单击“下一步”按钮。

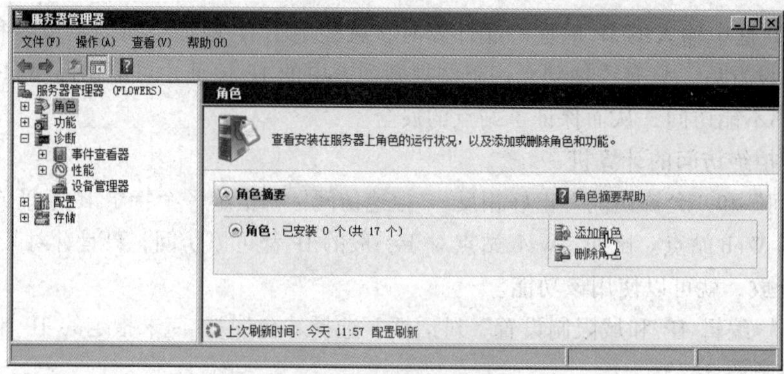

图 3-77　服务器管理器

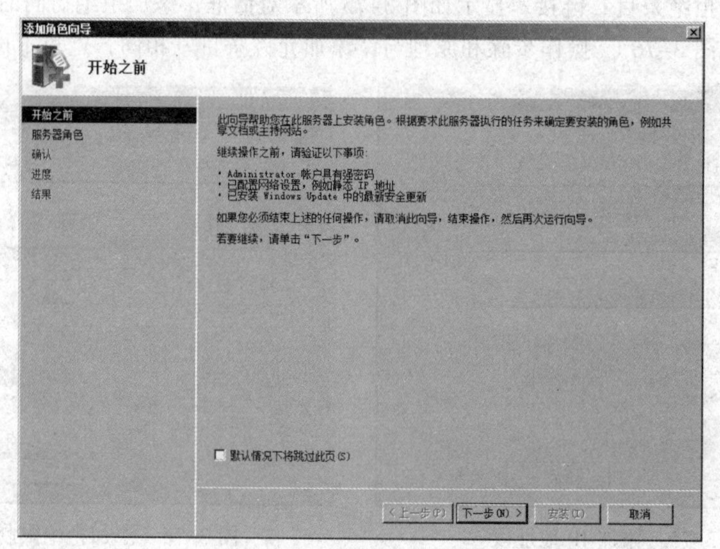

图 3-78　添加角色向导

③ 在图 3-79 中选择“Web 服务器（IIS）”复选框后单击“下一步”按钮。

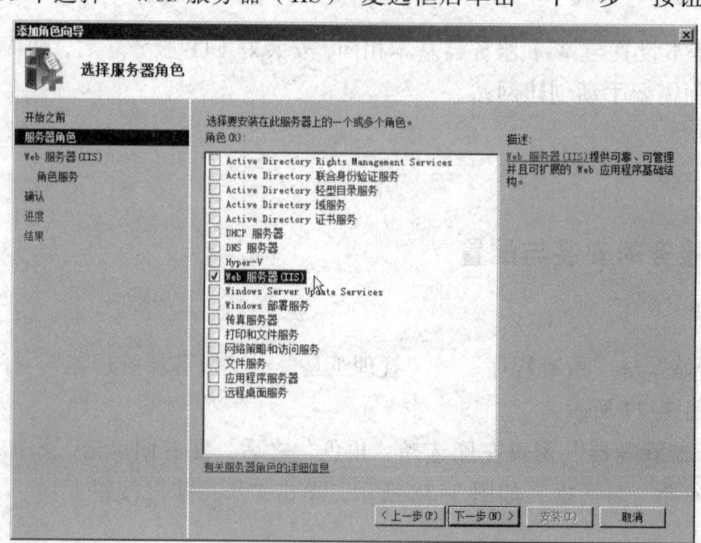

图 3-79　选择服务器角色

④ 接下来会显示 Web 服务器（IIS）简介，如图 3-80 所示，单击“下一步”按钮。

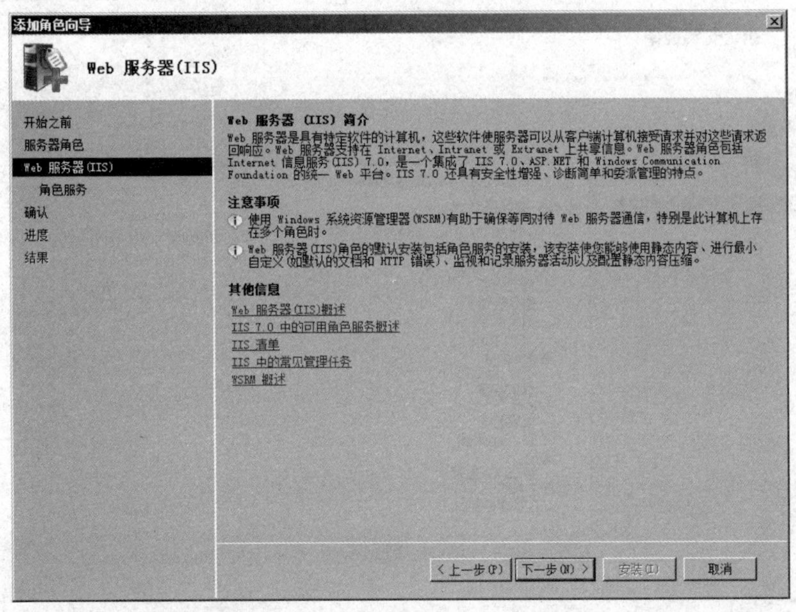

图 3-80　Web 服务器（IIS）简介

⑤ 在选择角色服务中，可以添加定制的服务内容，如图 3-81 所示。在此，直接单击“下一步”按钮。

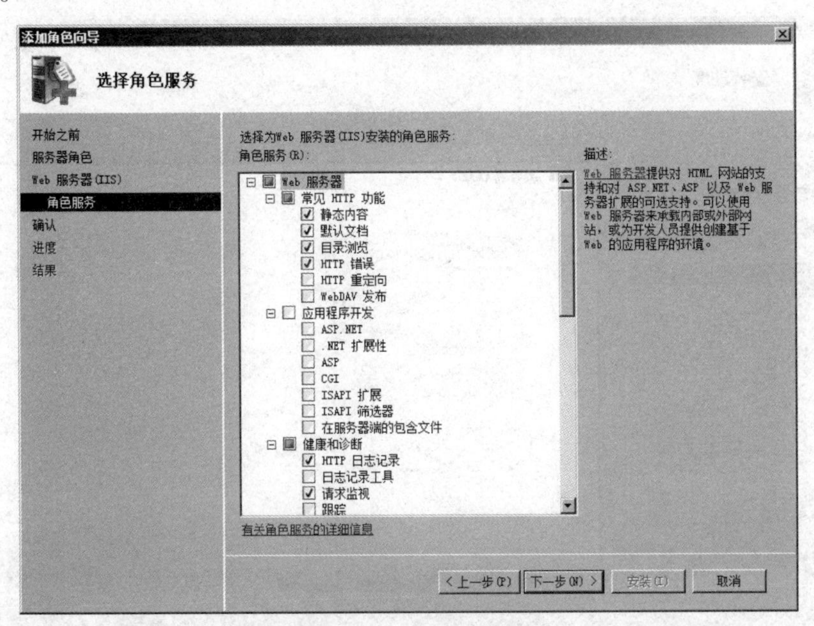

图 3-81　选择角色服务

⑥ 接下来，会显示选择的角色以及相应的角色服务的内容，如图 3-82 所示，单击“安装”按钮，Web 服务器便开始进行安装，进度如图 3-83 所示。

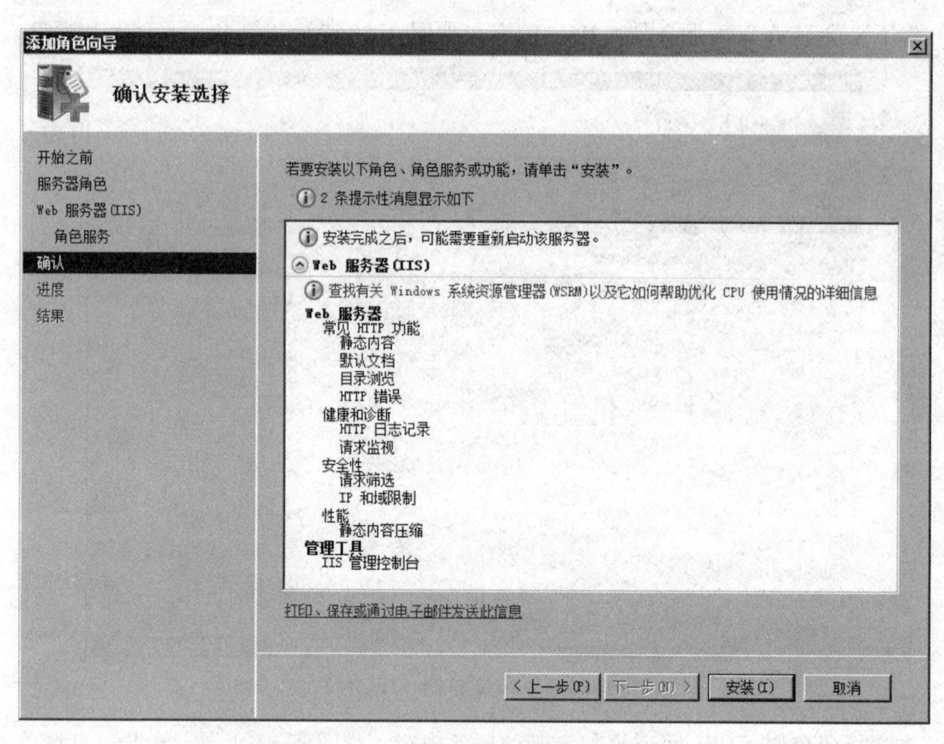

图 3-82 Web 服务确认安装选择

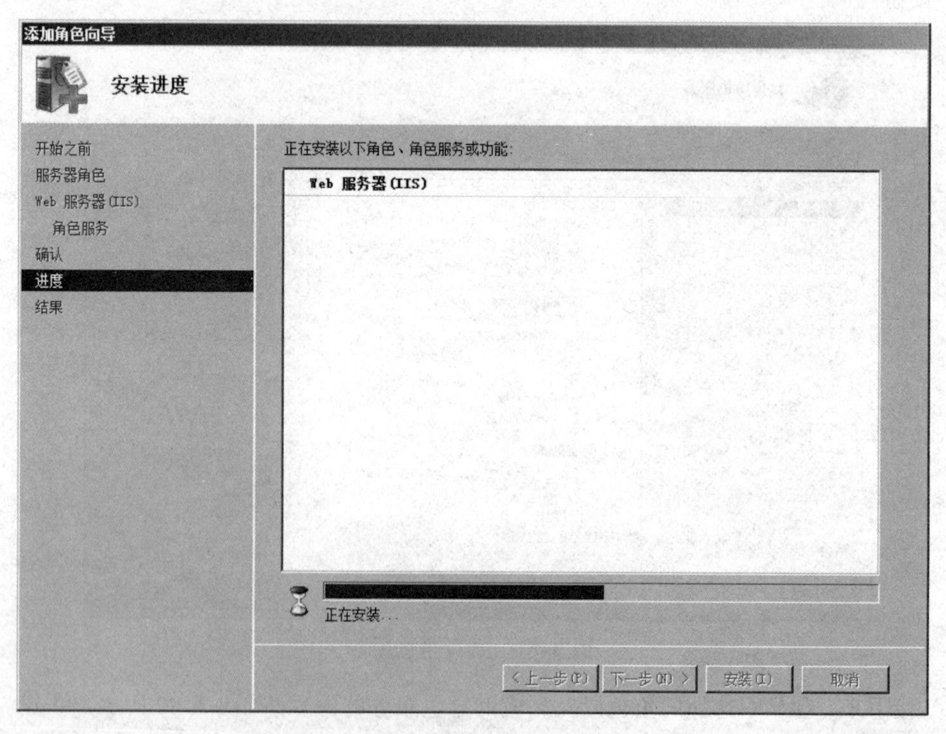

图 3-83 Web 服务安装进度

⑦ 安装完成之后，会显示如图 3-84 所示的结果。

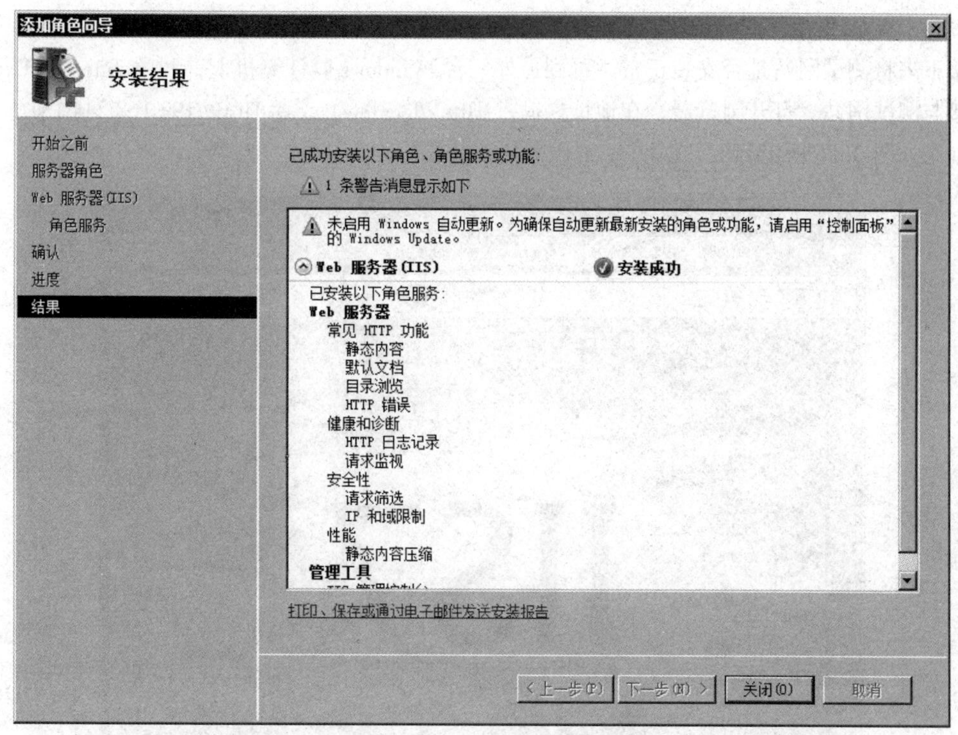

图 3-84　Web 服务安装结果

2. 测试 IIS 是否安装成功

安装完成后，可以通过“IIS 管理器”来管理网站。“IIS 管理器”的启动路径为：“开始”→“管理工具”→“Internet 信息服务（IIS）管理器”。图 3-85 所示为“IIS 管理器”的界面。

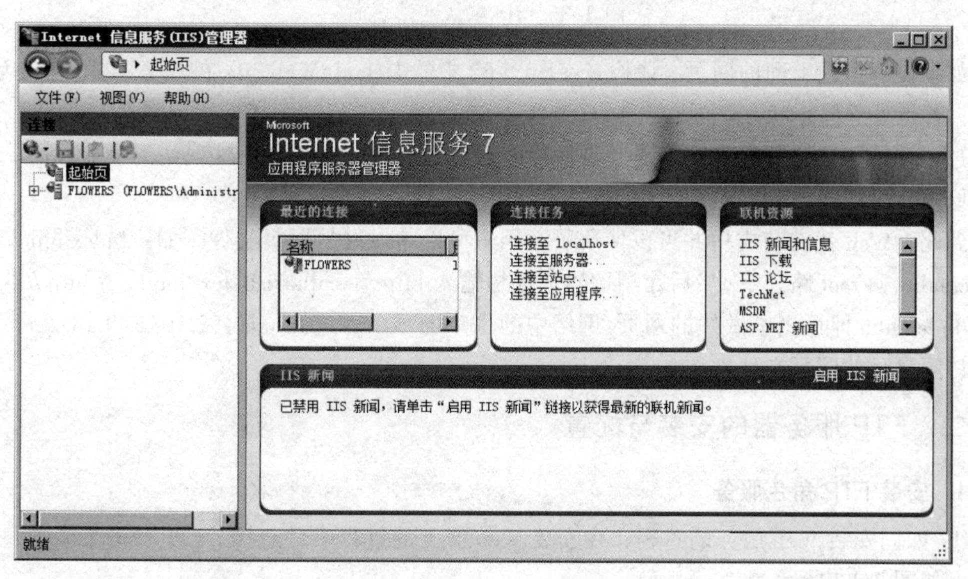

图 3-85　IIS 的主界面

依次展开窗口左侧的服务器，选择网站，就可以看到现在已有一个默认的网站 Default Web

Site。如图 3-62 所示。

接下来将测试网站是否安装正常。可到另外一台 Windows 7 计算机上，利用 Internet Explorer 来连接与测试网站。打开浏览器，在地址栏输入 Http://localhost 或者 Http://192.168.244.181/，如果出现如果如图 3-86 所示界面，说明 Web 服务器安装成功。

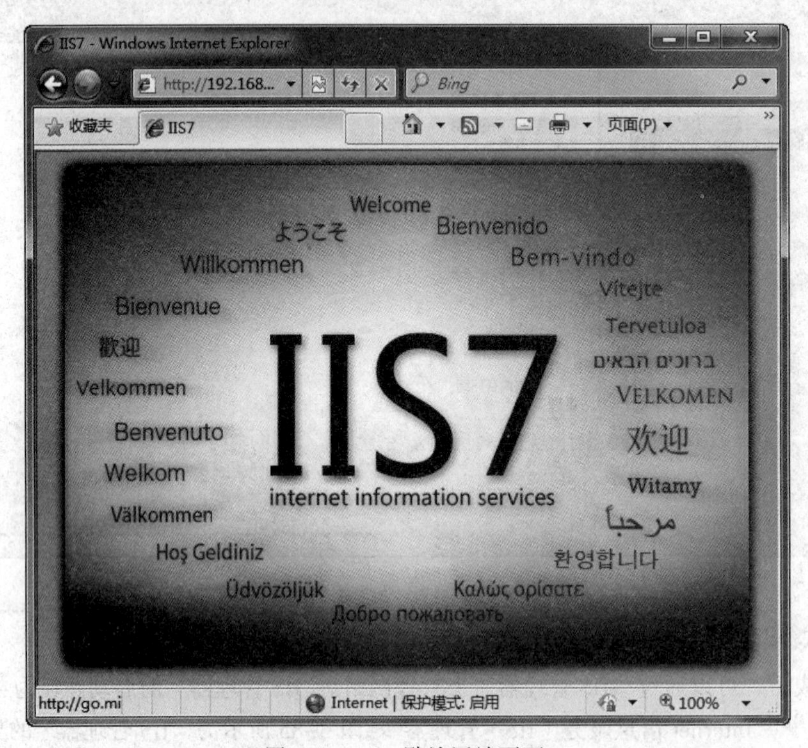

图 3-86　IIS 默认网站页面

如果没有出现上面的网页，请检查在图 3-62 中的 Default Web Site 右方是否显示有“启动”选项。若是处于停止状态。可右击 Default Web Site，选择“启动”来激活此网站。若无法激活，可通过“开始”→“管理工具”→“事件检查器”→“系统”查看无法激活的可能原因。若找不到原因，可删除 IIS 再重新安装一次。

到此，Web 就安装成功并可以使用了。用户可以将做好的网页文件（如：Index.htm）放到 C:\inetpub\wwwroot 路径下，然后在浏览器地址栏输入 http://localhost/Index.htm 或者 http://本机 ip 地址/Index.htm 即可浏览做好的网页。网络中的用户也可以通过 http:// 192.168.244.181/Index.htm 方式访问自己的网页文件。

二、FTP 服务器的安装与配置

1. 安装 FTP 角色服务

① 如同安装 Web 服务的过程，在安装 Web 服务的过程中，选择“FTP 服务器”角色服务即可，如图 3-87 所示。

如果 Web 服务已经安装，需要额外的添加 FTP 服务，则打开“服务器管理器”，在“角色”栏向下单击“添加角色服务”链接，如图 3-88 所示。也会弹出图 3-87 所示的窗口。

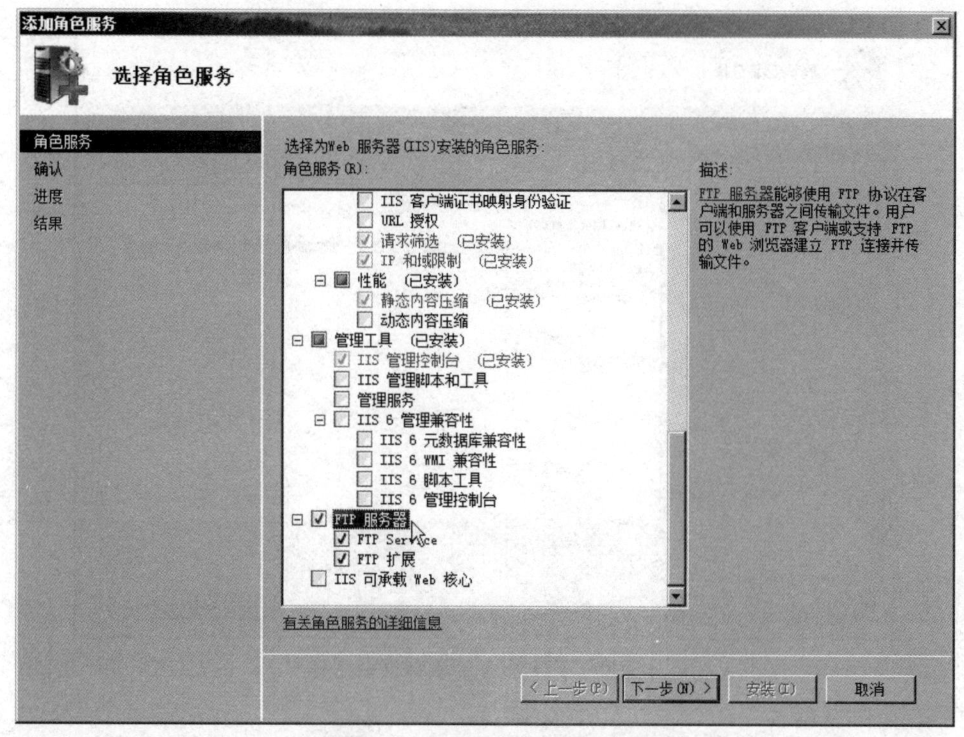

图 3-87 添加 FTP 服务器角色服务

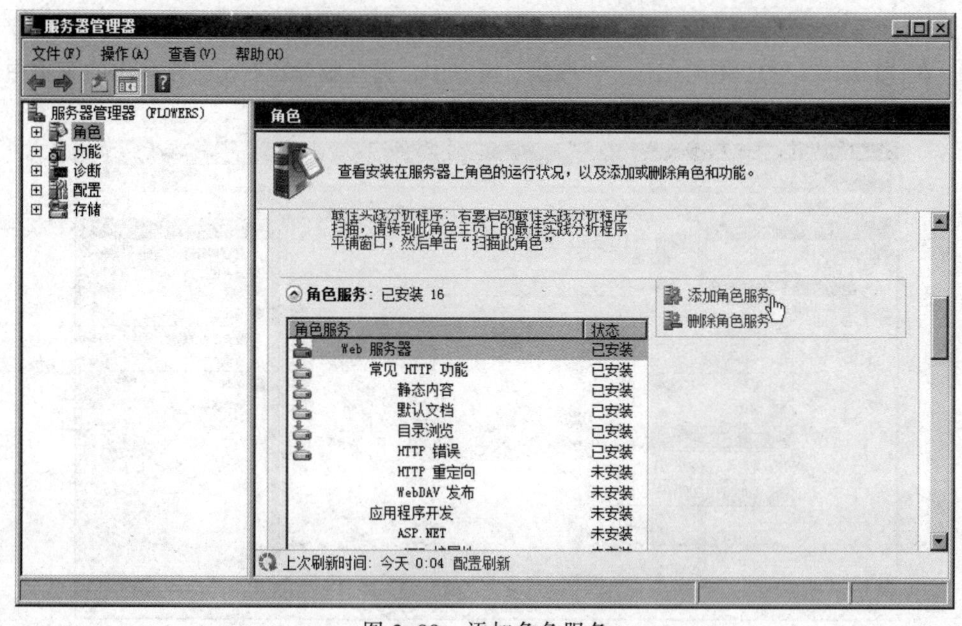

图 3-88 添加角色服务

② 在选择了“FTP 服务器”之后，会出现确认安装选择的窗口，如图 3-89 所示。此时，只需要单击“安装”按钮即可进行 FTP 服务的安装了。

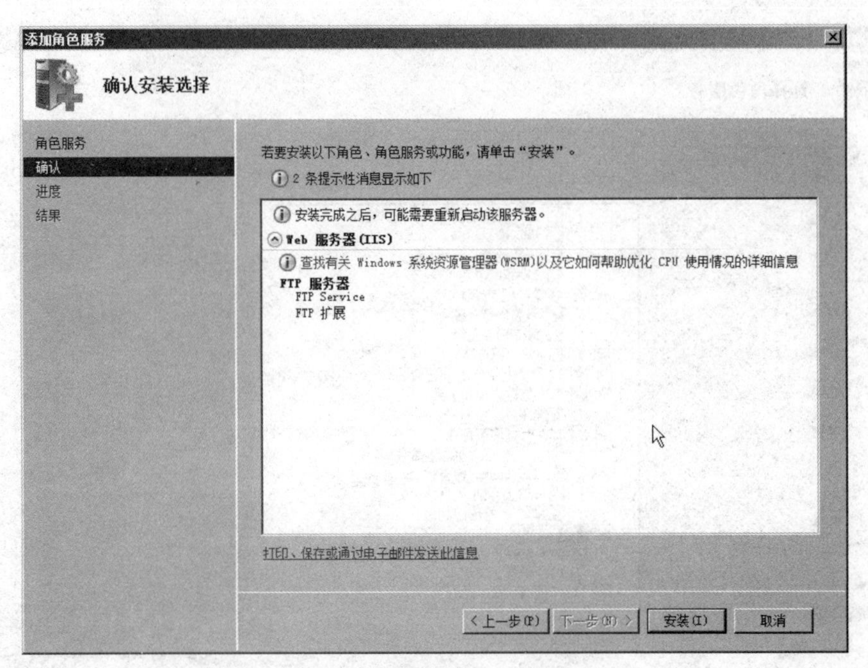

图 3-89　FTP 服务器确认安装选择

2. 添加 FTP 站点

安装完成后，“Internet 信息服务（IIS）管理器”并不会创建默认的 FTP 站点，需要手动创建。

① 在“Internet 信息服务（IIS）管理器”窗口中，选择服务器右击，在弹出的菜单中选择“添加 FTP 站点”命令，如图 3-90 所示。

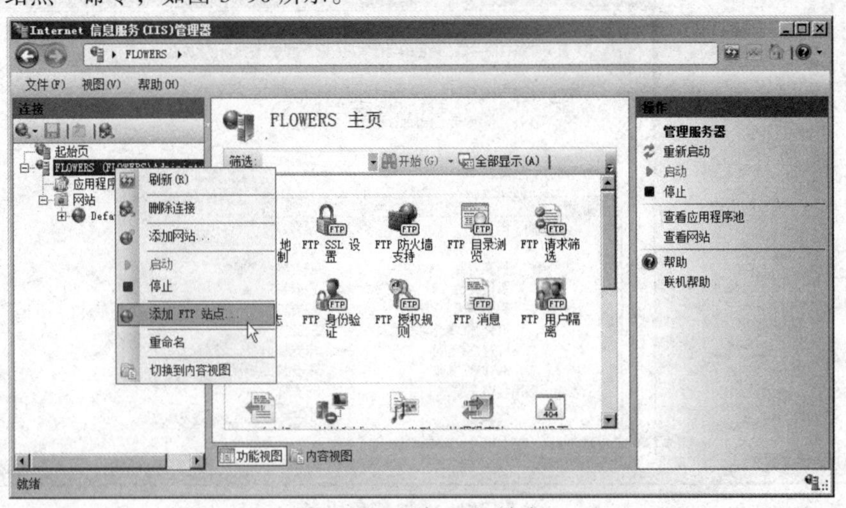

图 3-90　添加 FTP 站点

② 在添加 FTP 站点的窗口中输入“FTP 站点名称”，并且选择“内容目录”的“物理路径”，如图 3-91 所示。然后单击“下一步”按钮。

③ 在“绑定和 SSL 设置”窗口中，选择好绑定的 IP 地址，直接单击“下一步”按钮，如图 3-92 所示。

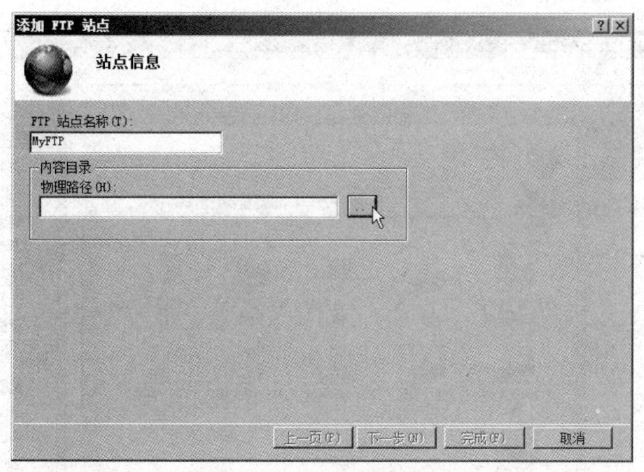

图 3-91　FTP 站点信息

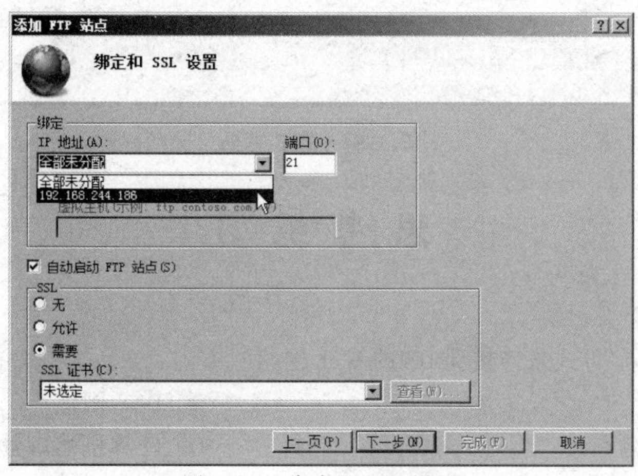

图 3-92　绑定和 SSL 设置

④ 在接下来的身份验证和授权信息窗口中，直接选择完成，如图 3-93 所示。则 FTP 站点就设置完毕，如图 3-94 所示。

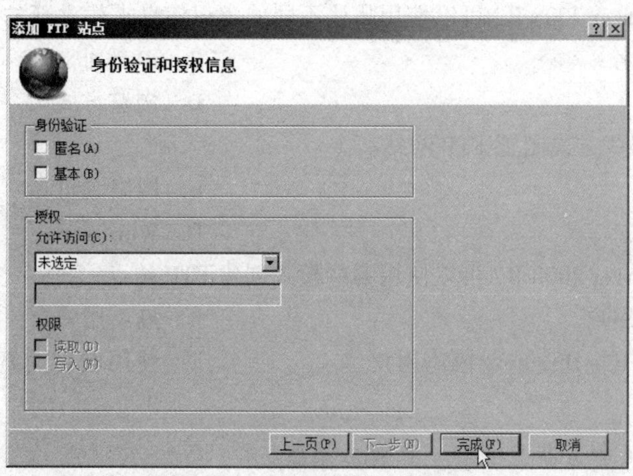

图 3-93　身份验证和授权信息

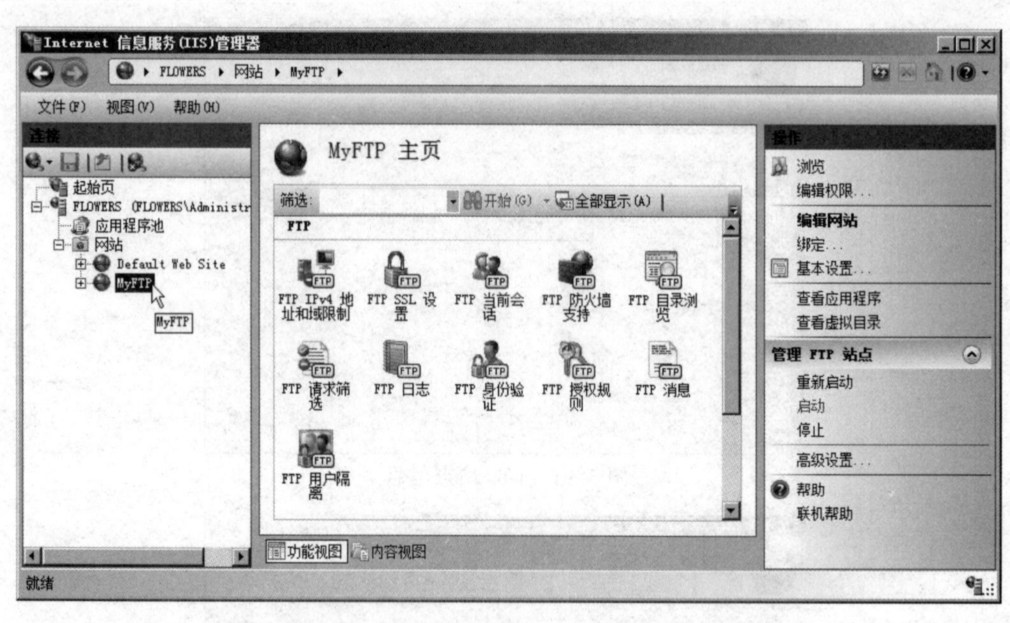

图 3-94 FTP 主页

思 考 练 习

一、选择题

（1）可以使用哪些方式来连接到 IIS 的 Web 网站？（ ）

A. IP 地址　　B. DNS 网址

C. 计算机名称　　D. 计算机端口号

（2）下面哪些资源类型可以作为 Web 服务器的主目录？（ ）

A. 此计算机上的目录　　B. 另一台计算机上的共享目录

C. 重定向到 URL 的资源　　D. 另一台计算机上的目录

（3）Windows Server 2008 R2 可以使用哪些不同的辨识信息来建立新的网站？（ ）

A. 主机头名　　B. IP 地址

C. 端口号　　D. 浏览方式

（4）可以使用哪些方式浏览 FTP 网站？（ ）

A. ftp.exe　　B. 网络浏览器

C. MMC.exe　　D. Word.exe

（5）Windows Server 2008 R2 可以使用哪些模式创建 FTP 站点？（ ）

A. 不隔离用户　　B. 隔离用户

C. 用户 Active Directory 隔离用户　　D. 使用域名隔离用户

二、操作题

（1）请在 Server4 服务器上创建一个 Web 站点。

（2）请在 Server4 服务器上创建一个 FTP 站点。

扩展知识　DNS 概述

当 DNS 客户端向 DNS 服务器查找某台主机的 IP 地址时，DNS 服务器会从其数据库内寻找所需要的 IP 地址给 DNS 客户端。在 DNS 系统内，提出查找请求的 DNS 客户端称为查询者，而提供信息的 DNS 服务器称为名称服务器。

一、DNS 概述

1. DNS 域名空间

整个 DNS 的结构是一个如图 3-95 所示的分层式树状结构，这个树状结构称为“DNS 域名空间”。

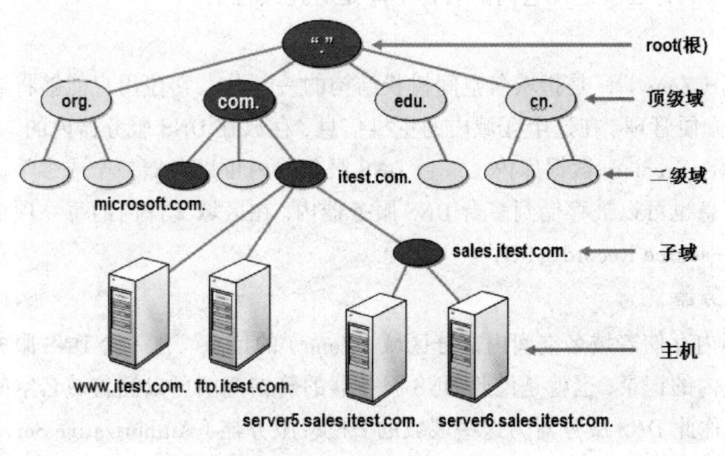

图 3-95　DNS 域名空间

图中位于树状结构最上层的是 DNS 域名空间的根（root），一般是用句点（.）来代表 root。root 内有多台 DNS 服务器。目前 root 是由多个机构在管理，例如 InterNIC（Internet Network Information Center）组织与 Network Solutions 公司。

root 之下为“顶级域（Top-Level Domain）”，每一个“顶级域”内都有数台 DNS 服务器。“顶级域”用来将组织分类，常见的顶级域名称如表 3-6 所示。

表 3-6　顶级域名称说明

域　名	说　明
biz	适用于商业机构
com	适用于商业机构
edu	适用于教育、学术研究单位
gov	适用于官方、政府单位
net	适用于网络服务机构
info	适用于所有用途
mil	适用于国防军事单位

续表

域　　名	说　　明
org	适用于财团、法人等非盈利性机构
地区与国家码	例如：cn 表示中国

“顶级域”之下为“二级域（Second-Level Domain）”，它是供公司和组织来申请、注册使用的，例如 microsoft.com 是由 Microsoft 所注册的。如果某公司的网络要连接到因特网，则域名必须经过申请核准才可使用。

公司、组织等可以在其“二级域”之下，再细分多层的子域（Subdomain）。例如 xyz.com 之下为业务部 sales 建立一个子域，其域名为 sales.xyz.com。此子域的域名的最后必须附加其父域的域名（xyz.com），也就是说它们的名称空间是有连续性的。

2. 区域

所谓“区域（Zone）”，是指域名空间树状结构的一部分，它让用户能够将域名空间分割为较小的区段。以方便管理。在这个区域内的主机信息，存放在 DNS 服务器内的“区域文件（Zone file）”或是 Active Directory 数据库内。一台 DNS 服务器内可以存储一个或多个区域的信息，同时一个区域的信息也可以被存储到多台 DNS 服务器内。在区域文件内的每一项信息被称为是一项“资源记录(Resource Record，RR)”。

3. DNS 服务器

DNS 服务器内存储着域名空间内部分区域（Zone）的信息。在一台 DNS 服务器内可以存储一个或多个区域内的记录，也就是说此 DNS 服务器的管辖范围可以涵盖域名空间内的一个或多个区域。此时就称此 DNS 服务器为这些区域的“授权服务器（Authorizative Server）”。授权服务器负责将 DNS 客户端所要查找的记录提供给 DNS 客户端。

① 主服务器（Primary Server）：当在一台 DNS 服务器上建立一个区域后，这个区域内的所有记录都建立在这台 DNS 服务器内，而且可以新建、删除、修改这个区域内的记录，此时这台 DNS 服务器就称为该区域的主服务器。也就是说，此 DNS 服务器内所存储的是该区域的正本信息（Master Copy）。

② 辅助服务器（Secondary Server）：当在一台 DNS 服务器内建立一个区域，而且这个区域内的所有记录都是从另外一台 DNS 服务器复制过来的，也就是说这个区域内的记录只是一个副本（Replica），这些记录是无法修改的（Read-only），此时我们称这台 DNS 服务器为该区域的辅助服务器。

4. 查找的模式

当 DNS 客户端向 DNS 服务器查找 IP 地址时，或 DNS 服务器（此时这台 DNS 服务器扮演着 DNS 客户端的角色）在向另一台 DNS 服务器查找 IP 地址时，有两种查找模式：

① 递归查询（Recursive Query）：也就是 DNS 客户端送出查找请求后，若 DNS 服务器内没有所需的记录，则 DNS 服务器会代替客户端向其他 DNS 服务器进行查找。一般由 DNS 客户端所提出的查找请求属于递归查询。

② 迭代查询（Iterative Query）：一般 DNS 服务器与 DNS 服务器之间的查找是属于这种查找方式。当第一台 DNS 服务器向第二台 DNS 服务器提出查找请求后，若第二台 DNS 服务器内没有所需要的记录，则它会提供第三台 DNS 服务器的 IP 地址给第一台 DNS 服务器，让第一台 DNS 服务器自行向第三台 DNS 服务器进行查找，如图 3-96 所示。

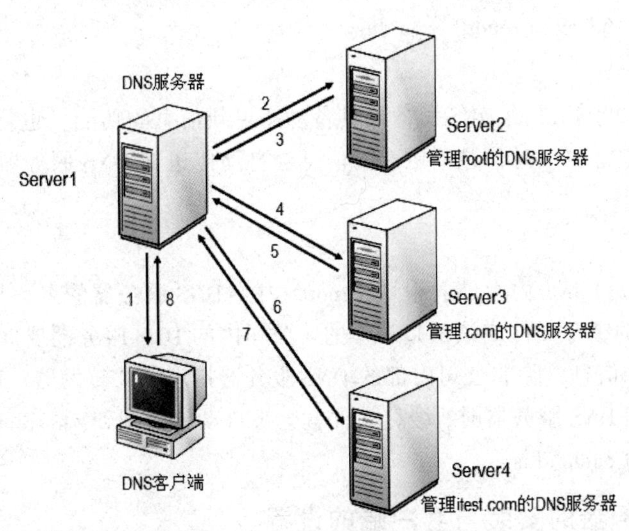

图 3-96　DNS 的查询方式

下面以图 3-96 所示的 DNS 客户端向 DNS 服务器 Server1 查找 www.itest.com 的 IP 地址为例来说明其流程（参考图中的数字如下）。

1. DNS 客户端向指定的 DNS 服务器 Server1 查找 www.itest.com 的 IP 地址（这属于递归查询）。

2. 若 Server1 内没有所要查找的记录，则 Server1 会将此查找请求转发到 root 的 DNS 服务器 Server2（这属于迭代查询）。

3. Server2 从要查找的主机名称（www.itest.com）得知此主机位于顶级域.com 之下，故它会将负责管辖 com 的 DNS 服务器（Server3）的 IP 地址传送给 Server1。

4. Server1 得到 Server3 的 IP 地址后，它会直接向 Server3 查找 www.itest.com 的 IP 地址（这属于迭代查询）。

5. Server3 从要查找的主机名称（www.itest.com）得知此主机位于 itest.com 域之内，故它会将负责管辖 itest.com DNS 服务器（Server4）的 IP 地址传送给 Server1。

6. Server1 得到 Server4 的 IP 地址后，它会向 Server4 查找 www.itest.com 的 IP 地址（这属于迭代查询）。

7. 管辖 itest.com 的 DNS 服务器（Server4）将 www.itest.com 的 IP 地址传送给 Server1。

8. Server1 再将 www.itest.com 的 IP 地址传送给 DNS 客户端。

客户端得到 www.itest.com 的 IP 地址后，就可以与 www.itest.com 通信了。

5. 反向查找

反向查找（Reverse Lookup）可以让 DNS 客户端利用 IP 地址来查找主机名称，例如 DNS 客户端可以查找 IP 地址为 192.168.217.150 的主机名称。不过用户必须在 DNS 服务器内建立一个反向查找区域，其名称的最后为 in-addr.arpa。例如，如果要针对网络 ID 为 192.168.217.0 的网络提供反向查找功能，则这个反向查找区域的区域名称必须是 217.168.192.in-addr.arpa，其网络 ID 部分必须反向书写。

在建立反向查找区域时，系统就会自动建立一个反向查找区域文件，默认的文件名是区域名称.dns，例如 217.168.192.in-addr.arpa.dns。

6．动态更新

Windows Server 2008 R2 的 DNS 服务器具备动态更新信息的功能。也就是说，当 DNS 客户端的主机名称、IP 地址更改时，这些更改的信息会自动传送到 DNS 服务器，以便更新 DNS 服务器的数据库。

7．缓存文件

缓存文件（Cache File）内存储着根域（root）内的 DNS 服务器的名称与 IP 地址对应信息，每台 DNS 服务器内的缓存文件应该都是一样的。公司内的 DNS 服务器要向外界 DNS 服务器查找时，需要用到这些信息，除非公司内部的 DNS 服务器指定了“转发器（Forwarder）”。

当安装 Microsoft DNS 服务器时，缓存文件就会被自动地复制到%systemroot%\system32\DNS 文件夹内，文件名为 cache.dns。

二、DNS 服务器的安装与客户端的设置

在 Windows Server 2008 R2 计算机上安装 DNS 服务器之前，建议此计算机的 IP 地址最好是静态的，也就是 IP 地址、子网掩码、默认网关等信息都是手工输入的。

而 DNS 客户端必须指定 DNS 服务器的 IP 地址，以便对这台 DNS 服务器提出名称解析的请求。

1．DNS 服务器的安装

请在 Windows Server 2008 R2 计算机上执行以下操作：

① 选择“开始”→“所有程序”→“管理工具”→“服务器管理器”命令。打开“服务器管理器”的窗口，如图 3-97 所示。

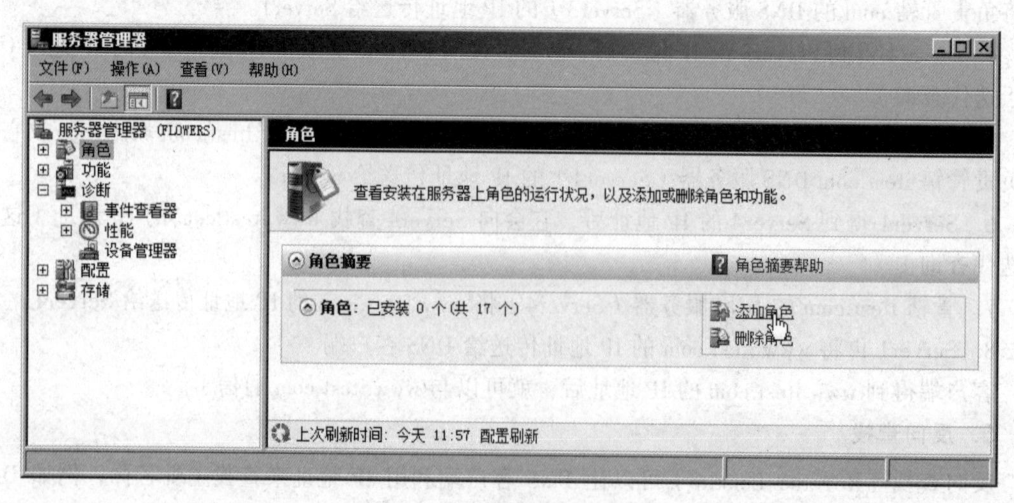

图 3-97　服务器管理器

② 在“服务器管理器”窗口左侧选择“角色”之后，在右侧单击“添加角色”链接。会弹出“添加角色向导”对话框，如图 3-98 所示，单击“下一步”按钮。

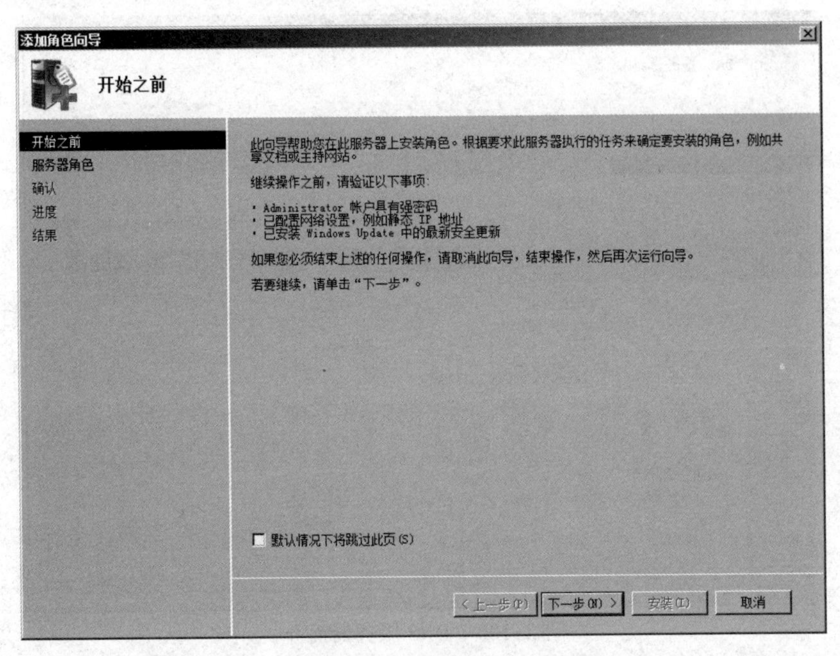

图 3-98　添加角色向导

③ 在“选择服务器角色”窗口右侧选择“DNS 服务器”，如图 3-99 所示，单击“下一步”按钮。

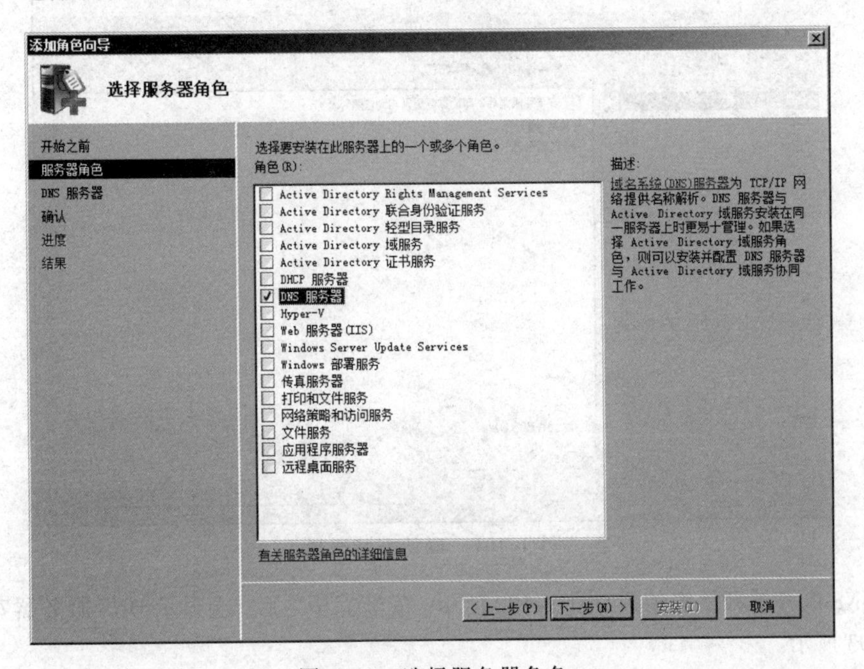

图 3-99　选择服务器角色

④ 在“DNS 服务器”窗口中显示 DNS 服务器简介，如图 3-100 所示，然后直接单击“下一步”按钮。然后会打开“确认安装选择”窗口，单击“安装”按钮，如图 3-101 所示。

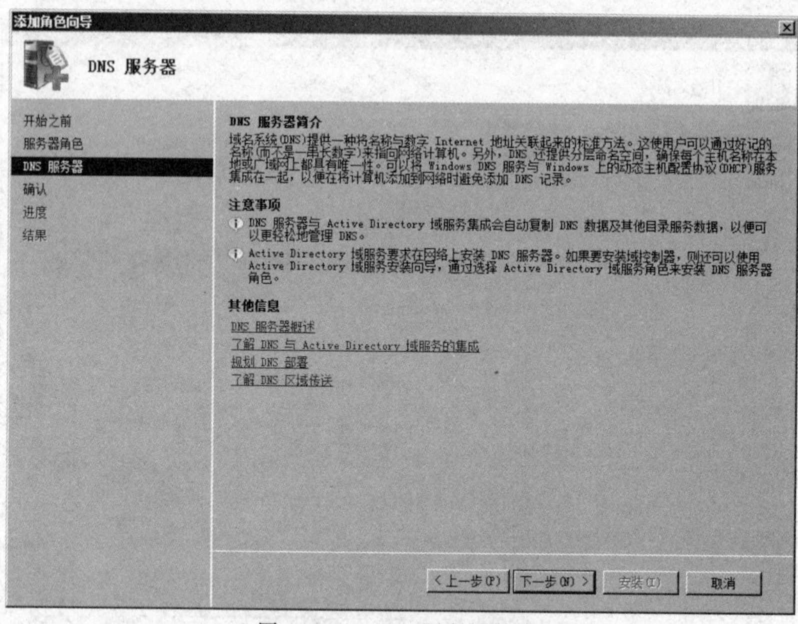

图 3-100　DNS 服务器简介

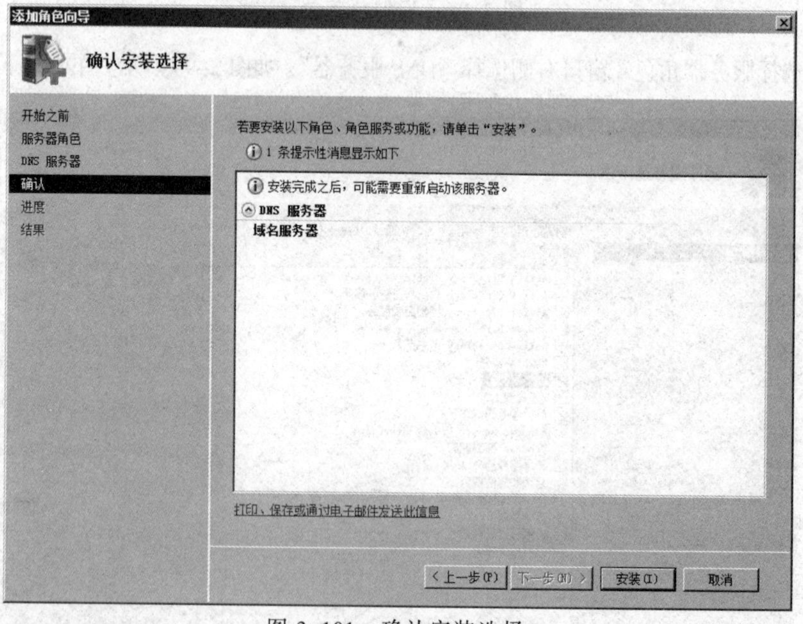

图 3-101　确认安装选择

⑤ DNS 服务器开始安装，如图 3-102 所示。安装完毕之后，会显示 DNS 服务器安装成功，如图 3-103 所示。

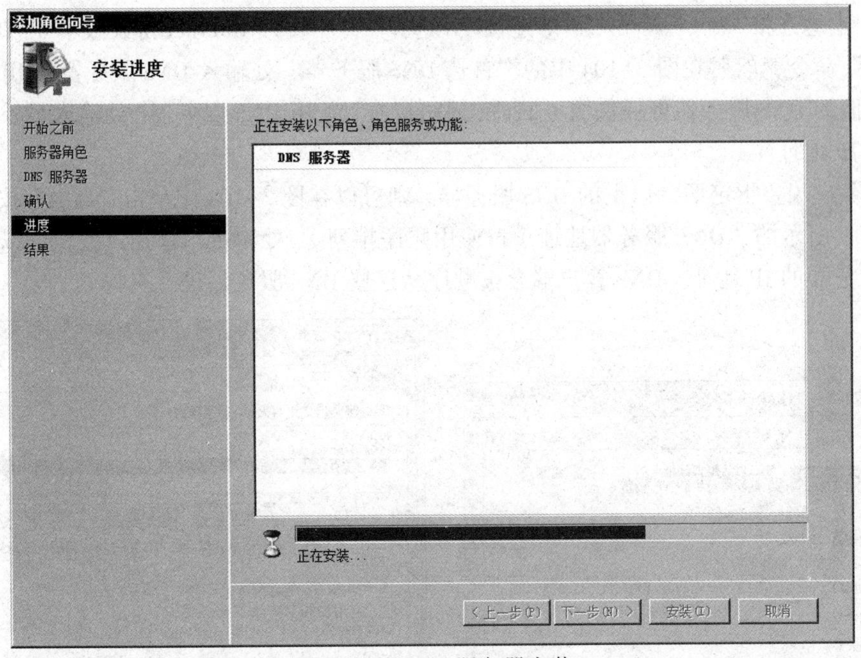

图 3-102　DNS 服务器安装

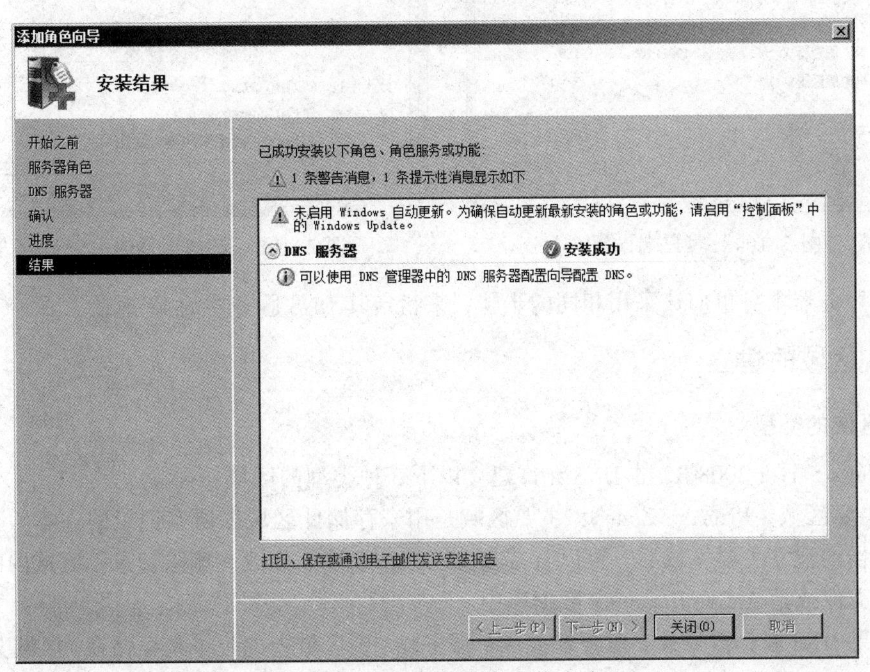

图 3-103　DNS 服务器安装成功

完成安装后，可以通过选择“开始”→“管理工具”→DNS 命令连接与管理 DNS 服务器。

如有需要，可以通过右击“DNS 服务器”并选择“所有任务”的方法来启动、停止或重新启动 DNS 服务器。

2. DNS 客户端的设置

设置客户端计算机，选择“开始”→“控制面板”→“网络和共享中心”→“更改适配器设置”→“本地连接”命令，右击“本地连接”并选择“属性”→“Internet 协议版本 4（TCP/IPv4）”→“属性”命令，然后在图 3-104 中的“首选 DNS 服务器”处输入 DNS 服务器的 IP 地址。如果还有其他的 DNS 服务器可提供服务的话，还可以在“备用 DNS 服务器”处输入另外一台 DNS 服务器的 IP 地址。

如果客户端要指定两台以上的 DNS 服务器，则可以在图 3-104 中单击“高级”按钮，然后在图 3-105 所示的“DNS 服务器地址（按使用顺序排列）”处单击“添加”按钮，以便输入多台 DNS 服务器的 IP 地址。DNS 客户端会按顺序从这些 DNS 服务器进行查找。

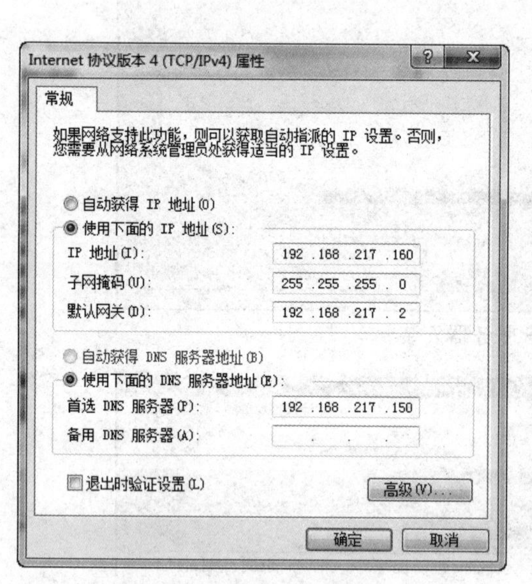

图 3-104　客户端设置

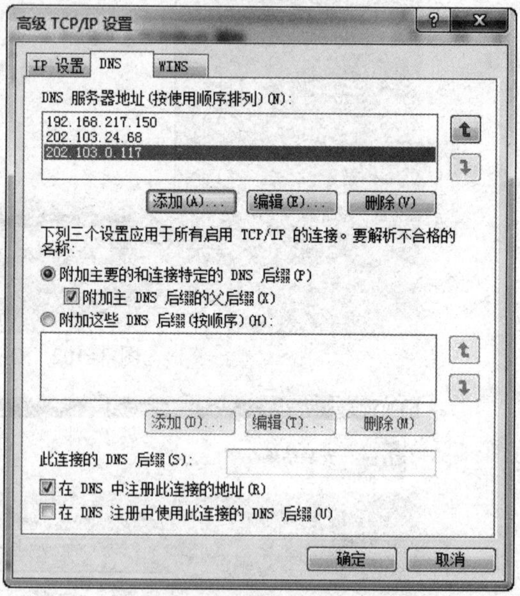

图 3-105　添加额外的 DNS 服务器

DNS 服务器本身也应该采用相同的步骤，来指定其 DNS 服务器的 IP 地址。

三、区域的建立

1. 区域的类型

Windows Server 2008 R2 的 DNS 允许建立以下 3 种类型的区域：

① 主要区域（Primary Zone）：主要区域是用来存储此区域内所有记录的正本。当用户在 DNS 服务器内建立主要区域后，可以直接在此区域内新建、修改、删除记录。区域内的记录可以存储在文件或是 Active Directory 数据库中。

- 如果 DNS 服务器是独立服务器或成员服务器，则区域内的记录是存储在“区域文件”内。文件名默认是“区域名称.dns”。区域文件是被建立在%systemroot%\system32\DNS 文件夹内。它是符合标准 DNS 规格的一般文本文件。
- 如果 DNS 服务器是域控制器，则可以将记录存储在“区域文件”或 Active Directory 数据库内。若您将其存储到 Active Directory 数据库内，则此区域被称为“Active Directory 整合区域（Active Directory Integrated Zone）”，此区域内的记录会随着 Active Directory 数据库的复制自动被复制到其他的域控制器。

② 辅助区域（Secondary Zone）：辅助区域内的每一项记录都存储在“区域文件”中，不过它存储的是此区域内所有记录的副本。这份副本信息是利用“区域复制”的方式从其“Master 服务器”复制过来的。辅助区域内的记录是只读的、不可修改的。

③ 存根区域（Stub Zone）：存根区域内存储着一个区域的副本信息，不过它与辅助区域不同，存根区域内只包含少数记录（例如 SOA、NS）。利用这些记录可以找到此区域的授权服务器。

2. 建立主要区域

DNS 客户端所提出的 DNS 查找请求，大部分是属于正向的查找（Forward Lookup）。也就是从主机名称来查找 IP 地址。以下步骤将说明如何来新建一个提供正向查找服务的主要区域。

① 选择“开始”→“管理工具”→DNS 命令，然后选取“DNS 服务器”，并右击“正向查找区域”，从快捷菜单中选择“新建区域”命令，如图 3-106 所示。

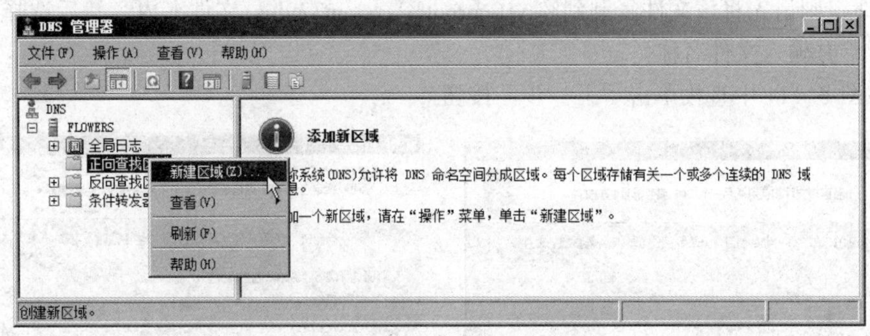

图 3-106 新建主要区域

② 出现“欢迎使用新建区域向导”画面时，单击“下一步”按钮，如图 3-107 所示。

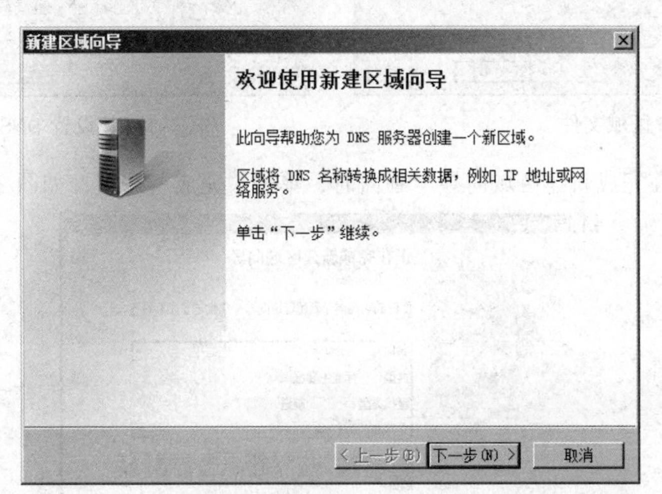

图 3-107 欢迎使用新建区域向导

③ 在图 3-108 中选择“主要区域”单选按钮，然后在图 3-109 中设置“区域名称”。

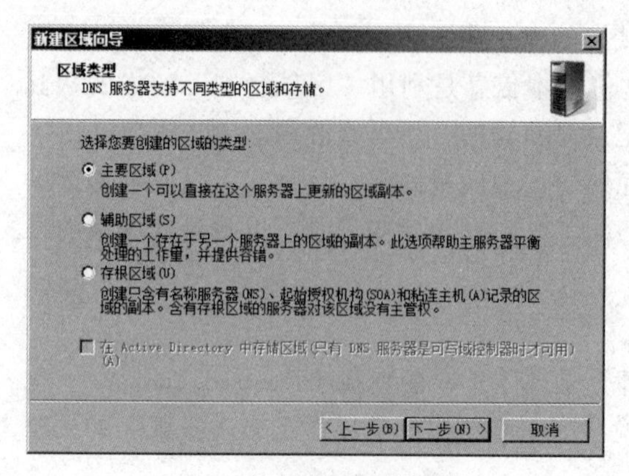

图 3-108　选择区域类型

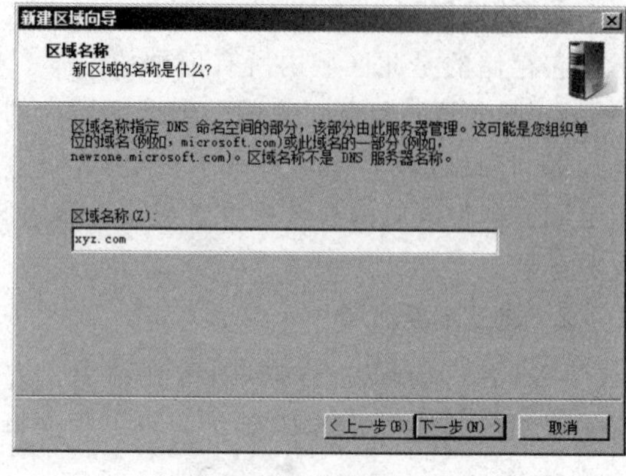

图 3-109　区域名称

④ 直接单击图 3-110 中的“下一步”按钮，使用默认的区域文件名称。如果要使用现有的区域文件，则请先将该文件复制到%systemroot%\system32\dns 文件夹内，然后选择“使用此现存文件”，并输入文件名称。

⑤ 在图 3-111 中直接单击“下一步”按钮。

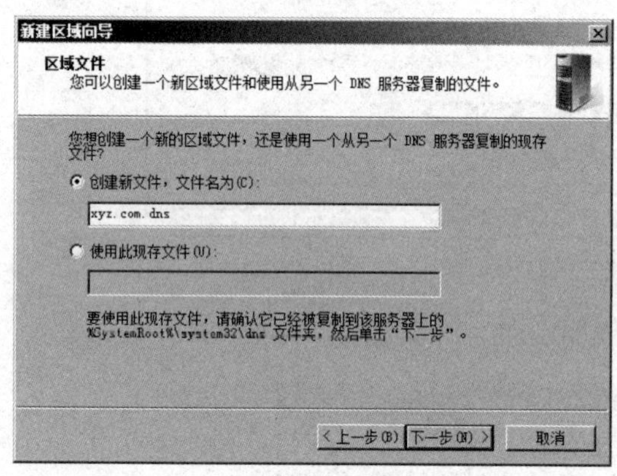

图 3-110　设置 DNS 区域文件

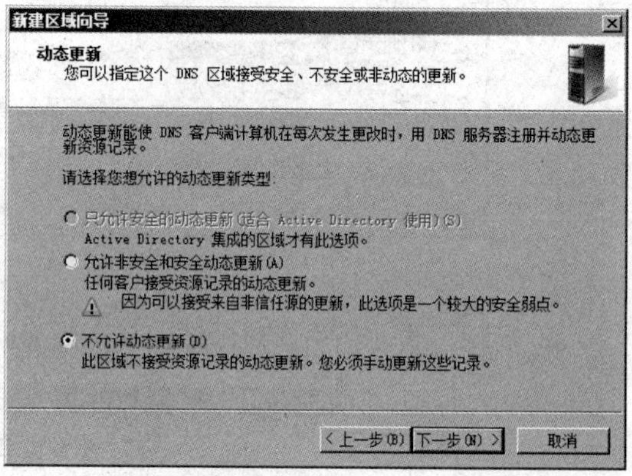

图 3-111　设置 DNS 动态更新

⑥ 出现“正在完成新建区域向导”画面时，单击“完成”按钮，如图 3-112 所示。

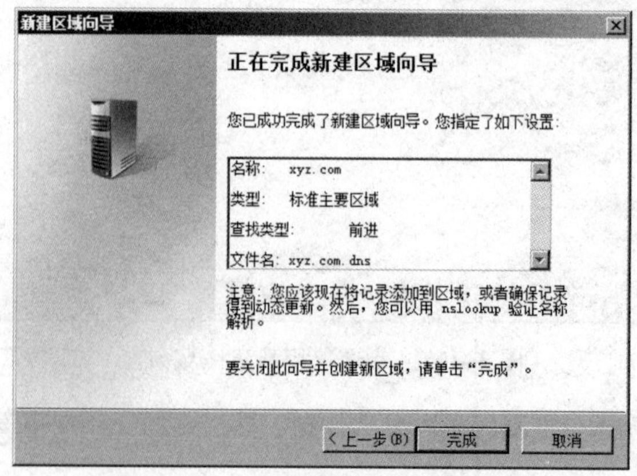

图 3-112　正在完成新建区域向导

⑦ 图 3-113 为完成后的画面，图中的 xyz.com 就是刚才所建立的区域。

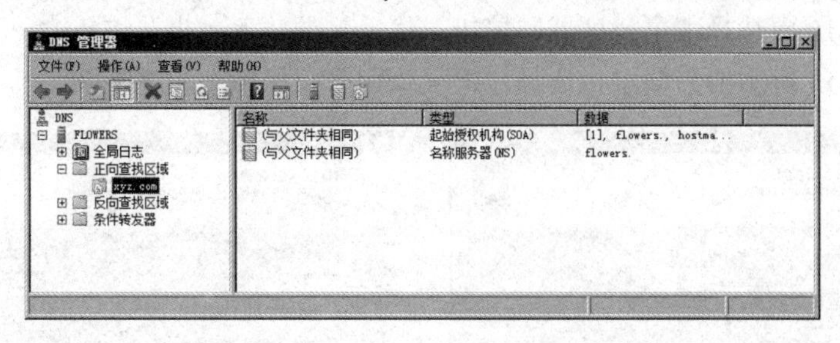

图 3-113　新建完毕的 DNS 区域

3. 在主要区域内新建资源记录

DNS 服务器支持相当多的不同类型的资源记录，在此仅介绍主机记录（A）的创建。

将主机名称与 IP 地址（也就是资源记录类型为 A 的记录）新建到 DNS 服务器内的区域后，就可以让 DNS 服务器提供这台主机的 IP 地址给客户端。在图 3-113 中右击区域，并选择“新建主机（A 或 AAAA）”命令，然后输入该主机的主机名称（例如 www）与 IP 地址，最后单击“添加主机”按钮，如图 3-114 所示。

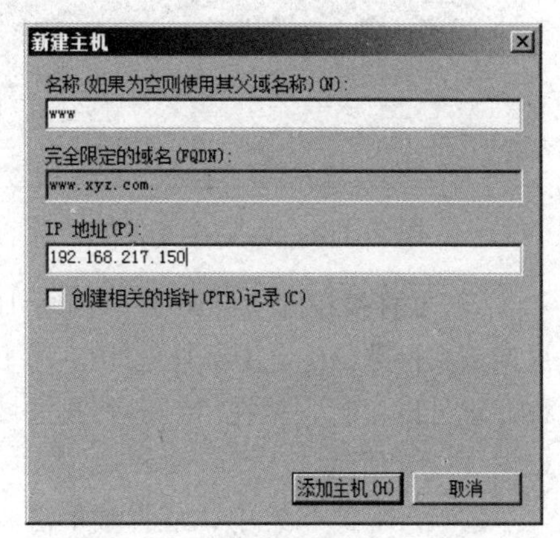

图 3-114　新建主机（A）记录

可以对 DNS 客户端使用 ping www.xyz.com 命令，来验证是否可以正常地通过 DNS 服务器解析到 www.xyz.com。

4. 建立反向区域

反向区域可以让 DNS 客户端利用 IP 地址来查找其主机名称，例如 DNS 客户端可以查找拥有 192.168.217.150 这个 IP 地址的主机名称。虽然并不一定需要建立反向区域，但是在某些场合可能会用到。

反向区域的区域名称的前半段必须是其网络 ID 的反向书写，后半段必须为 in-addr.arpa。例如针对网络 ID 为 192.168.217.0 的 IP 地址来提供反向查找功能，则此反向区域的名称必须是 217.168.192.in-addr.arpa。

以下步骤将说明如何新建一个提供反向查找服务的主要区域。假设此区域所支持的网络 ID 为 192.168.217.0。

① 按图 3-115 中所示右击“反向查找区域”，选择“新建区域”命令。

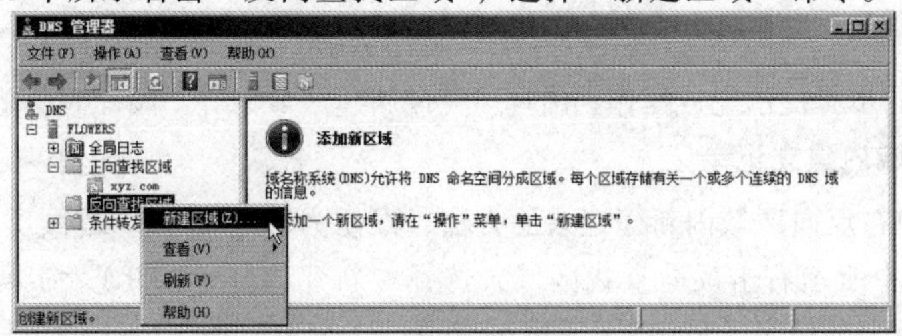

图 3-115　新建反向查询区域

② 出现“欢迎使用新建区域向导”界面时，单击“下一步”按钮。

③ 在图 3-116 中选择“主要区域”按钮，然后单击“下一步”按钮。

④ 在图 3-117 所示的界面中，选择“IPv4 反向查找区域”单选按钮。

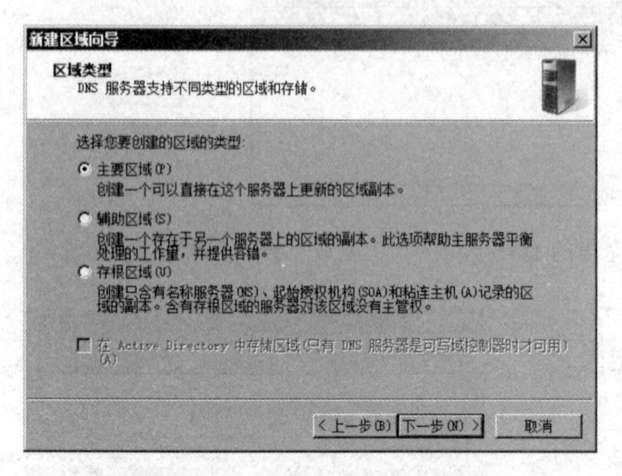

图 3-116 选择 DNS 区域类型

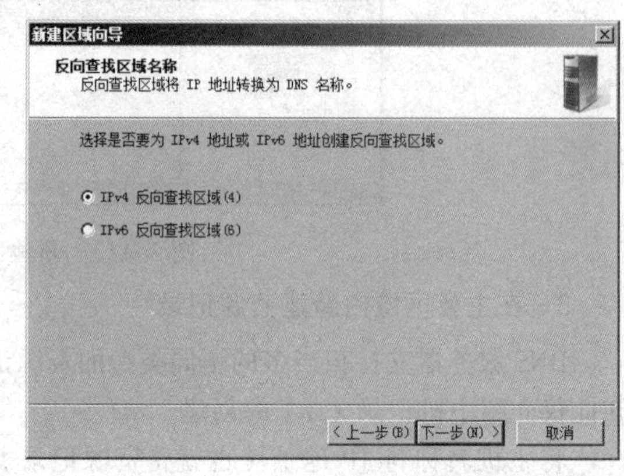

图 3-117 反向查找区域的版本

⑤ 可直接在图 3-116 的“网络 ID”处输入网络 ID，例如 192.168.217，表示此区域支持反向查找网络 ID 为 192.168.217.0 的 IP 地址。它会自动在“反向查找区域名称”处设置区域名称。也可以自行直接在“反向查找区域名称”处设置区域名称。完成后单击“下一步”按钮，如图 3-118 所示。

⑥ 在图 3-119 中，请直接单击“下一步”按钮来使用默认的区域文件名称。如果要使用现有的区域文件，则必须先将该文件复制到%systemroot%\system32\dns 文件夹内，然后通过图中的“使用此现存文件”单选按钮设置。

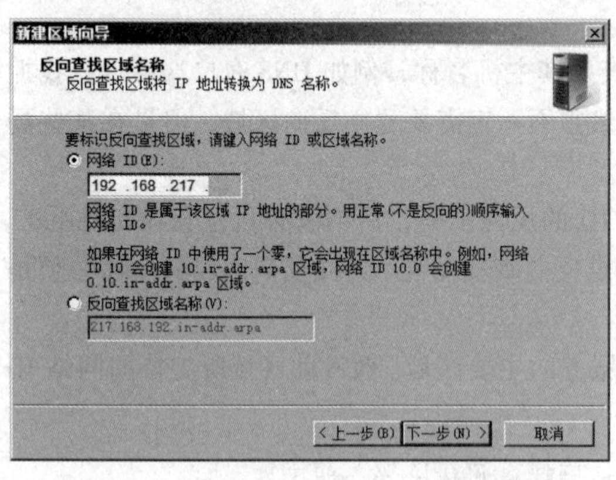

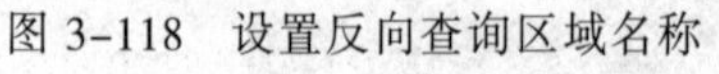

图 3-118 设置反向查询区域名称

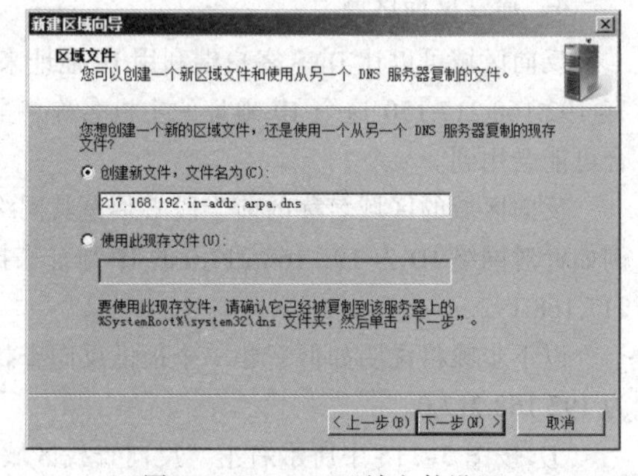

图 3-119 DNS 区域文件设置

⑦ 按照余下的步骤提示完成操作。出现“完成新建区域向导”画面时，单击“完成”按钮。

5. 在反向区域内建立记录

下面介绍两种在反向区域内新建记录的方法，以便为 DNS 客户端提供反向查找的服务。

按图 3-120 中所示右击反向查找区域，选择“新建指针（PTR）”命令并输入“主机 IP 地址”和“完全限定的域名（FQDN）”。也可以单击“浏览”按钮到正向区域内选择主机，如图 3-121 所示。

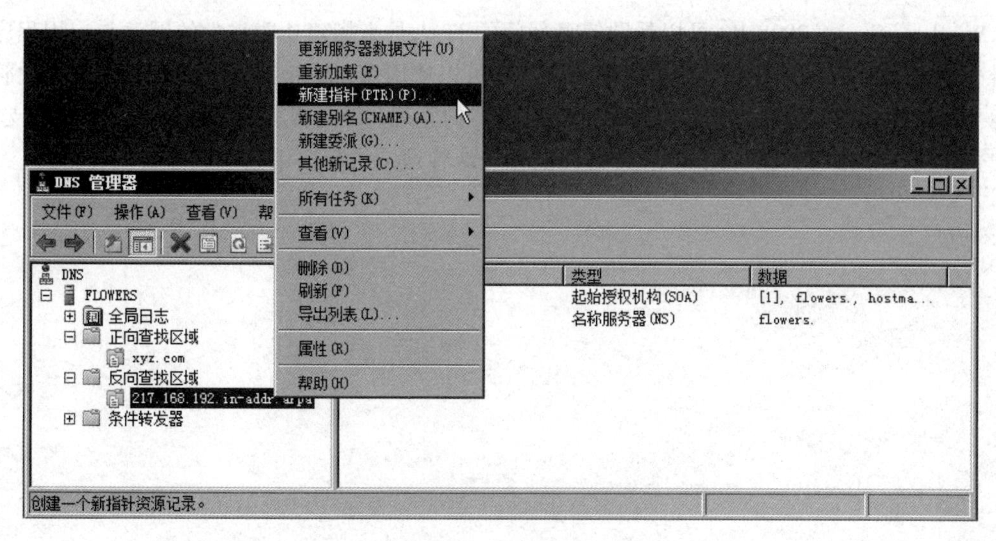

图 3-120　新建指针记录

第二种方法是，当通过右击正向区域，选择“新建主机”命令的方法，在正向区域内建立主机记录时，可以顺便在反向区域内建立一项反向记录。只要在图 3-122 中选择“创建相关的指针（PTR）记录”复选框即可。注意选择此复选框时，相对应的反向查找区域必须已经存在。

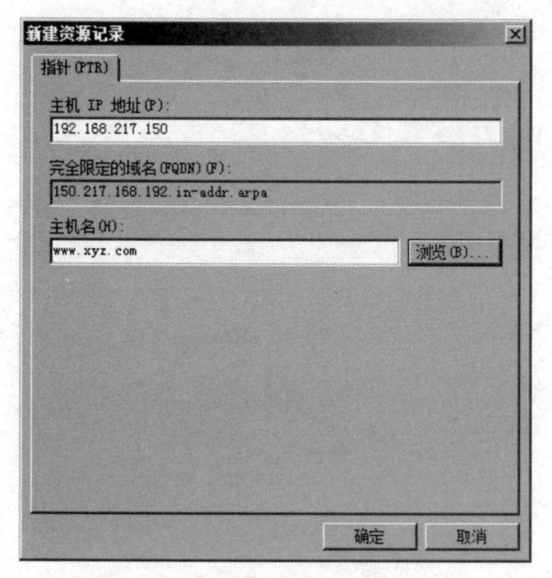

图 3-121　新建指针（PTR）记录

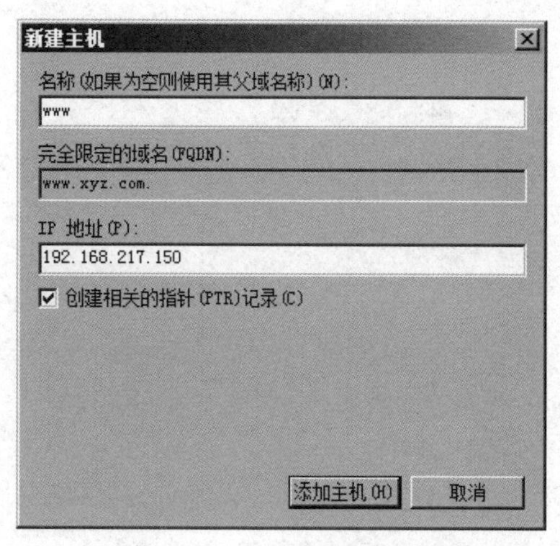

图 3-122　在新建主机记录的时候同时建立指针记录

项 目 小 结

在一个网络环境的搭建过程中，服务器的安装与配置往往是最后的一个环节。服务器的搭建关系着整个网络功能的实现，关系着网络中的客户端计算机的数据通信能否实现。

在现在的网络环境中，综合布线以及网络设备都已经安装到位了。接下来就是服务器的安装工作。在服务器的安装环节，我们以 Windows Server 2008 R2 为例进行演示。

Windows Server 2008 R2 可以帮助信息部门的 IT 人员来搭建功能强大的网站与应用程序服务器平台，无论是大、中或小型的企业网络，都可以使用 Windows Server 2008 R2 的强大管理功能与经过强化的安全措施，来简化网站与服务器的管理、提高资源的可用性、减少成本支出、保护企业应用程序与数据，让 IT 人员更轻松有效地管理网站与应用程序服务器的环境。

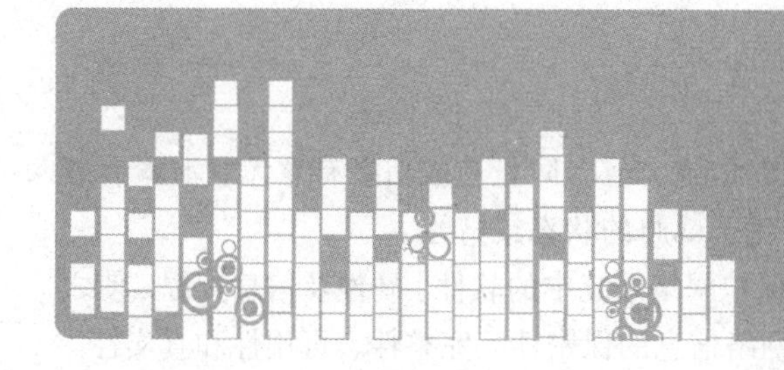

项目四 网络安全管理

情境描述

小张是公司的网络管理员，需要负责公司网络组建、维护、安全等工作，公司同事近段时间经常出现一些问题请他帮忙，如：有的同事被黑客通过端口进行攻击，有的同事在进行网络购物时账号密码被盗，有些同事网络无缘无故速度变慢，公司网站被黑客攻击，等等。当今，全球网民数量已接近 7 亿，网络已经成为生活离不开的工具，经济、文化、军事和社会活动都强烈地依赖于网络。人们在享受到各种生活便利和沟通便捷的同时，网络安全问题也日渐突出、形势日益严峻。网络攻击、病毒传播、垃圾邮件等迅速增长，利用网络进行盗窃、诈骗、敲诈勒索、窃密等案件逐年上升，严重影响了网络的正常秩序，严重损害了网民的利益。网络系统的安全性和可靠性正在成为世界各国共同关注的焦点。下面就让我们帮助小张解决网络安全上的这些问题。

学习目标

- 掌握网络安全性指标；
- 掌握当前流行的软件防护措施；
- 熟悉黑客基本攻击方法并采取有效措施；
- 能够对网络系统进行安全配置。

学习重难点

- 网络端口的基本概念，查看和关闭操作系统端口；
- 常用的查杀病毒软件及防木马软件的使用。

任务一　端口的操作

任务描述

小张是公司网络管理员，他的一位同事在上班时找他，说最近一段时间，他发现原来运行很快的计算机，现在变慢了，上网的速度也降低了，打开网页要很长时间，说最近黑客通过端口入侵的情况比较多，请他帮忙检查一下他的计算机有没有开放的隐患端口，并关闭这些端口。

相关知识

一、网络安全基础

信息安全：防止任何对数据进行未授权访问的措施，或者防止造成信息有意无意泄露、破坏、丢失等问题的发生，让数据处于远离危险、免于威胁的状态或特性。

网络安全：计算机网络环境下的信息安全,即保护网络系统中的软件、硬件及信息资源，使之免受偶然或恶意的破坏、篡改和泄露，从而确保网络信息的保密性、完整性、可用性和真实性。

1．网络安全性指标

① 完整性：信息在存储和传输时，数据是否被篡改和破坏。

② 可用性：网络的基础设施、硬件和软件是否可能发生不预期的故障；用户是否会无法得到应有的服务。

③ 保密性：数据是否有被非法窃取的可能。

④ 真实性：对信息所有者或发送者的身份能够进行确认，包括可控性和可追踪性。

⑤ 不可否认性：所有参与者都不可能否认或抵赖本人的真实身份。

⑥ 实用性：信息加密的密钥不可丢失（不是泄密）。

⑦ 占有性：存储信息的结点、磁盘等信息载体被盗用，导致对信息的占有权的丧失。

2．网络安全本质

① 保护：保护系统的硬件、软件和数据。

② 防止：防止系统和数据遭受破坏、更改和泄露。

③ 保证：保证系统连续可靠正常的运行，服务不中断。

二、网络安全威胁的类型

网络安全威胁指网络中对存在缺陷的潜在利用，这些缺陷可能导致信息泄露、系统资源耗尽、非法访问、资源被盗、系统或数据被破坏等。

1．物理威胁

① 自然灾害：地震、火灾、雷击、静电等。

② 人为灾害：防盗（网络设备）、防电磁泄漏和搭线窃听（信息）、防人为破坏。

③ 设备故障：硬盘损坏、电源故障、设备老化等。

④ 废物搜寻：从报废的设备中搜寻可利用的信息。

2．系统漏洞威胁

① 系统软件漏洞：如操作系统漏洞、网络协议本身的缺陷。

② 应用软件漏洞：如 IIS、SQL Server 漏洞、程序编写者设计上的缺陷（如 SQL 注入漏洞、溢出漏洞）。

3．身份鉴别威胁

① 口令圈套：模仿真正的登录界面骗取密码。

② 口令破解：如字典攻击、暴力破解等。

③ 程序、算法考虑不周：入侵者采用超长的字符串造成缓冲区溢出，破坏密码算法。

④ 编辑口令：编辑口令一般需要内部漏洞，如某单位内部的人建立了一个虚设的账户或修改了一个隐含账户的口令，只要知道该账户的用户名和口令的人便可以访问该机器了。

4. 恶意代码威胁

① 病毒：自我复制、直接破坏系统。

② 逻辑炸弹：特定逻辑条件满足时实施破坏，如江民逻辑炸弹。

③ 特洛伊木马：为黑客留后门、盗取密码。

④ 间谍软件：监视用户活动，记录敏感信息。

5. 用户使用的缺陷

① 软件使用错误：默认安装了不需要的带漏洞的组件。

② 系统备份不完整。

③ 密码易于被破解。

三、端口及端口扫描

1. 端口

许多的 TCP/IP 程序都是可以通过网络启动的客户/服务器结构。服务器上运行着一个守护进程，当客户有请求到达服务器时，服务器就启动一个服务进程与其进行通信。为简化这一过程，每个应用服务程序（如 WWW、FTP、Telnet 等）被赋予一个唯一的地址，这个地址称为端口。端口号由 16 位的二进制数据表示，范围为 0～65 535。守护进程在一个端口上监听，等待客户请求。一个端口就是一个潜在的通信通道，也就是一个入侵通道。

2. 端口的分类

（1）公认端口（Well Known Ports）

从 0～1023，已经公认定义或为将要公认定义的软件保留的，它们紧密绑定于一些服务。通常这些端口的通讯明确表明了某种服务的协议。例如：80 端口实际上总是 HTTP 通讯。

（2）注册端口（Registered Ports）

从 1 024～49 151。它们松散地绑定于一些服务。用户可以自己定义这些端口的作用。

（3）动态和/或私有端口（Dynamic and/or private Ports）

从 49 152～65 535。理论上，不应为服务分配这些端口。

3. 端口扫描

（1）端口扫描的作用

端口扫描是一种获取主机信息的好方法，可以用来了解目标主机上开放了哪些端口，运行了哪些服务。

① 获取操作系统信息（操作系统类型及版本）。

② 获取常用服务信息（开放了那些服务）。

③ 获取漏洞信息。

④ 获取 Web 服务器信息。

⑤ 获取数据库服务器信息。

（2）端口扫描原理（TCP SYN 和 UDP ICMP 扫描为例）

发出 TCP SYN 或 UDP 报文，端口号从 0 到 65 535，如果收到了针对这个 TCP 报文的 RST 报文，或针对这个 UDP 报文的 ICMP 不可到达的报文，则说明这个端口没有开放。

如果收到了针对这个 TCP SYN 报文的 ACK 报文，或者没有接收到任何针对该 UDP 报文的 ICMP 报文，则说明该 TCP 或 UDP 端口可能是开放的。

（3）常用扫描方法

① TCP connect 扫描。使用操作系统提供的 connect 系统调用连接端口：对于每一个监听端口，connect 会获得成功，否则返回 -1，表示端口不可访问。

系统中任何用户都可以调用，容易被发觉和过滤：因为建立了完整的链接，在日志文件中会有大量密集的连接和错误记录。

② TCP SYN 扫描（半连接扫描）。扫描主机向目标主机的选择端口发送 SYN 数据段。如果应答是 RST，那么说明端口是关闭的，按照设定就探听其他端口；如果应答中包含 SYN 和 ACK，说明目标端口处于监听状态。

③ TCP FIN 扫描（秘密扫描）。该类技术不包含 TCP 建立连接时三次握手的任何部分，所以无法被记录下来。其方法是向目标主机的特定端口发送一个 TCP FIN 包，如果应答包为 RST 包，则说明该端口是关闭的；如果目标端口是开放的，那它就会忽略这个数据包，而不会发送任何应答包。

④ IP 段扫描。IP 段扫描并不是直接发送 TCP 探测数据包，是将数据包分成两个较小的 IP 段。这样就将一个 TCP 头分成好几个数据包，从而过滤器就很难探测到。但必须小心，一些程序在处理这些小数据包时会有些麻烦。

⑤ TCP 反向 ident 扫描（TCP 反向认证扫描）。是一种全连接扫描，利用认证协议，这种扫描能够获取运行在某个端口上进程的用户名（userid）。认证扫描尝试与一个 TCP 端口建立连接，如果连接成功，扫描器发送认证请求到目的主机的 113TCP 端口。认证扫描同时也称为反向认证扫描，因为即使最初的 RFC 建议了一种帮助服务器认证客户端的协议，然而在实际的实现中也考虑了反向应用（即客户端认证服务器）。举个例子，连接到 http 端口，然后用 identd 来发现服务器是否正在以 root 权限运行。这种方法只能在和目标端口建立了一个完整的 TCP 连接后才能看到。

4．网络监听

网络监听就是获取正在网络上传输的信息。

网络监听可以监视网络的状态、数据流动情况以及网络上传输的信息，是网络管理员监视和管理网络的一种方法，但网络监听工具也常是黑客们经常使用的工具。

网络监听主要在局域网内实施，如局域网中的主机、网关等。黑客们用得最多的是截获用户的口令。

（1）网络监听原理

以太网协议的工作方式为将要发送的数据帧发往物理连接在一起的所有主机。在帧头中包含着应该接收数据包的主机的地址。

如果数据帧中携带的物理地址是自己的，或者物理地址是广播地址，则将数据帧交给上层协议软件，否则就将这个帧丢弃。当主机工作在监听模式（即网卡处于混杂模式）下，不管数据帧的目的地址是什么，所有的数据帧都将被交给上层协议软件处理。

（2）网络监听的检测

向被怀疑有监听系统的目标主机发送一个含有错误的MAC地址和正确的IP地址的数据帧。正确的IP地址使数据包可以到达主机，错误的MAC地址只有处在监听状况下的主机才可能接收。这种方法依赖系统的IP STACK，对有些系统可能行不通。

（3）目标机性能检测

往网上发大量包含着不存在的物理地址的包，由于监听程序将处理这些包，将导致性能下降，通过比较前后该机器性能（icmp echo delay等方法）加以判断。

5. 常用端口

（1）端口：21

服务：FTP。

说明：FTP服务器所开放的端口，用于上传、下载。最常见的是攻击者用于寻找打开anonymous的FTP服务器的方法。这些服务器带有可读/写的目录。木马Doly Trojan、Fore、Invisible FTP、WebEx、WinCrash和Blade Runner所开放的端口。

（2）端口：23

服务：Telnet。

说明：远程登录，入侵者在搜索远程登录UNIX的服务。大多数情况下扫描这一端口是为了找到机器运行的操作系统。还有使用其他技术，入侵者也会找到密码。木马Tiny Telnet Server就开放这个端口。

（3）端口：25

服务：SMTP。

说明：SMTP服务器所开放的端口，用于发送邮件。入侵者寻找SMTP服务器是为了传递他们的SPAM。入侵者的账户被关闭，他们需要连接到高带宽的E-MAIL服务器上，将简单的信息传递到不同的地址。木马Antigen、Email Password Sender、Haebu Coceda、Shtrilitz Stealth、WinPC、WinSpy都开放这个端口。

（4）端口：80

服务：HTTP。

说明：用于网页浏览。木马Executor开放此端口。

（5）端口：110

服务：SUN公司的RPC服务所有端口。

说明：常见RPC服务有rpc.mountd、NFS、rpc.statd、rpc.csmd、rpc.ttybd、amd等。

（6）端口：135

服务：Location Service。

说明：Microsoft在这个端口运行DCE RPC end-point mapper为它的DCOM服务。这与UNIX 111端口的功能很相似。使用DCOM和RPC的服务利用计算机上的end-point mapper注册它们的位置。该端口就是用于远程的打开对方的Telnet服务，用于启用与远程计算机的RPC连接，很容易就可以就侵入计算机。大名鼎鼎的“冲击波”就是利用135端口侵入的。135的作用就是进行远程，可以在被远程的电脑中写入恶意代码，危险极大。

（7）端口：137、138、139

服务：NETBIOS Name Service。

说明：其中 137、138 是 UDP 端口，当通过网上邻居传输文件时使用该端口。通过 139 端口进入的连接试图获得 NetBIOS/SMB 服务。这个协议被用于 Windows 文件和打印机共享、SAMBA 和 WINS Regisrtation。

（8）端口：143

服务：Interim Mail Access Protocol v2 。

说明：和 POP3 的安全问题一样，许多 IMAP 服务器存在有缓冲区溢出漏洞。一种 Linux 蠕虫（admv0rm）会通过这个端口繁殖，因此许多这个端口的扫描来自不知情的已经被感染的用户。当 REDHAT 在他们的 Linux 发布版本中默认允许 IMAP 后，这些漏洞变得很流行。这一端口还被用于 IMAP2，但并不流行。

（9）端口：161

服务：SNMP。

说明：SNMP 允许远程管理设备。所有配置和运行信息的储存在数据库中，通过 SNMP 可获得这些信息。许多管理员的错误配置将被暴露在 Internet。黑客将试图使用默认的密码 public、private 访问系统。他们可能会试验所有可能的组合。SNMP 包可能会被错误的指向用户的网络。

（10）端口：177

服务：X Display Manager Control Protocol。

说明：许多入侵者通过它访问 X-windows 操作台，它同时需要打开 6000 端口。

（11）端口：443

服务：Https。

说明：网页浏览端口，能提供加密和通过安全端口传输的另一种 HTTP。

（12）端口：1080

服务：SOCKS。

说明：这一协议以通道方式穿过防火墙，允许防火墙后面的人通过一个 IP 地址访问 Internet。理论上它应该只允许内部的通信向外到达 INTERNET。但是由于错误的配置，它会允许位于防火墙外部的攻击穿过防火墙。WinGate 常会发生这种错误，在加入 IRC 聊天室时常会遇到这种情况。

（13）端口：3128

服务：squid。

说明：这是 squid HTTP 代理服务器的默认端口。攻击者扫描该端口是为了搜寻一个代理服务器而匿名访问 Internet。也会看到搜索其他代理服务器的端口 8000、8001、8080、8888。扫描这个端口的另一个原因是用户正在进入聊天室。其他用户也会检验这个端口以确定用户的机器是否支持代理。

（14）端口：8000

服务：OICQ。

说明：腾讯 QQ 服务器端开放此端口。

小张先通过命令查看当前计算机有哪些开放的端口，然后进行端口关闭。

一、查看开放端口

在默认状态下，Windows 会打开很多“服务端口”，如果想查看本机打开了哪些端口、有哪些计算机正在与本机连接，可以使用操作系统自带的 netstat 命令。

Windows 提供了 netstat 命令，能够显示当前的 TCP/IP 网络连接情况，注意：只有安装了 TCP/IP，才能使用 netstat 命令。

操作方法：选择“开始”→“程序”→“附件”→“命令提示符”命令，进入 DOS 窗口，输入命令 netstat -na 按【Enter】键，就会显示本机连接情况及打开的端口，如图 4-1 所示。其中 Local Address 代表本机 IP 地址和打开的端口号（中本机打开了 135 端口），Foreign Address 是远程计算机 IP 地址和端口号，State 表明当前 TCP 的连接状态，图中 LISTENING 是监听状态，表明本机正在打开 135 端口监听，等待远程计算机的连接。

```
管理员: 命令提示符
Microsoft Windows [版本 6.1.7601]
版权所有 (c) 2009 Microsoft Corporation。保留所有权利。

C:\Users\YXY>netstat -na

活动连接

  协议  本地地址              外部地址            状态
  TCP    0.0.0.0:135            0.0.0.0:0              LISTENING
  TCP    0.0.0.0:445            0.0.0.0:0              LISTENING
  TCP    0.0.0.0:12209          0.0.0.0:0              LISTENING
  TCP    0.0.0.0:49152          0.0.0.0:0              LISTENING
  TCP    0.0.0.0:49153          0.0.0.0:0              LISTENING
  TCP    0.0.0.0:49154          0.0.0.0:0              LISTENING
  TCP    0.0.0.0:49155          0.0.0.0:0              LISTENING
  TCP    0.0.0.0:49157          0.0.0.0:0              LISTENING
  TCP    0.0.0.0:57674          0.0.0.0:0              LISTENING
  TCP    127.0.0.1:2559         0.0.0.0:0              LISTENING
  TCP    192.168.1.10:139       0.0.0.0:0              LISTENING
  TCP    192.168.1.10:52744     180.153.3.175:80       CLOSE_WAIT
  TCP    192.168.1.10:52746     221.233.41.67:80       CLOSE_WAIT
  TCP    192.168.1.10:52747     61.177.126.137:80      CLOSE_WAIT
  TCP    192.168.1.10:52749     122.226.253.165:80     CLOSE_WAIT
  TCP    192.168.1.10:57345     61.183.52.250:80       CLOSE_WAIT
  TCP    192.168.1.10:58030     180.149.132.150:80     TIME_WAIT
```

图 4-1　查看系统开放端口

如果在 DOS 窗口中输入了 netstat -nab 命令，还将显示每个连接都是由哪些程序创建的。图 4-2 中本机在 135 端口监听，就是由 svchost.exe 程序创建的，该程序一共调用了 4 个组件（RPCRT4.dll、rpcss.dll、svchost.exe、KvWspXP_1.dll）来完成创建工作。如果你发现本机打开了可疑的端口，就可以用该命令查看它调用了哪些组件，然后再检查各组件的创建时间和修改时间，如果发现异常，就可能是中了木马。

```
C:\Users\YXY>netstat -nab

活动连接

  协议  本地地址           外部地址        状态
  TCP    0.0.0.0:135            0.0.0.0:0              LISTENING
  RpcSs
 [svchost.exe]
  TCP    0.0.0.0:445            0.0.0.0:0              LISTENING
 无法获取所有权信息
  TCP    0.0.0.0:12209          0.0.0.0:0              LISTENING
 [QQMusicExternal.exe]
  TCP    0.0.0.0:49152          0.0.0.0:0              LISTENING
 [wininit.exe]
  TCP    0.0.0.0:49153          0.0.0.0:0              LISTENING
  eventlog
 [svchost.exe]
  TCP    0.0.0.0:49154          0.0.0.0:0              LISTENING
  Schedule
 [svchost.exe]
  TCP    0.0.0.0:49155          0.0.0.0:0              LISTENING
 [services.exe]
  TCP    0.0.0.0:49157          0.0.0.0:0              LISTENING
 [lsass.exe]
```

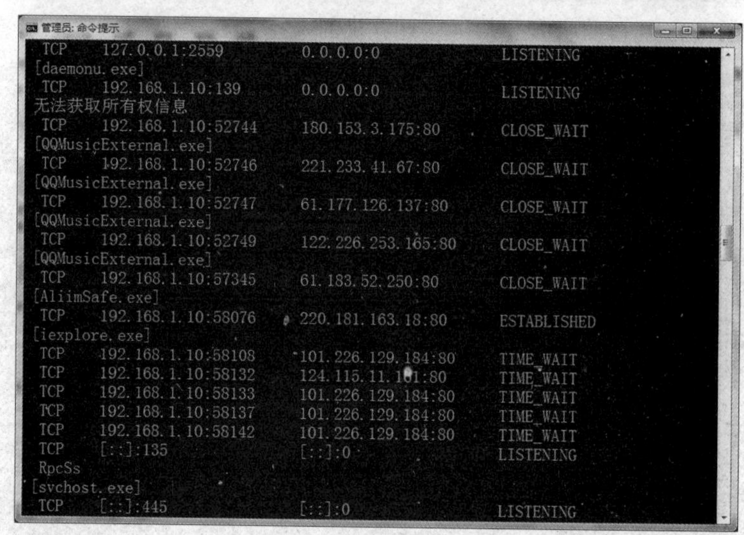

图 4-2 查看端口创建程序

二、关闭开放端口

1. 通过停止并禁用相关系统服务关闭端口

① 关闭 79 等端口：关闭 Simple TCP/IP Service，它支持以下 TCP/IP 服务：Character Generator、Daytime、Discard、Echo 以及 Quote of the Day。

② 关掉 25 端口：关闭 Simple Mail Transport Protocol（SMTP）服务，它提供的功能是跨网传送电子邮件。

③ 关闭 80 端口：关掉 WWW 服务。在“服务”中显示名称为 World Wide Web Publishing Service，通过 Internet 信息服务的管理单元提供 Web 连接和管理。

④ 关掉 21 端口：关闭 FTP Publishing Service，它提供的服务是通过 Internet 信息服务的管理单元提供 FTP 连接和管理。

⑤ 关掉 23 端口：关闭 Telnet 服务，它允许远程用户登录到系统并且使用命令行运行控制台程序。

⑥ 关闭 server 服务，此服务提供 RPC 支持、文件、打印以及命名管道共享。关掉它就关掉了 Windows 的默认共享，比如 ipc$、c$、admin$等，此服务关闭不影响的共他操作。

2. 配置 Windows 7 防火墙关闭端口

① 打开“控制面板”，选择查看方式，选择“类别”视图，如图 4-3 所示。

图 4-3　控制面板

② 选择“系统和安全”选项，进入到系统和安全配置界面，如图 4-4 所示。

图 4-4　系统和安全

③ 选择“Windows 防火墙”选项，进入系统防火墙配置界面，如图 4-5 所示。

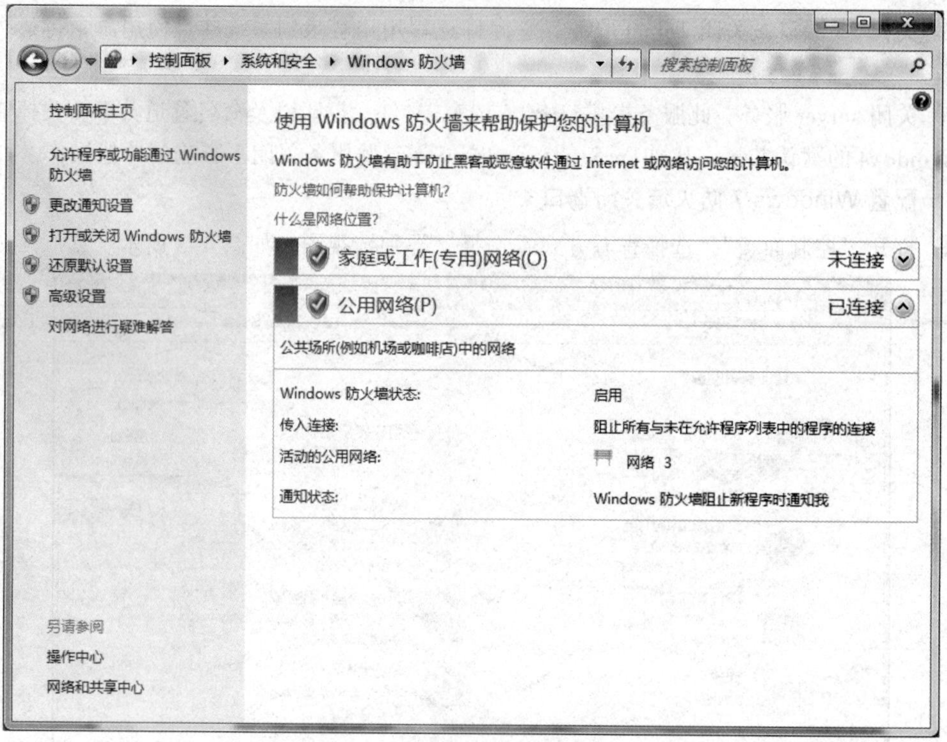

图 4-5　WINDOWS 防火墙

④ 选择左边“高级设置”选项，进入“高级安全 Windows 防火墙”设置界面，如图 4-6 所示。

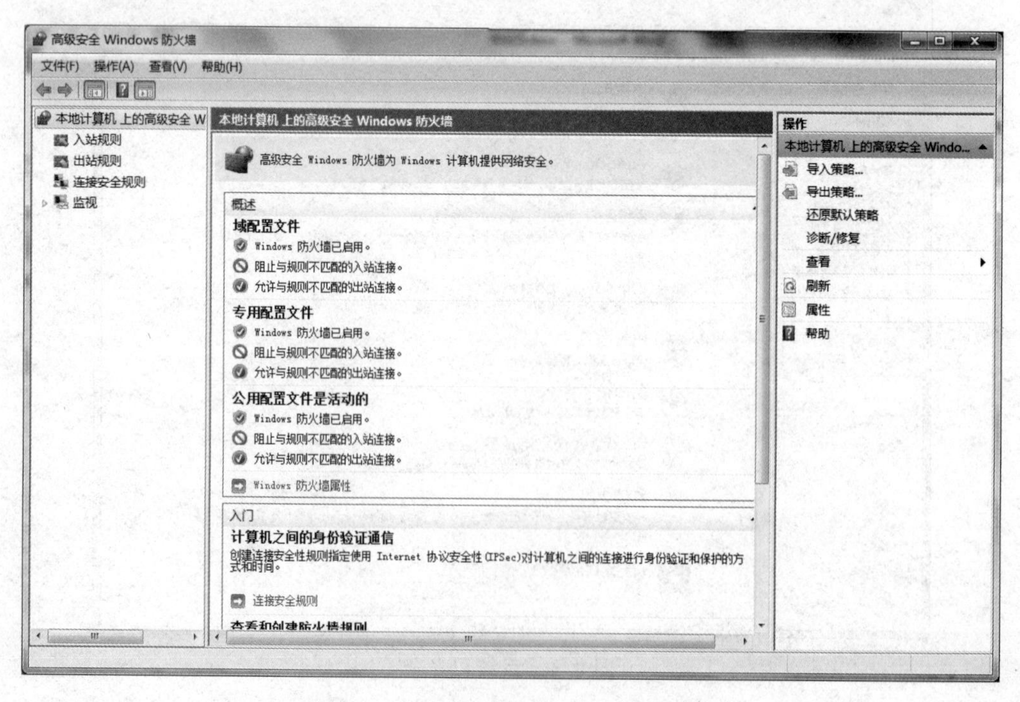

图 4-6　高级安全 WINDOWS 防火墙

⑤ 选择“入站规则”右击，在弹出的快捷菜单中选择“新建规则”命令，如图 4-7 所示。

图 4-7　入站规则

⑥ 选择“端口”单选按钮，单击“下一步”按钮，如图 4-8 所示。

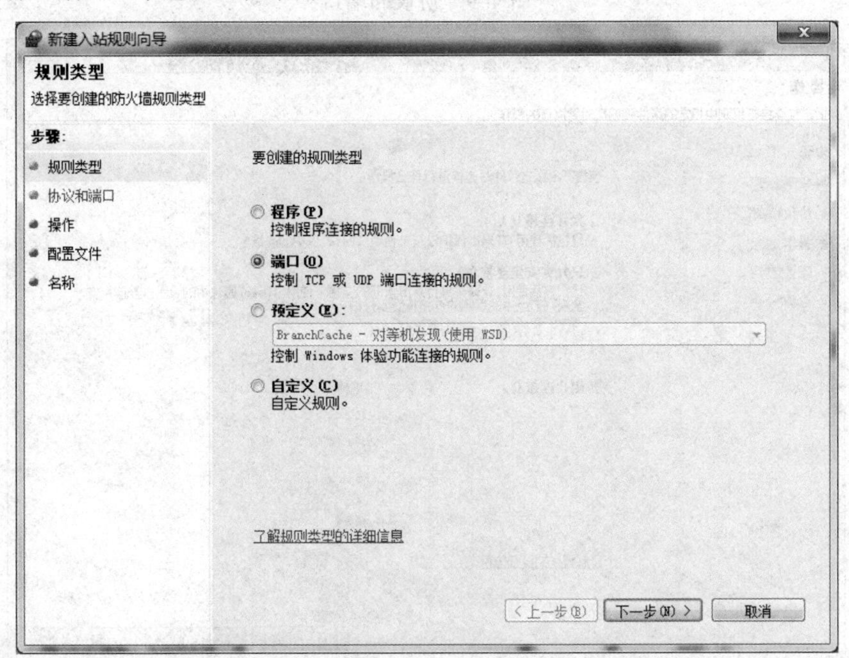

图 4-8　要创建的规则类型

⑦ 在“规则适用于所有本地端口还是特定本地端口？”中，选择“特定本地端口”单选按钮，输入需要关闭的端口，然后单击“下一步”按钮，如图 4-9 所示。

⑧ 在“连接符合指定条件时应该进行什么操作？”中，选择“阻止连接”单选按钮，然后单击“下一步”，如图 4-10 所示。

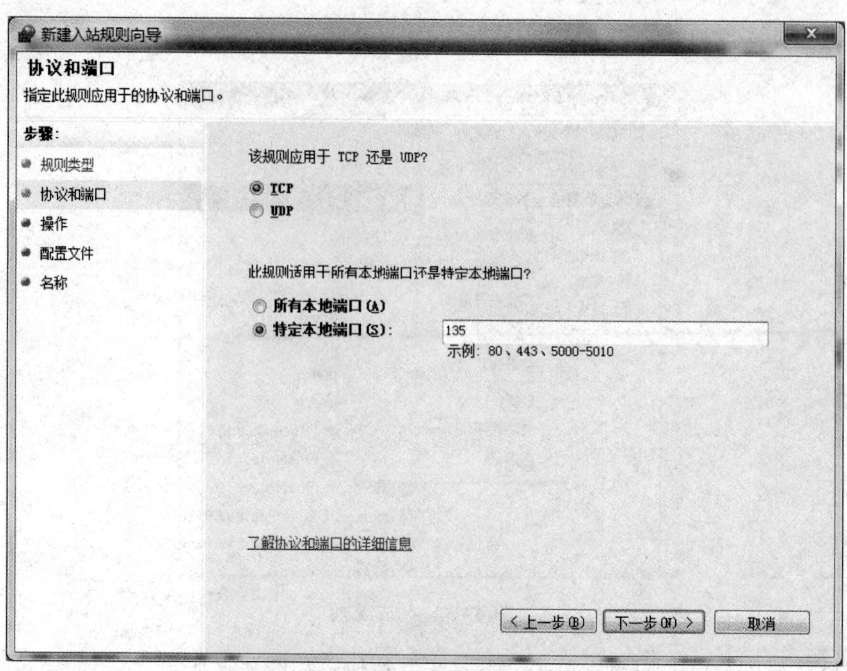

图 4-9　协议和端口

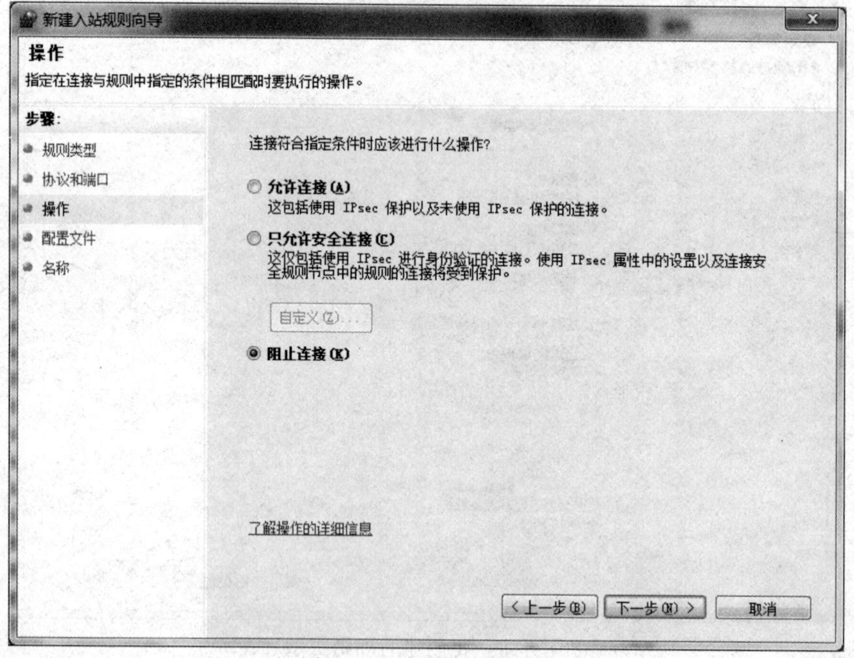

图 4-10　规则操作类型

⑨ 在“何时应用该规则？”中，选择“域”“专用”“公用”复选框，然后单击“下一步”按钮，如图 4-11 所示。

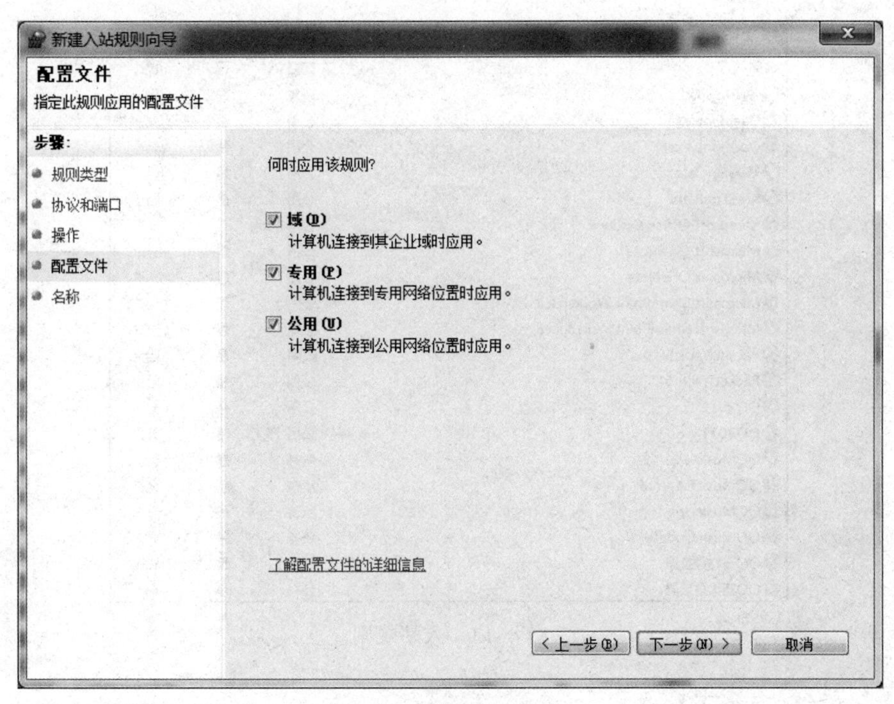

图 4-11　规则配置文件

⑩ 在“名称”和“描述”中，填写相关信息，然后单击“完成”按钮，如图 4-12 所示。

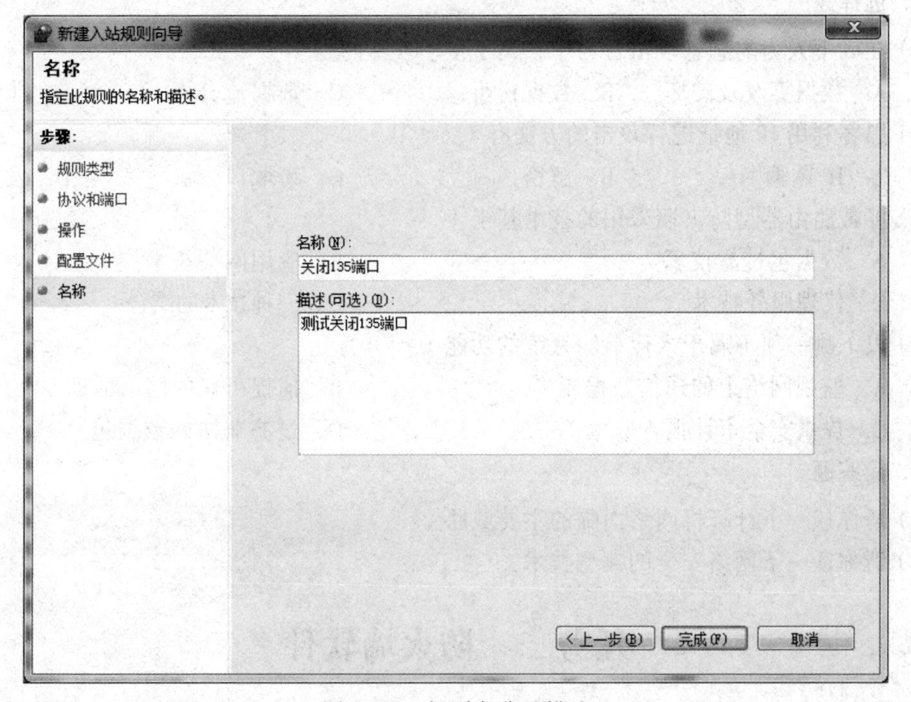

图 4-12　规则名称及描述

⑪ 在入站规则中就会显示刚才制定的新规则了，如图 4-13 所示。

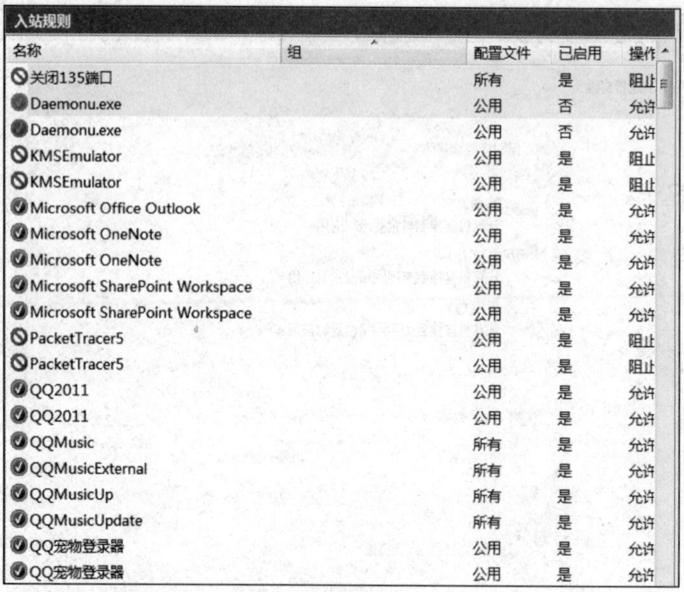

入站规则

名称	组	配置文件	已启用	操作
关闭135端口		所有	是	阻止
Daemonu.exe		公用	否	允许
Daemonu.exe		公用	否	允许
KMSEmulator		公用	是	阻止
KMSEmulator		公用	是	阻止
Microsoft Office Outlook		公用	是	允许
Microsoft OneNote		公用	是	允许
Microsoft OneNote		公用	是	允许
Microsoft SharePoint Workspace		公用	是	允许
Microsoft SharePoint Workspace		公用	是	允许
PacketTracer5		公用	是	阻止
PacketTracer5		公用	是	阻止
QQ2011		公用	是	允许
QQ2011		公用	是	允许
QQMusic		所有	是	允许
QQMusicExternal		所有	是	允许
QQMusicUp		所有	是	允许
QQMusicUpdate		所有	是	允许
QQ宠物登录器		公用	是	允许
QQ宠物登录器		公用	是	允许

图 4-13　入站规则

思考练习

一、选择题

（1）在以下人为的恶意攻击行为中，属于主动攻击的是（　　）。

A. 数据篡改及破坏　　B. 数据窃听　　C. 数据流分析　　D. 非法访问

（2）黑客利用 IP 地址进行攻击的方法有（　　）。

A. IP 欺骗　　B. 解密　　C. 窃取口令　　D. 发送病毒

（3）屏蔽路由器型防火墙采用的技术基于（　　）。

A. 数据包过滤技术　　B. 应用网关技术

C. 代理服务技术　　D. 三种技术的结合

（4）以下哪一项不属于入侵检测系统的功能（　　）。

A. 监视网络上的通信数据流　　B. 捕捉可疑的网络活动

C. 提供安全审计报告　　D. 过滤非法的数据包

二、简答题

（1）请你谈一下计算机网络面临的主要威胁？

（2）请你谈一下网络安全的典型技术？

任务二　防火墙软件

任务描述

小李在公司上网，发现计算机在使用一段时间后运行很慢，并且经常死机和重启，浏览器主页经常被恶意修改，当他打开网页时自动弹出很多其他网站的网页，同时自己网银账号也被他人盗用了两次，他就向公司网络管理员小张求教，小张发现计算机已中毒严重，重装了计算机系统，并建议小李安装安全软件。

一、病毒的特点和分类

计算机病毒一般由传染部分和表现部分组成。传染部分负责病毒的传播扩散(传染模块)，表现部分又可分为计算机屏幕显示部分（表现模块）及计算机资源破坏部分(破坏模块)。表现部分是病毒的主体，传染部分是表现部分的载体。表现和破坏一般是有条件的，条件不满足或时机不成熟时不会表现出来。计算机病毒的特点如下：

1．传染性

计算机病毒具有很强的再生机制，如同生物体传染病一样。是否具备传染性是判断一个程序是不是病毒程序的基本标志。传染性是指计算机病毒能进行自我复制，并把复制的病毒附加到无病毒的程序中，或者去替换磁盘引导区中的正常记录，使得附加了病毒的程序或磁盘变成新的病毒源。

2．隐蔽性（或寄生性）

计算机病毒通常依附于一定的媒体（或寄生在其他程序之中），当执行这个程序时，病毒就起破坏作用，在执行此程序前，往往不被发觉。因此，一旦发现病毒，实际上计算机系统已经被感染或受到破坏。

3．破坏性

计算机病毒的危害主要是破坏计算机系统，其主要表现为：占用系统资源、破坏数据、干扰计算机的正常运行，严重时会摧毁整个计算机系统。

4．潜伏性

有些病毒像定时炸弹一样，让它何时发作是预先设计好的。比如黑色星期五病毒，不到预定时间不会觉察出来，等到条件具备，对系统进行破坏。

按病毒感染的目标可分为引导型、文件型、网络型和复合型病毒 4 种类型。

1．引导型病毒

引导型病毒是感染磁盘引导区或主引导区。由于这类病毒感染引导区，运行时会引发感染其他*.exe、*.com 的命令程序，Windows 系统感染后会严重影响运行速度、某些功能无法执行，即使杀毒之后，也需要重装 Windows 操作系统才能正常运行。

2．文件型病毒

该类病毒是感染文件的一类病毒，它是目前种类最多的一类病毒。黑客病毒 Trojan.BO 就属于这一类型。BO 黑客病毒则利用通讯软件，通过网络非法进入他人的计算机系统，获取或篡改数据或者后台控制计算机，从而造成各种泄密、窃取事故。

3．网络型病毒

这种病毒感染的对象不局限于单一的模式和单一的可执行文件，而是更加综合、更加隐蔽。

一些网络型病毒几乎可以对所有的 Office 文件进行感染，如 Word、Excel、电子邮件等。其攻击方式从原始的删除、修改文件到进行文件加密、窃取用户信息等，一般通过电子邮件、电子广告等进行传播。

4. 复合型病毒

把其称作“复合型病毒”，是因为它同时具备了“引导型”病毒和“文件型”病毒的某些特点，既可以感染磁盘的引导扇区文件，又可以感染某可执行文件，如果没有对这类病毒进行全面的清除，则残留病毒可自我恢复，还会造成引导扇区文件和可执行文件的感染，所以这类病毒查杀难度极大。

此外，还有一种是宏病毒。宏病毒主要指 Word 和 Excel 宏病毒。该类病毒主要感染 Word 文档和文档模板等数据文件的病毒。

二、计算机中毒的症状

计算机病毒所表现的症状由病毒的设计者决定。下面列出一些计算机中毒引起的软件或硬件故障症状。

（1）系统无法启动：病毒修改了硬盘的引导信息，或删除了某些启动文件。如引导型病毒导致引导文件损坏，硬盘不能正常引导系统，磁盘上文件的内容被无故修改等。

（2）经常死机：病毒打开了许多文件或占用了大量内存；不过，如果运行大容量的软件占用了大量的内存和磁盘空间，或者由于网络速度太慢也会造成死机。

（3）系统运行速度慢：病毒占用了内存和 CPU 资源，在后台运行了大量非法操作。

（4）文件打不开：修改了文件格式，修改了文件链接位置。

（5）提示硬盘空间不够：Windows 运行时出现内存不足、磁盘可利用的空间突然减少，并且出现许多不明的文件，主要是因为病毒复制了大量的病毒文件。

（6）软盘等设备未访问时出现读写信号：病毒感染；外部设备工作时出现异常，如打印机的打印速度降低等。

（7）启动黑屏：病毒感染，如 CIH 病毒。或屏幕上显示异常提示信息；屏幕上出现异常图形；显示信息消失；运行速度变慢，经常出现“死机”现象。

（8）系统自动执行操作：病毒在后台执行操作。计算机表现得比平常迟钝、打开应用程序的时间比平常要。没有对计算机执行操作时，硬盘不停地读盘。

（9）无法运行注册表或无法为系统配置实用程序。

（10）屏幕出现异常信息，如突然重新启动电脑，或出现一个关闭计算机的提示框。

（11）键盘或鼠标无故被锁死：一般是病毒作怪，特别要留意木马程序。

三、计算机安全管理设置

1. 安全软件

病毒的发作给全球计算机系统造成巨大损失，令人们谈“毒”色变。

现在不少人对防病毒有个误区，就是对待电脑病毒的关键是“杀”，其实对待计算机病毒应当是以“防”为主。目前绝大多数的杀毒软件都在扮演“事后诸葛亮”的角色，即计算机被病毒感染后杀毒软件才忙不迭地去发现、分析和治疗。这种被动防御的消极模式远不能彻底解决计算机安全问题。

杀毒软件应立足于拒病毒于计算机门外。因此应当安装杀毒软件的实时监控程序，应该定期升级所安装的杀毒软件（如果安装的是网络版，在安装时可先将其设定为自动升级），给操作系统打相应补丁、升级引擎和病毒定义码。由于新的病毒层出不穷，现在各杀毒软件厂商的病毒库更新十分频繁，应当设置每天定时更新杀毒实时监控程序的病毒库，以保证其能够抵御最新出现的病毒的攻击。

每周要对计算机进行一次全面的杀毒、扫描工作，以便发现并清除隐藏在系统中的病毒。当计算机不慎感染上病毒时，应该立即将杀毒软件升级到最新版本，然后对整个硬盘进行扫描操作，清除一切可以查杀的病毒。如果病毒无法清除，或者杀毒软件不能做到对病毒体进行清晰的辨认，那么应该将病毒提交给杀毒软件公司，杀毒软件公司一般会在短期内给予用户满意的答复。而面对网络攻击之时，我们的第一反应应该是拔掉网络连接端口，或单击杀毒软件上的断开网络连接按钮。

2. 个人防火墙不可替代

连接到网络的计算机更应安装个人防火墙（Fire Wall）以抵御黑客的袭击。所谓“防火墙”，是指一种将内部网和公众访问网（Internet）分开的方法，实际上是一种隔离技术。防火墙是在两个网络通信时执行的一种访问控制尺度，它能允许你“同意”的人和数据进入你的网络，同时将用户“不同意”的人和数据拒之门外，最大限度地阻止网络中的黑客来访问用户的网络，防止他们更改、复制、毁坏用户的重要信息。防火墙安装和投入使用后，并非万事大吉。要想充分发挥它的安全防护作用，必须对它进行跟踪和维护，要与商家保持密切的联系，时刻注视商家的动态。因为商家一旦发现其产品存在安全漏洞，就会尽快发布补救（Patch）产品，此时应尽快确认真伪（防止特洛伊木马等病毒），并对防火墙进行更新。在理想情况下，一个好的防火墙应该能把各种安全问题在发生之前解决。就现实情况看，这还是个遥远的梦想。目前各家杀毒软件的厂商都会提供个人版防火墙软件，防病毒软件中都含有个人防火墙，所以可用同一张光盘运行个人防火墙安装，重点提示防火墙在安装后一定要根据需求进行详细配置。合理设置防火墙后应能防范大部分的蠕虫入侵。

3. 分类设置密码并使密码设置尽可能复杂

在不同的场合使用不同的密码。网上需要设置密码的地方很多，如网上银行、上网账户、E-Mail、聊天室以及一些网站的会员等。应尽可能使用不同的密码，以免因一个密码泄露导致所有资料外泄。对于重要的密码（如网上银行的密码）一定要单独设置，并且不要与其他密码相同。

设置密码时要尽量避免使用有意义的英文单词、姓名缩写以及生日、电话号码等容易泄露的字符作为密码，最好采用字符与数字混合的密码。

不要贪图方便在拨号连接的时候选择“保存密码”复选框。如果您是使用Email客户端软件（Outlook Express、Foxmail、The bat等）来收发重要的电子邮箱，如ISP信箱中的电子邮件，在设置账户属性时尽量不要使用“记忆密码”的功能。因为虽然密码在机器中是以加密方式存储的，但是这样的加密往往并不保险，一些初级的黑客即可轻易地破译你的密码。

定期地修改自己的上网密码，至少一个月更改一次，这样可以确保即使原密码泄露，也能将损失减小到最少。

4. 不下载来路不明的软件及程序，不打开来历不明的邮件及附件

不下载来路不明的软件及程序。几乎所有上网的人都在网上下载过共享软件（尤其是可执行文件），在给用户带来方便和快乐的同时，也会悄悄地把一些用户不欢迎的东西带到你的机器中，比如病毒。因此应选择信誉较好的下载网站下载软件，将下载的软件及程序集中放在非引导分区的某个目录，在使用前最好用杀毒软件查杀病毒。有条件的话，可以安装一个实时监控

病毒的软件，随时监控网上传递的信息。

不要打开来历不明的电子邮件及其附件，以免遭受病毒邮件的侵害。在互联网上有许多种病毒流行，有些病毒就是通过电子邮件来传播的，这些病毒邮件通常都会以带有噱头的标题来吸引用户打开其附件，如果用户抵挡不住它的诱惑，而下载或运行了它的附件，就会受到感染，所以对于来历不明的邮件应当将其拒之门外。

5．警惕“网络钓鱼”

目前，网上一些黑客利用“网络钓鱼”手法进行诈骗，如建立假冒网站或发送含有欺诈信息的电子邮件，盗取网上银行、网上证券或其他电子商务用户的账户密码，从而窃取用户资金的违法犯罪活动不断增多。公安机关和银行、证券等有关部门提醒网上银行、网上证券和电子商务用户对此提高警惕，防止上当受骗。

目前“网络钓鱼”的主要手法有以下几种方式：

① 发送电子邮件，以虚假信息引诱用户中圈套。诈骗分子以垃圾邮件的形式大量发送欺诈性邮件，这些邮件多以中奖、顾问、对账等内容引诱用户在邮件中填入金融账号和密码，或是以各种紧迫的理由要求收件人登录某网页提交用户名、密码、身份证号、信用卡号等信息，继而盗窃用户资金。

② 建立假冒网上银行、网上证券网站，骗取用户账号密码实施盗窃。犯罪分子建立起域名和网页内容都与真正网上银行系统、网上证券交易平台极为相似的网站，引诱用户输入账号密码等信息，进而通过真正的网上银行、网上证券系统或者伪造银行储蓄卡、证券交易卡盗窃资金。还有的利用跨站脚本，即利用合法网站服务器程序上的漏洞，在站点的某些网页中插入恶意 Html 代码，屏蔽一些可以用来辨别网站真假的重要信息，利用 cookies 窃取用户信息。

③ 利用虚假的电子商务进行诈骗。此类犯罪活动往往是建立电子商务网站，或是在比较知名、大型的电子商务网站上发布虚假的商品销售信息，犯罪分子在收到受害人的购物汇款后就销声匿迹。

④ 利用木马和黑客技术等手段窃取用户信息后实施盗窃活动。木马制作者通过发送邮件或在网站中隐藏木马等方式大肆传播木马程序，当感染木马的用户进行网上交易时，木马程序即以键盘记录的方式获取用户账号和密码，并发送给指定邮箱，用户资金将受到严重威胁。

⑤ 利用用户弱口令等漏洞破解、猜测用户账号和密码。不法分子利用部分用户贪图方便设置弱口令的漏洞，对银行卡密码进行破解。

实际上，不法分子在实施网络诈骗的犯罪活动过程中，经常采取以上几种手法交织、配合进行，还有的通过手机短信、QQ、MSN 进行各种各样的“网络钓鱼（Phishing）”不法活动。反网络钓鱼组织 APWG（Anti-Phishing Working Group）最新统计指出，约有 70.8%的网络欺诈是针对金融机构而来。从国内前几年的情况看大多 Phishing 只是被用来骗取 QQ 密码与游戏点卡与装备，但今年国内的众多银行已经多次被 Phishing 过了。可以下载一些工具来防范 Phishing 活动，如 Netcraft Toolbar，该软件是 IE 上的 Toolbar，当用户开启 IE 里的网址时，就会检查是否属于被拦截的危险或嫌疑网站，若属此范围就会停止连接到该网站并显示提示。

6．防范间谍软件

最近公布的一份家用计算机调查结果显示，大约 80%的用户对间谍软件入侵他们的计算机毫无知晓。间谍软件（Spyware）是一种能够在用户不知情的情况下偷偷进行安装（安装后很难找到其踪影），并悄悄把截获的信息发送给第三者的软件。它的历史不长，可到目前为止，间谍软件数量已有几万种。间谍软件的一个共同特点是，能够附着在共享文件、可执行图像以及各种免费软件当中，并趁机潜入用户的系统，而用户对此毫不知情。间谍软件的主要用途是跟踪用户的上网习惯，有些间谍软件还可以记录用户的键盘操作，捕捉并传送屏幕图像。间谍程序总是与其他程序捆绑在一起，用户很难发现它们是什么时候被安装的。一旦间谍软件进入计算机系统，要想彻底清除它们就会十分困难，而且间谍软件往往成为不法分子手中的危险工具。

从一般用户能做到的方法来讲，要避免间谍软件的侵入，可以从下面三个途径入手：

① 把浏览器调到较高的安全等级——Internet Explorer 预设为提供基本的安全防护，用户也可以自行调整其等级设定。将 Internet Explorer 的安全等级调到“高”或“中”可有助于防止下载。

② 在计算机上安装防止间谍软件的应用程序，时常监察及清除计算机的间谍软件，以阻止软件对外进行未经许可的通讯。

③ 对将要在计算机上安装的共享软件进行甄别选择，尤其是那些并不熟悉的，可以登录其官方网站了解详情；在安装共享软件时，不要总是心不在焉地一路单击 OK 按钮，而应仔细阅读各个步骤出现的协议条款，特别留意那些有关间谍软件行为的语句。

7. 只在必要时共享文件夹

不要以为在内部网上共享的文件是安全的，其实在共享文件的同时就会有软件漏洞呈现在互联网的不速之客面前，公众可以自由地访问用户的那些文件，并很有可能被有恶意的人利用和攻击。因此共享文件必须设置密码，一旦不需要共享时立即关闭。

一般情况下不要设置文件夹共享，以免成为居心叵测的人进入用户计算机的跳板。

如果确实需要共享文件夹，一定要将文件夹设为只读。通常共享设定“访问类型”不要选择“完全”选项，因为这一选项将导致只要能访问这一共享文件夹的人员都可以将所有内容进行修改或者删除。Windows 7 的共享默认是“只读”，其他机器不能写入。Windows 2000 的共享默认是“可写”的，其他机器可以删除和写入文件，对用户安全构成威胁。

不要将整个硬盘设定为共享。例如，某一个访问者将系统文件删除，会导致计算机系统全面崩溃，无法启动。

8. 不要浏览黑客网站、色情网站

这点毋庸多说，不仅是道德层面，而且时下许多病毒、木马和间谍软件都来自于黑客网站和色情网站，如果浏览这些网站，而计算机又没有缜密的防范措施，那么十有八九会中病毒。

9. 定期备份重要数据

数据备份的重要性毋庸讳言，无论防范措施做得多么严密，也无法完全防止“道高一尺，魔高一丈”的情况出现。如果遭到致命的攻击，操作系统和应用软件可以重装，而重要的数据就只能靠日常的备份。所以，无论采取了多么严密的防范措施，也不要忘了随时备份重要数据，做到有备无患。

10. 及时向管理员反馈异常信息

如果发现所使用的计算机运行速度慢，无法浏览网页，不能登录域服务器，经常死机或丢失文件数据，请第一时间通知网络负责人处理该问题，并予以配合。

任务实施

1. 下载

要想使用 360 安全卫士，可到官方网站 http://www.360.com 去下载。在页面中单击“免费下载”图标，如图 4-14 所示。

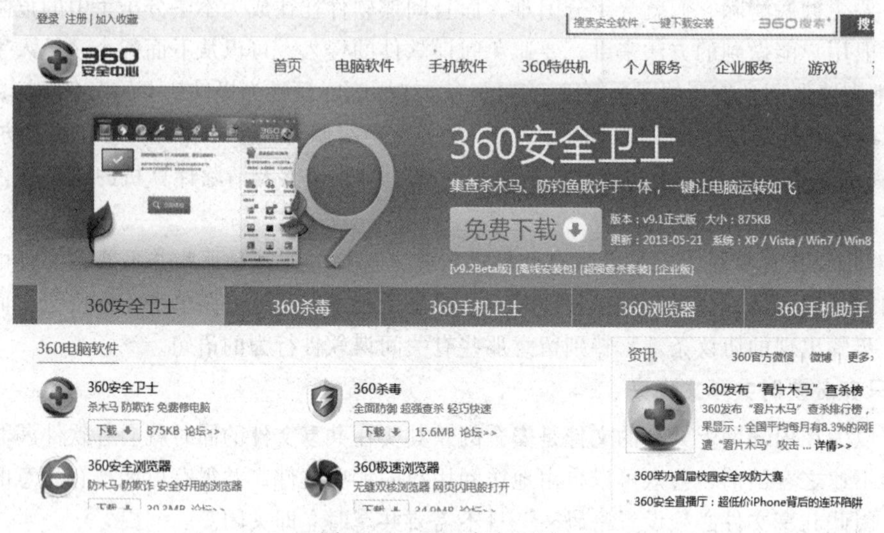

图 4-14　360 官方网站

2. 安装

以安装 360 安全卫士为例讲解。

双击下载的 360 安全卫士安装程序的专用下载器，启动下载并安装。单击“下一步”按钮，再单击“我接受”，选择安装位置。可用系统默认 C:\program files\360\360safe，直接单击“安装”按钮，程序会自动安装，最后单击“完成”按钮。

3. 设置

双击启动 360 安全卫士，单击右上角的“设置”按钮，弹出升级设置对话框，对 360 进行设置，如图 4-15 所示。

图 4-15　设置对话框

设置升级方式：默认为自动升级（推荐），不用改变。选中“使用 P2P/P2S 技术为升级程序加速”复选框。如图 4-16 所示。

开机启动设置：默认选中开机时自动开启木马防火墙，有效保护系统的安全、病毒入侵，如图 4-17 所示。

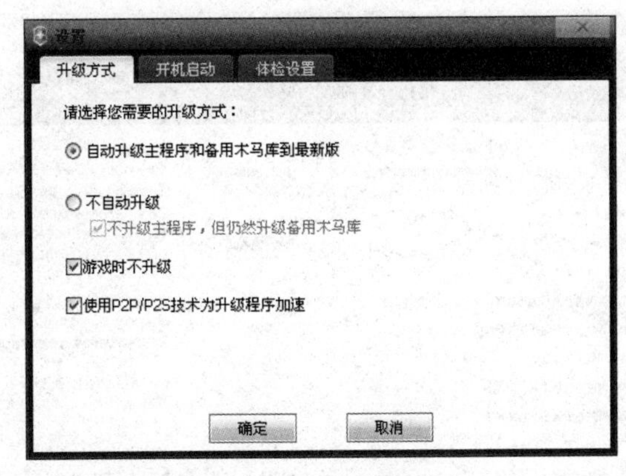

图 4-16　设置升级方式

体检设置：检测时间可选每日或每周，不推荐不扫描，如图 4-18 所示。

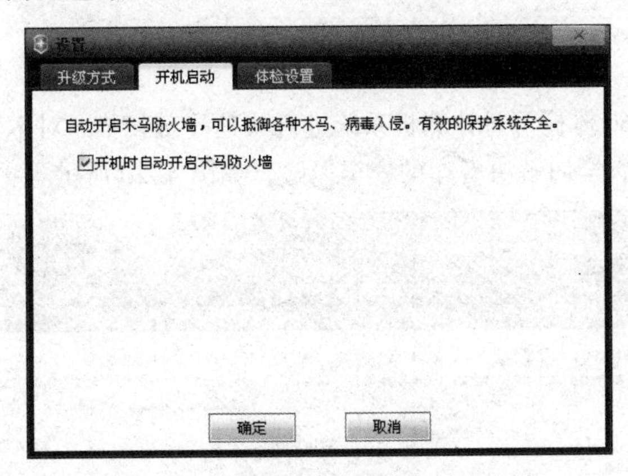

图 4-17　开机时自动开启木马防火墙

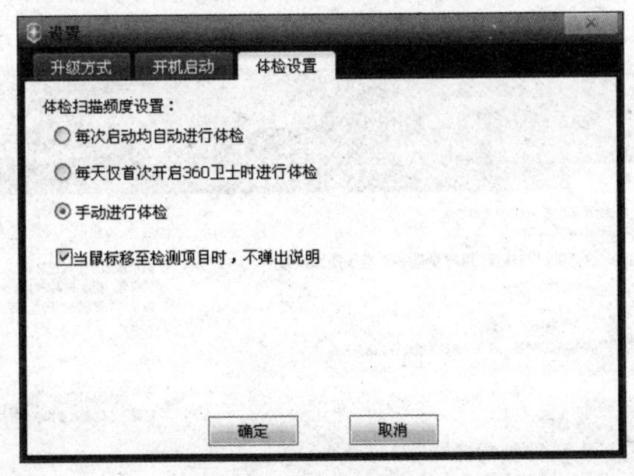

图 4-18　检测周期

设置完成后，单击“确定”按钮保存设置。

4．360 安全卫士的使用详解

启动 360 安全卫士后如图 4-19 所示。

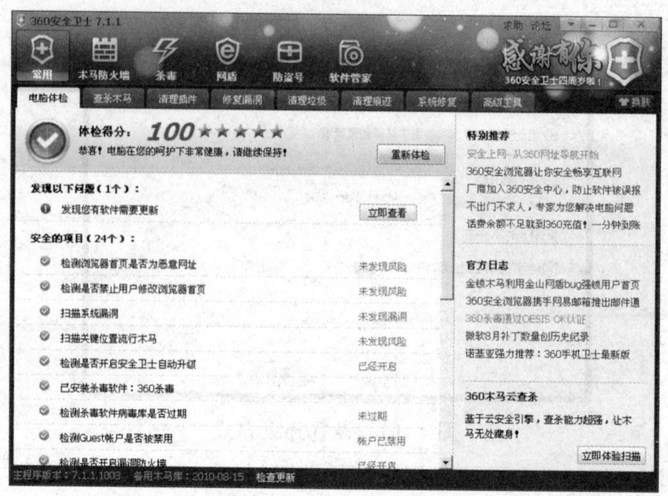

图 4-19 360 安全卫士

（1）常用项

① 计算机体检：360 体检可对计算机系统进行快速一键扫描，对木马病毒、系统漏洞、恶评插件等进行检查修复，全面解决潜在的安全风险，如图 4-20 所示。

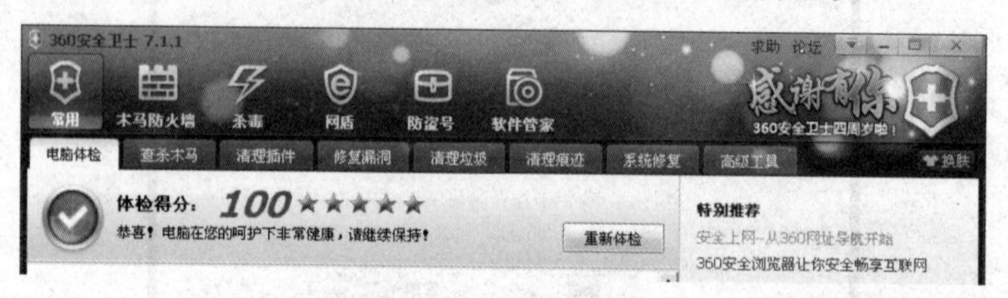

图 4-20 计算机体检

② 查杀流行木马：选择快速扫描木马、自定义扫描木马、全盘扫描木马其中一项，进行木马扫描，扫描完成后，若检查出有木马，选中后清除，如图 4-21 所示。

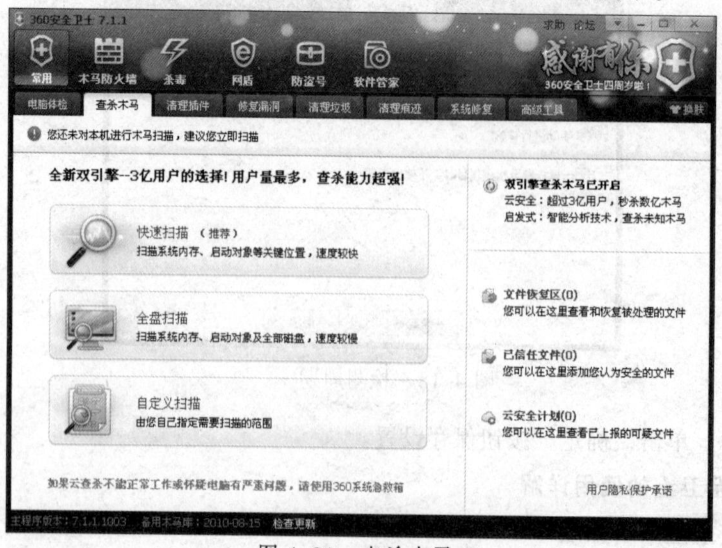

图 4-21 查杀木马

③ 清理插件：单击“开始扫描”按钮，360 自动扫描系统中的插件，并根据用户的评价进行分类。扫描完成后，可对恶评插件，选中后清除。其他插件根据需要设置，如图 4-22 所示。

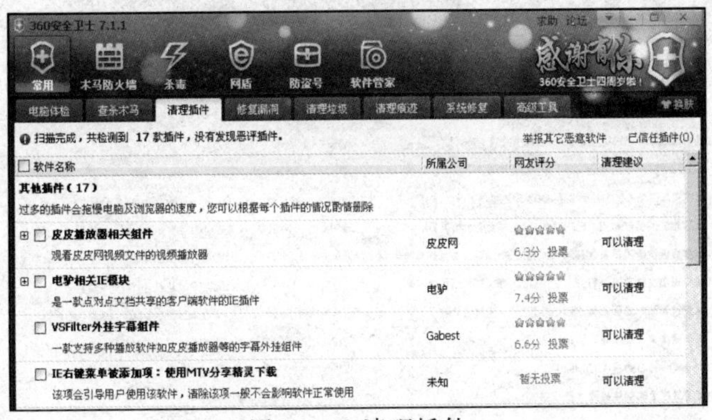

图 4-22　清理插件

④ 修复系统漏洞：360 实时对系统进行检测，若官方有新的系统补丁，它会自动提示用户及时修补并提供修复窗口。

⑤ 清理垃圾：此项可以清理用户使用计算机后所产生的垃圾文件等，不用担心垃圾文件占据磁盘空间，如图 4-23 所示。

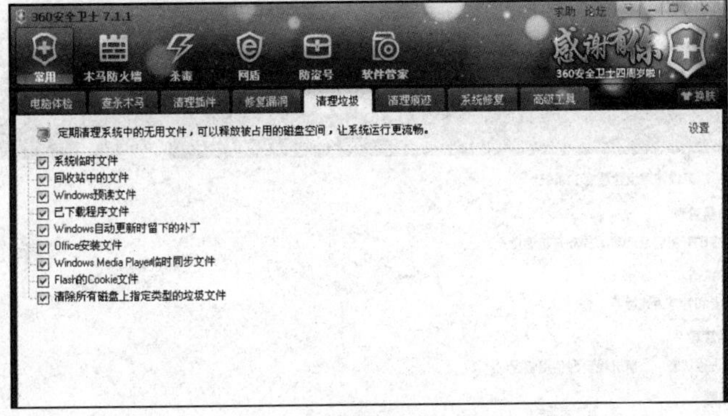

图 4-23　修复系统漏洞

⑥ 清理痕迹：此项可清除用户在使用计算机之后所产生的缓存文件，特别是上网痕迹（如用户密码框中的痕迹）等，如图 4-24 所示。

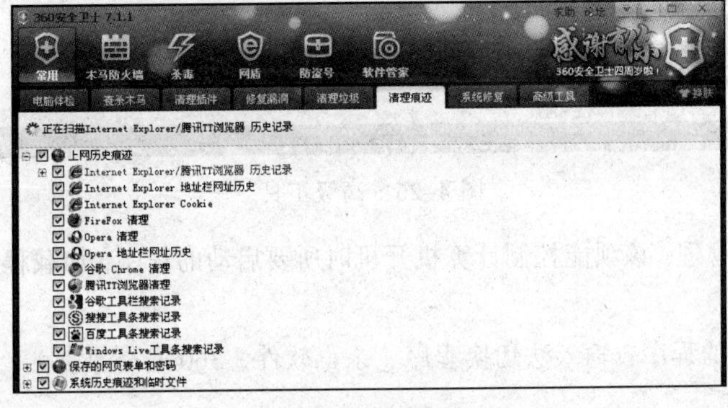

图 4-24　清理痕迹

⑦ 系统修复：此项功能主要修复 IE 浏览器的相关设置如被更改主页等，如图 4–25 所示。

图 4–25 系统修复

⑧ 高级工具：该项包括多个工具如开机启动项管理、系统服务状态、系统进程管理、流量监控器、文件粉碎机等 9 个，如图 4–26 所示。

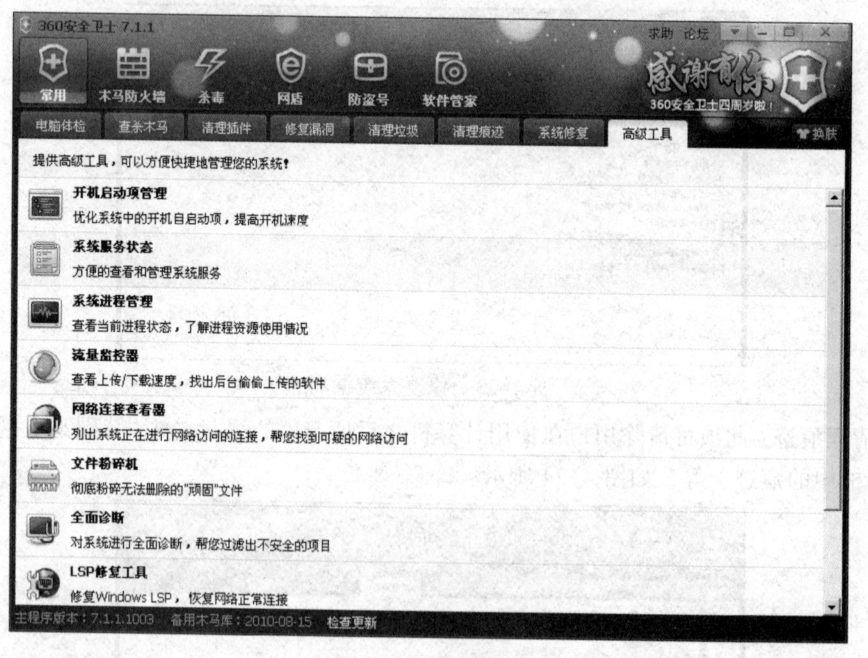

图 4–26 高级工具

a. 开机启动项管理：该项能控制计算机开机时所要启动的程序，加载程序越少开机速度越快，如图 4–27 所示。

（开机必须启动的程序：输入法切换程序、杀毒软件、360 安全卫士）

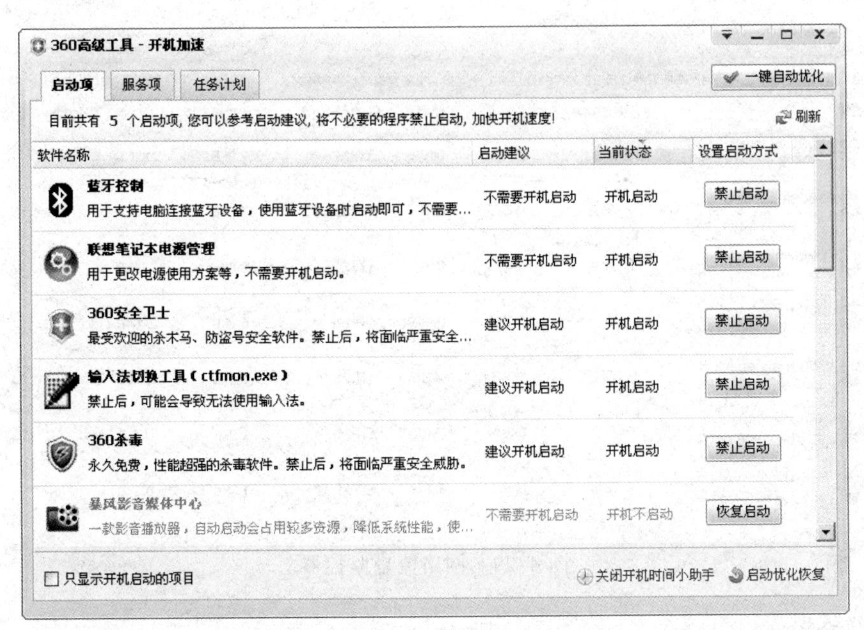

图 4-27　开机启动项

b. 系统服务状态：由于某些恶意插件还会利用技术手段来实现悄悄启动，经常使用 360 安全卫士把它们清理掉，不仅有利于保护自己的安全，也能有效提高计算机运行速度。正常情况下，建议普通用户每隔 1、2 个月进行一次开机启动项的整理。当然，也可以随时进入 360 软件管理平台，将那些被禁止的启动项恢复，就能使该软件随计算机开机启动了，如图 4-28 所示。

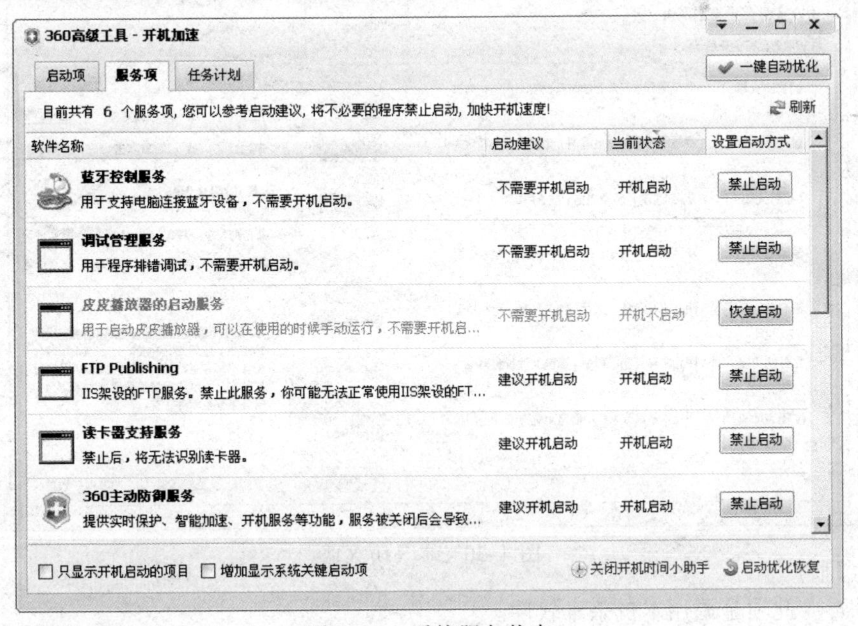

图 4-28　系统服务状态

c. 网络流量监控器，如图 4-29 所示。

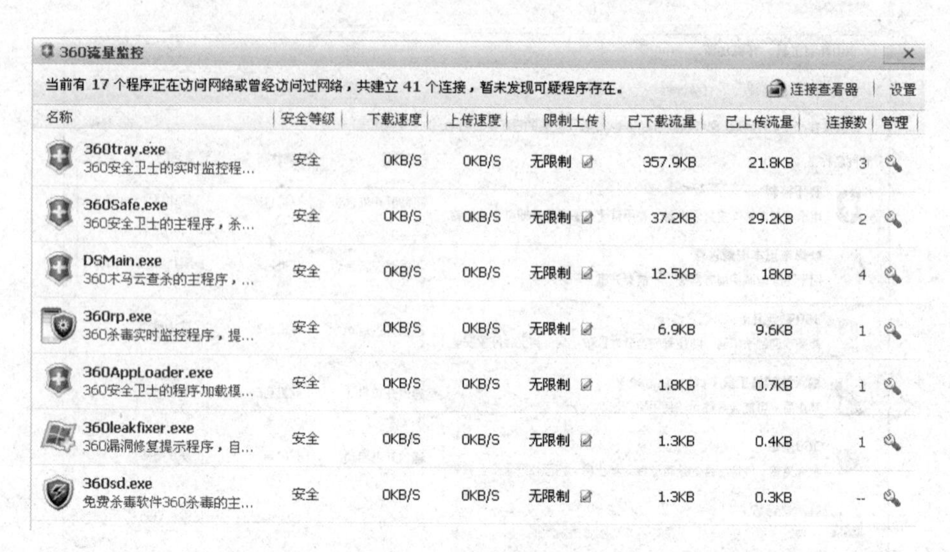

图 4-29　网络流量监控器

（2）高级项

① 360 木马防火墙：该项包括系统防护、应用防护、设置、信任列表、阻止列表、查看历史选项，如图 4-30 所示。

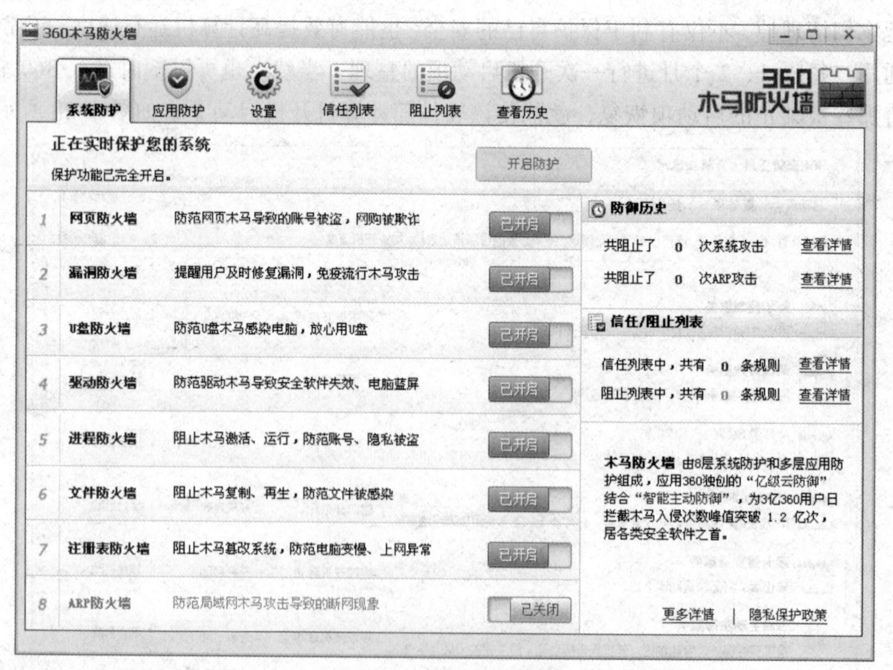

图 4-30　木马防火墙

② 杀毒：此项是调用本机杀毒软件。

③ 360 网盾：主要功能是 IE 修复，为用户提供了快捷、安全的智能修复方式，帮助用户快速修复系统中存在的问题。选中要修复的项目，单击“一键修复”按钮即可，如图 4-31 所示。

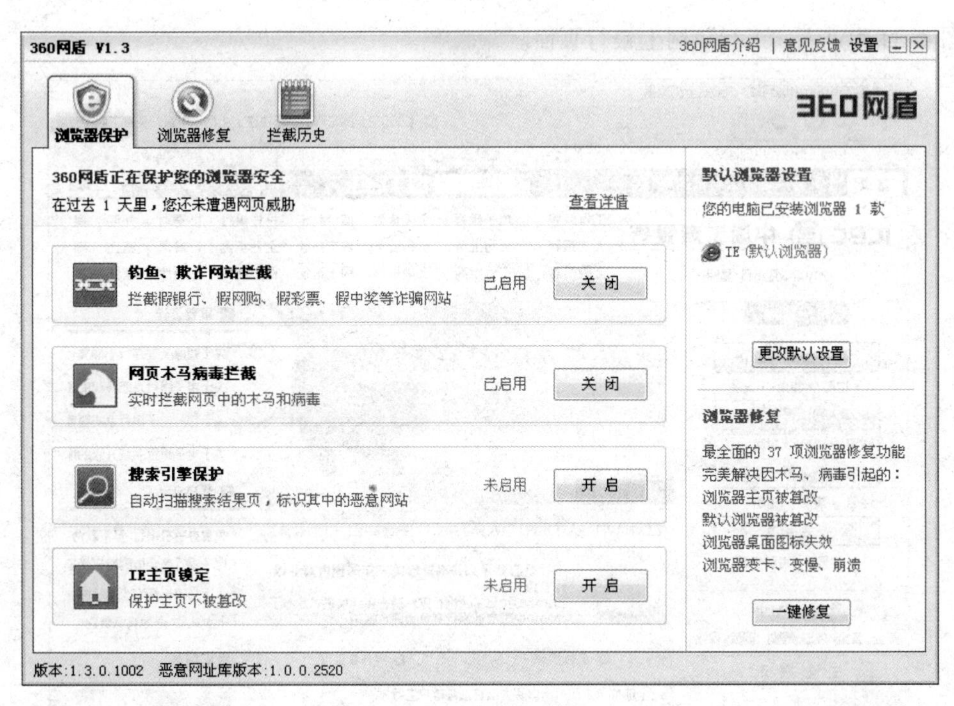

图 4-31　360 网盾

以 IE 主页锁定为 www.baidu.com 为例，如图 4-32 所示。

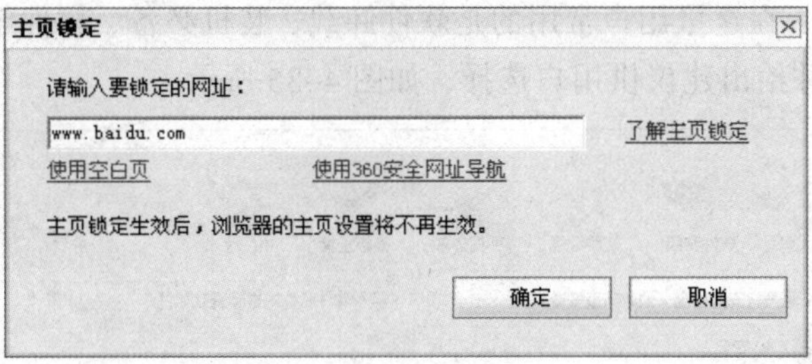

主页锁定

请输入要锁定的网址：

www.baidu.com　　了解主页锁定

使用空白页　　使用360安全网址导航

主页锁定生效后，浏览器的主页设置将不再生效。

确定　　取消

图 4-32　主页锁定

④ 防盗号：可使用 360 保险箱功能，如图 4-33 所示。

图 4-33　360 保险箱

图 4-34 为进入“工行”网上银行页面。

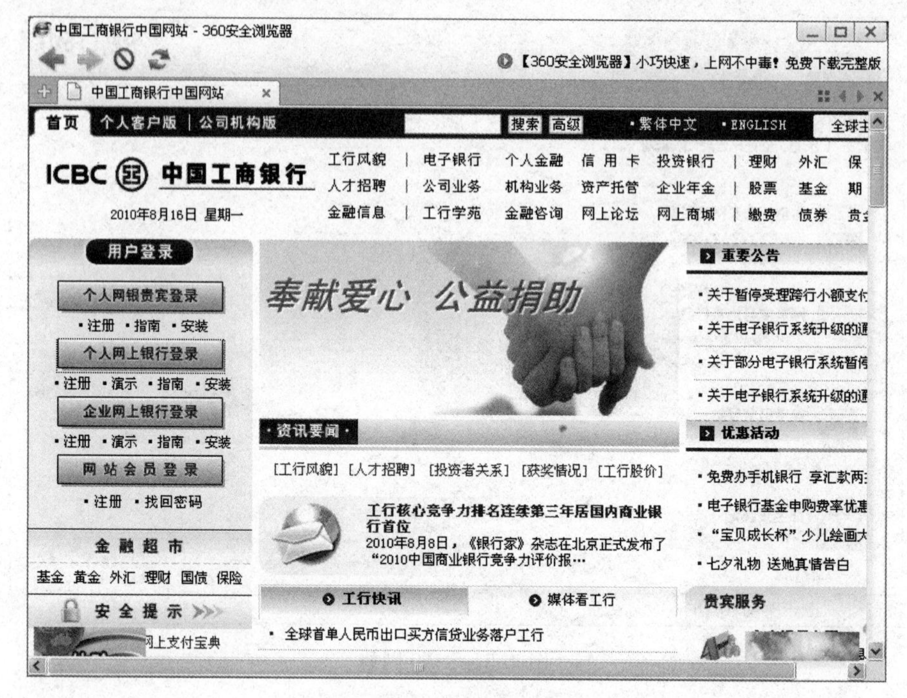

图 4-34　工商银行主页

⑤ 360 软件管家：在这里用户常用的是软件卸载、装机必备、软件宝库等功能，它能够有效管理计算机的软件并给出建议供用户选择，如图 4-35 所示。

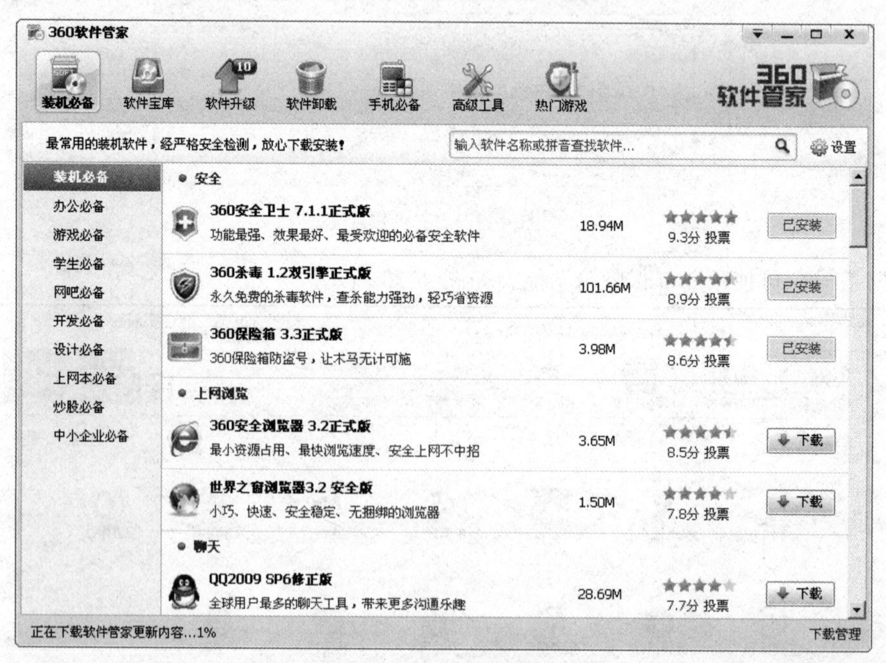

图 4-35　360 软件管家

思考练习

一、选择题

（1）在拒绝服务攻击中有一种类型攻击，该攻击是以极大的通信量冲击网络，使网络资源被消耗掉，最后导致合法用户的请求无法通过。该类型的拒绝服务攻击是（　　）。

A. 连通性攻击　　B. 分布式攻击　　C. Smurf 攻击　　D. 带宽攻击。

（2）拒绝服务攻击中的（　　）攻击是通过创建大量的"半连接"来进行攻击的。

A. 分布式攻击　　B. 带宽攻击　　C. SYN 风暴攻击　　D. Smurf 攻击

（3）网络后门的功能是（　　）。

A. 保持对目标主机的长久控制　　B. 防止管理员密码丢失

C. 定期维护主机　　D. 为了防止主机被非法入侵

（4）（　　）是一种可以驻留在对方服务器系统中的程序。

A. 后门　　B. 跳板　　C. 终端服务　　D. 木马

二、简答题

（1）简述代理防火墙的工作原理，并阐述代理技术的优缺点。

（2）简述防火墙的发展动态和趋势。

任务三　无线安全

任务描述

公司买了一台 TP-LINK 的无线路由，路由器最近一段时间，经常无故重启，并且死机，表现为"上不了网""访问不了路由器""路由器死机"。重启路由器，就会表现为网络正常，小张分析检测发现是受到了攻击，请你帮助小张解决问题。

一、安全参数设置

1. 网络参数设置部分

在无线路由器的网络参数设置中，必须对 LAN 口、WAN 口两个接口的参数设置。在实际应用中，很多用户只对 WAN 口进行了设置，LAN 口的设置保持无线路由器的默认状态。

要想让无线路由器保持高效稳定的工作状态，除对无线路由器进行必要的设置之外，还要进行必要的安全防范。用户购买无线路由器的目的，就是为了方便自己，如果无线路由器是一个公开的网络接入点，其他用户都可以共享，这种情况之下，用户的网络速度就不会稳定，为了无线路由器的安全，用户必须了解无线路由器的默认 LAN 设置。

TP-LINK 无线路由器，默认 LAN 口地址是 192.168.1.1，为了防止他人入侵，可以把 LAN 的管理地址更改成为 192.168.1.254 或该网段的其他地址，子网掩码不做任何更改。

2. 无线网络参数配置

无线网络参数的设置优劣，直接影响无线上网的质量。从表面来看，无线路由器中的无线参数设置，无非是设置一个 SSID 号。但在实际应用中，诸如信道、无线加密等设置项目，不仅会影响无线上网的速度，还会影响无线上网的安全。

① SSID 号：SSID（Service Set Identifier）也可以写为 ESSID，用来区分不同的网络，最多可以有 32 个字符，无线网卡设置了不同的 SSID 就可以进入不同网络，SSID 通常由无线路由器广播出来，通过 Windows 自带的扫描功能可以察看当前区域内的 SSID。无线路由器出厂时已经配置了 SSID 号，为了防止他人共享无线路由器上网，建议用户自己设置一个 SSID 号，并定期更改，同时关闭 SSID 广播。

② 频段：即 Channel，也称信道，以无线信号作为传输媒体的数据信号传送通道。IEEE 802.11b/g 工作在 2.4 ~ 2.4835GHz 频段（中国标准），这些频段被分为 11 或 13 个信道。手机信号、子母机及一些电磁干扰会对无线信号产生一定的干扰，通过调整信道就可以解决。因此，如果在某一信道感觉网络速度不流畅时，可以尝试更换其他信道。笔者的 TP-LINKWR641G 无线路由器频段从 1 – 13，可以根据自己的环境，调整到合适的信道。一般情况下，无线路由器厂商默认的信道值是 6。

③ 安全设置：由于无线网络是一个相对开放式的网络，只要有信号覆盖的地方，输入正确的 SSID 号就可以上网，为了限制非法接入，无线路由器都内置了安全设置。很多用户都为了提高无线网络的安全性能，设置了复杂的加密，殊不知，加密模式越复杂，无线网络的通信效率就越低。为此，如果用户对无线网络安全要求不高，建议取消安全设置。

3. DHCP 服务器选项设置

在实际应用中，很多用户的无线路由器 DHCP 服务是启动的，这样无线网卡就无须设置 IP 地址、网关及 DNS 服务器等信息。从 DHCP 服务的工作原理可以看出，客户端开机会向路由器发出请求 IP 地址信息，上网过程中，路由器和无线网卡之间还会因为 IP 地址续约频繁通信，这无疑会影响无线网络的通信性能。为此，建议用户关闭 DHCP 服务。

4. 转发规则选项设置

通过路由器上网，所有的客户机只能使用私有地址，这样会使得一些互联网应用受到限制。转发规则，就是针对一些有特殊需求的互联网应用而设计的。

① 虚拟服务器：虚拟服务器定义了广域网服务端口和局域网网络服务器之间的映射关系，所有对该广域网服务端口的访问将会被重定位给通过 IP 地址指定的局域网网络服务器。例如，要把自己的公网 FTP 服务，映射到 IP 地址为 192.168.1.246 的机器中。

② DMZ 主机：在某些特殊情况下，需要让局域网中的一台计算机完全暴露给广域网，以实现双向通信，此时可以把该计算机设置为 DMZ 主机。一般情况下，此项设置很少使用。DMZ 主机的设置，与虚拟服务器设置相同。

③ UPnP 设置：UPnP 通用即插即用是一种用于 PC 机和网络设备的常见对等网络连接的体系结构，尤其是在家庭网络中中。UPnP 以 Internet 标准和技术（例如 TCP/IP、HTTP 和 XML）为基础，使这样的设备彼此可自动连接和协同工作，从而使网络（尤其是家庭网络）对更多的人成为可能。使用无线路由器上网的机器，使用 BT、MSN 及一些软件时，通常需要打开一些端口，如果关闭了 UPnP，BT 下载速度会变慢，MSN 视频聊天无法正常使用。为此，用户要想保障互联网应用的正常运行，必须启用 UPnP 设置。

二、无线安全参数

如何进行无线路由器安全设置，无线路由器安全设置：WEP加密，还是WPA加密？无线网络加密是通过对无线电波里的数据加密提供安全性，主要用于无线局域网中链路层信息数据的保密。现在大多数的无线设备具有WEP加密和WAP加密功能，那么应使用WEP加密，还是WAP加密呢？显然WEP出现得比WAP早，WAP比WEP安全性更好一些。

WEP采用对称加密机制，数据的加密和解密采用相同的密钥和加密算法。启用加密后，两个无线网络设备要进行通信，必须均配置为使用加密，具有相同的密钥和算法。WEP支持64位和128位加密，对于64位加密，密钥为10个十六进制字符（0～9和A～F）或5个ASCII字符；对于128位加密，密钥为26个十六进制字符或13个ASCII字符。无线路由器安全设置：

① 使用多组WEP密钥，使用一组固定WEP密钥，将会非常不安全，使用多组WEP密钥会提高安全性，但是要注意WEP密钥是保存在Flash中，所以某些黑客取得用户网络上的任何一个设备，就可以进入网络。

② 如果使用的是旧型的无线路由器，且只支持WEP，则可以使用128位的WEPKey，这样会让无线网络更安全。

③ 定期更换WEP密钥。

④ 登录制造商的网站下载一个固件升级，升级后就能添加WPA支持。

WPA（Wi-Fi保护接入）能够解决WEP所不能解决的安全问题。简单来说，WEP的安全性不高的问题来源于网络上各台设备共享使用一个密钥，该密钥存在不安全因素，其调度算法上的弱点让恶意黑客能相对容易地拦截并破坏WEP密码，进而访问到局域网的内部资源。

WPA是继承了WEP基本原理而又解决了WEP缺点的一种新技术。由于加强了生成加密密钥的算法，因此即便收集到分组信息并对其进行解析，也几乎无法计算出通用密钥。其原理为根据通用密钥，配合表示计算机MAC地址和分组信息顺序号的编号，分别为每个分组信息生成不同的密钥，然后与WEP一样将此密钥用于RC4加密处理。

通过这种处理，所有客户端的所有分组信息所交换的数据将由各不相同的密钥加密而成，无论收集到多少这样的数据，要想破解出原始的通用密钥几乎是不可能的。WPA还追加了防止数据中途被篡改的功能和认证功能，由于具备这些功能，WEP中此前备受指责的缺点得以全部解决。WPA不仅是一种比WEP更为强大的加密方法，而且有更为丰富的内涵。作为802.11i标准的子集，WPA包含了认证、加密和数据完整性校验三个组成部分，是一个完整的安全性方案。

路由器设置MAC地址过滤对于大型无线网络来说工作量太大，但对于小型无线网络则不然，它是较低级别的认证方式。建议：对于家庭及小型办公无线网络，用户不是很多，应该设置MAC地址过滤功能。

任务实施

一、无线安全配置

① 将TP-LINK无线路由器通过有线方式连接好后，在浏览器中输入192.168.1.1，用户名

和密码默认为 admin，确定之后进入以上设置界面。打开界面以后通常都会弹出一个设置向导的页面，如果有一定经验的用户可选中“下次登录不再自动弹出向导”复选框来直接进行其他各项细致的设置。不过建议一般普通用户进行简单的向导设置，方便简单。单击“下一步”按钮进行简单的安装设置，如图 4-36 所示。

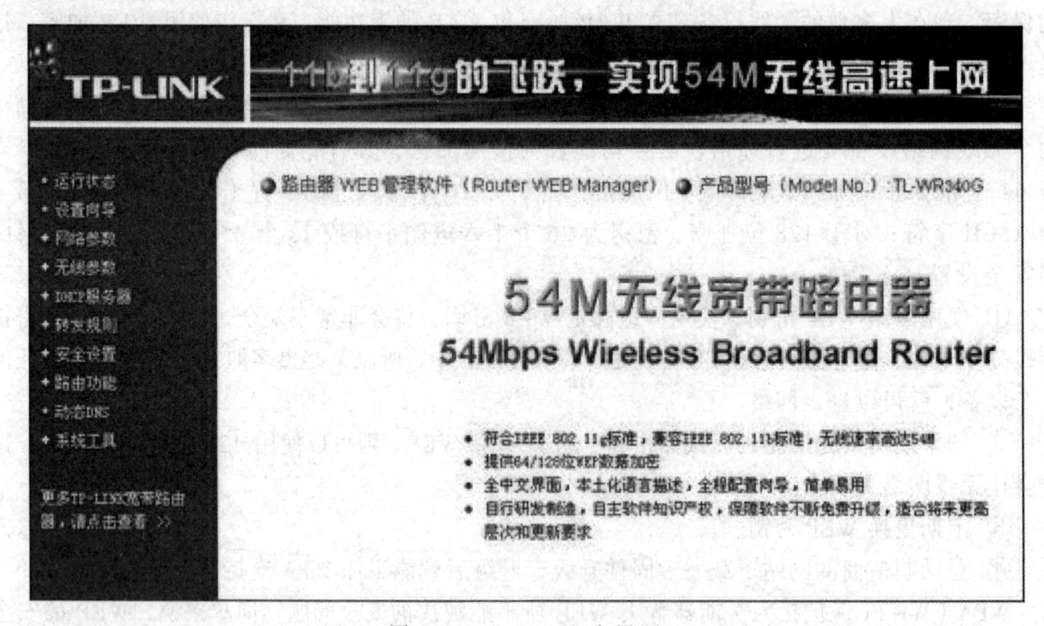

图 4-36　TP-LINK 主界面

② 通常 ASDL 拨号上网用户选择第一项 PPPoE 来进行下一步设置。但是如果使用局域网内或者通过其他特殊网络连接（如视讯宽带、通过其他计算机上网）可以选择以下两项“以太网宽带”来进行下一步设置。这里先说明 ADSL 拨号上网设置，以下两项在后面都将会进行说明。到 ADSL 拨号上网的账号和口令输入界面，按照字面的提示输入用户在网络服务提供商所提供的上网账号和密码然后直接单击“下一步”按钮，如图 4-37 所示。

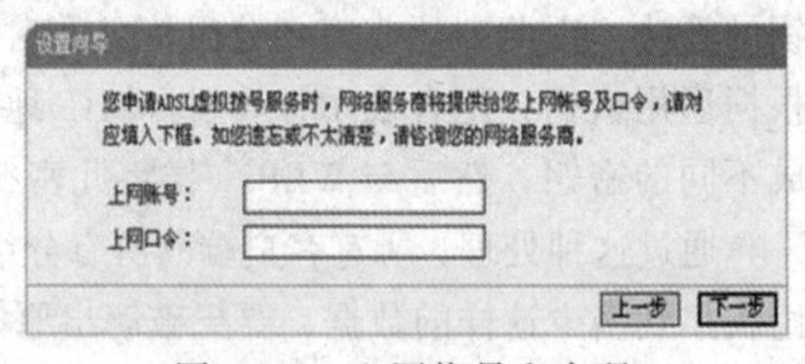

图 4-37　上网帐号和密码

③ 接下来可以看到有无线状态、SSID、频段、模式这四项参数。检测不到无线信号的用户留意一下自己的路由器无线状态是否开启。SSID 项用户可以根据自己的爱好来修改添加，该项只是在无线连接时搜索连接设备后，可以容易分别需要连接设备的识别名称。另外在频段项下有 13 个数字选择，这里的设置是路由的无线信号频段，如果附近有多台无线路由，可以在这里设置使用其他频段来避免一些无线连接上的冲突，如图 4-38 所示。

模式选项下可以看到 TP-LINK 无线路由的几个基本无线连接工作模式，11 Mbit/s（802.11b）最大工作速率为 11 Mbit/s；54 Mbit/s（802.11g）最大工作速率为 54 Mbit/s，也向下兼容 11 Mbit/s。（在 TP-LINK 无线路由产品里还有一些速展系列独有的 108 Mbit/s 工作模式），如图 4-39 所示。

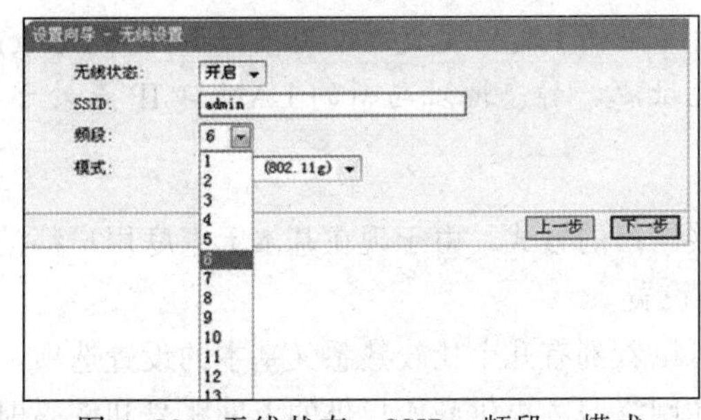

图 4-38　无线状态、SSID、频段、模式

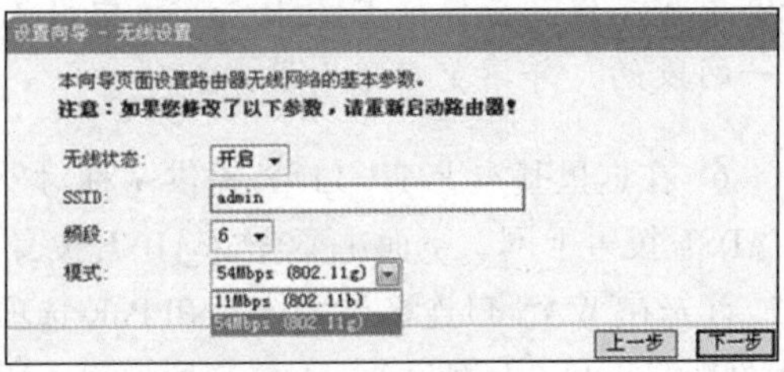

图 4-39　工作速率

④ 接下来进行高级设置。

运行状态。刚才对 TP-LINK 无线路由的设置都反映在其中，如果使用 ADSL 拨号上网用户在这里单击“连接”按钮就可以直接连上网络，如果是以太网宽带用户则通过动态 IP 或固定 IP 连接上网，这里也会出现相应的信息，如图 4-40 所示。

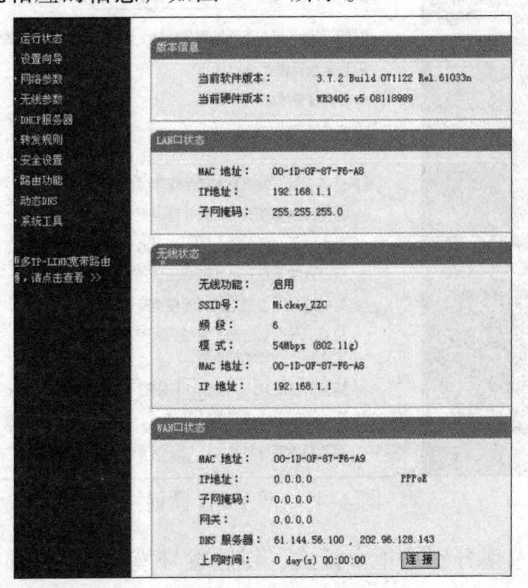

图 4-40　运行状态

⑤ LAN 口设置。通常只要保持默认设置即可。如果对网络有一定认识的用户也可以根据自己的喜好来设置 IP 地址和子网掩码，只要注意不和其他工作站的 IP 有冲突。在修改以并单击“保存”按钮后重启路由器，如图 4-41 所示。

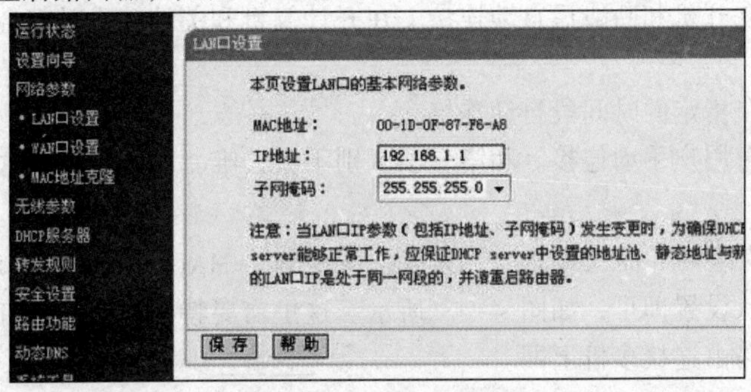

图 4-41　LAN 口设置

注意：当 LAN 口 IP 参数（包括 IP 地址、子网掩码）发生变更时，为确保 DHCP Server 能够正常工作，应保证 DHCP Server 中设置的地址池、静态地址与新的 LAN 口 IP 是处于同一网段的，并请重启路由器。

⑥ 在这里基本上 TP-LINK 提供 7 种对外连接网络的方式，由于现在基本上家庭用户都是用 ADSL 拨号上网，下面主要介绍 ADSL 拨号上网设置。

首先在 WAN 口连接类型选择 PPPoE 选项，可以看到有几个比较熟悉又基本的设置选项。"上网账号"和"上网口令"如之前所说输入用户在网络服务提供商所提供的上网账号和密码即可，如图 4-42 所示。

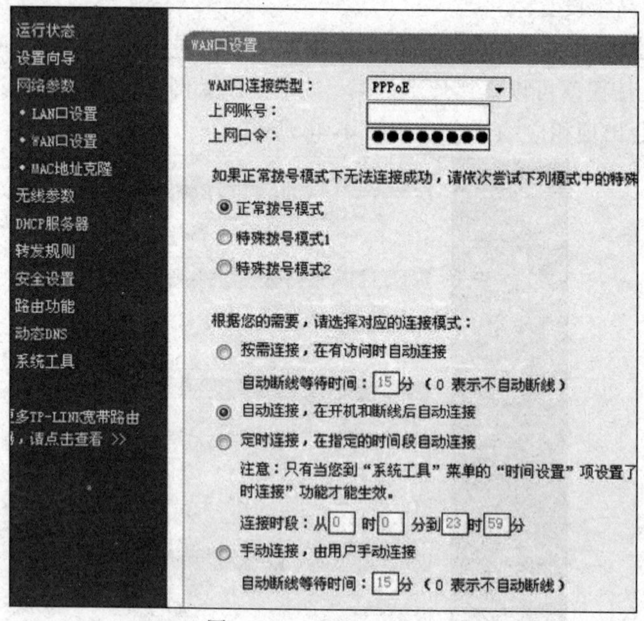

图 4-42　WAN 口设置

WAN 口设置有 3 个选项分别是正常模式、特殊拨号模式 1、特殊拨号模式 2。其中正常模式就是标准的拨号、特殊 1 是破解西安星空极速的版本、特殊 2 是破解湖北星空极速的版本、通常选用正常模式（有部分路由还有特殊 3 是破解江西星空极速的版本）。

下面有 4 个选择对应的连接模式：

- 按需连接，在访问时自动连接。
- 自动连接，在开机和断线后自动连接。在开计算机和关计算机时都会自动连接网络和断开网络。
- 定时连接，在指定的时间段自动连接。
- 手动连接，由用户手动连接。和第一项区别不大，唯一的区别就是这里要用户手动拨号上网。

⑦ MAC 地址克隆的界面也很简洁。只有"恢复出厂 MAC"和"克隆 MAC 地址"两个按钮。基本上保持默认设置即可，如图 4-43 所示。这里需要特别说明的是有些网络运营商会通过一些手段来控制路由连接多机上网。

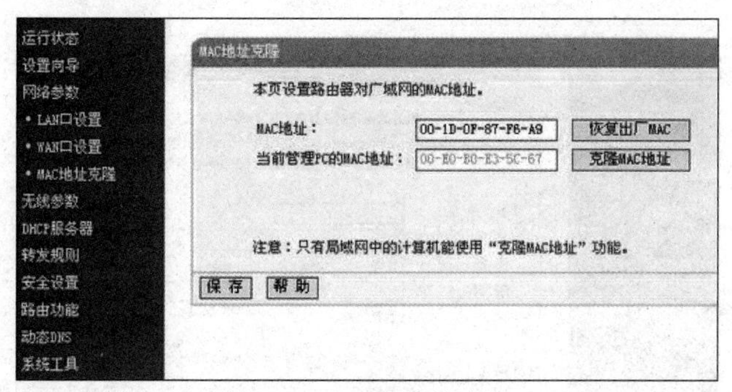

图 4-43　MAC 地址克隆

⑧ 在无线参数中可以设置一些无线网络的链接安全的参数。“开启无线功能”和“允许 SSID 广播”复选框建议有无线网络连接要求的用户选中。“开启 Bridge 功能”复选框如果没有特别的要求不用选中，这是网桥功能。安全类型主要有 3 个：WEP、WPA/WPA2、WPA-PSK/WPA2-PSK，如图 4-44 所示。

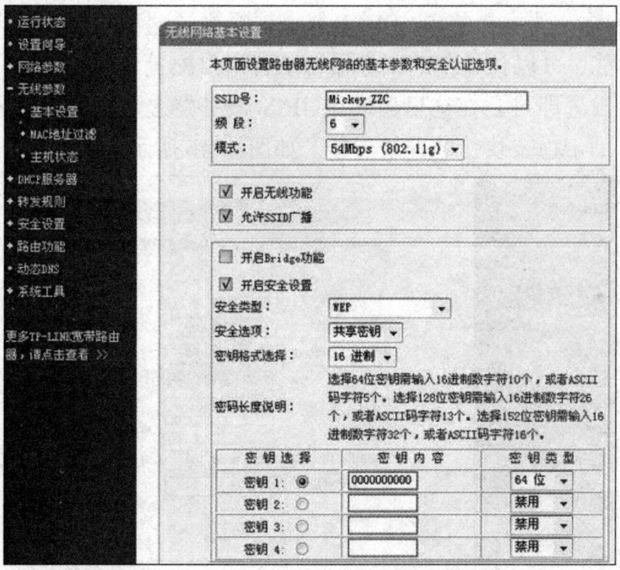

图 4-44　无线参数设置

WEP 的设置，这里的安全选项有三个：自动选择（根据主机请求自动选择使用开放系统或共享密钥方式）、开放系统（使用开放系统方式）、共享密钥（使用共享密钥方式）。

WPA/WPA2 用 Radius 服务器进行身份认证并得到密钥的 WPA 或 WPA2 模式。WPA/WPA2 或 WPA-PSK/WPA2-PSK 的加密方式都一样包括自动选择、TKIP 和 AES。

WPA-PSK/WPA2-PSK（基于共享密钥的 WPA 模式）。这里的设置和之前的 WPA/WPA2 也大致相同，注意的是这里的 PSK 密码是 WPA-PSK/WPA2-PSK 的初始密码，最短为 8 个字符，最长为 63 个字符。

⑨ 无线网络 MAC 地址过滤设置。可以利用本页面的 MAC 地址过滤功能对无线网络中的主机进行访问控制。如果开启了无线网络的 MAC 地址过滤功能，并且过滤规则选择了“禁止列表中生效规则之外的 MAC 地址访问本无线网络”，而过滤列表中又没有任何生效的条目，那么任何主机都不可以访问本无线网络，如图 4-45 所示。

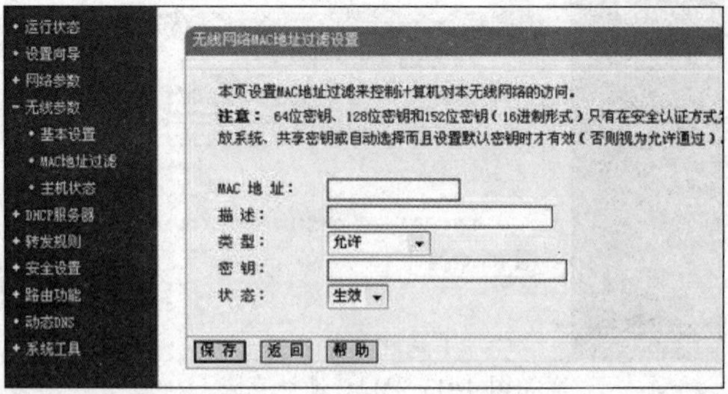

图 4-45　无线网络 MAC 地址过滤设置

⑩ 在无线参数的设置以后，可以回到 TP-LINK 路由所有系列的基本设置页面其中的 DHCP 服务设置。

TCP/IP 设置包括 IP 地址、子网掩码、网关以及 DNS 服务器等。为局域网中所有的计算机正确配置 TCP/IP 并不是一件容易的事，DHCP 服务器提供了这种功能。如果使用 TP-LINK 路由器的 DHCP 服务器功能，可以让 DHCP 服务器自动替用户配置局域网中各计算机的 TCP/IP。通常用户保留它的默认设置即可。在这里建议在 DNS 服务器上填上用户在网络提供商所提供的 DNS 服务器地址，有助于稳定快捷的网络连接，如图 4-46 所示。

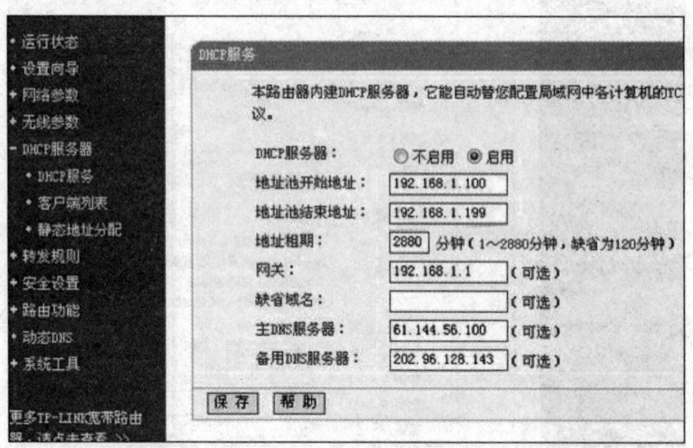

图 4-46　DHCP 服务设置

⑪ 在 DHCP 服务器的客户端列表里用户们可以看到已经分配了的 IP 地址、子网掩码、网关以及 DNS 服务器等，如图 4-47 所示。

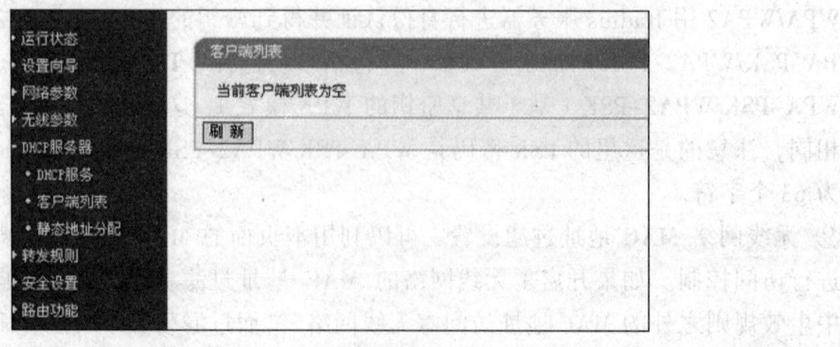

图 4-47　客户端列表

⑫ 静态地址分配设置：为了方便对局域网中计算机的 IP 地址进行控制，TP-LINK 路由器内置了静态地址分配功能。静态地址分配表可以为具有指定 MAC 地址的计算机预留静态的 IP 地址。之后，此计算机请求 DHCP 服务器获得 IP 地址时，DHCP 服务器将给它分配此预留的 IP 地址，如图 4-48 所示。

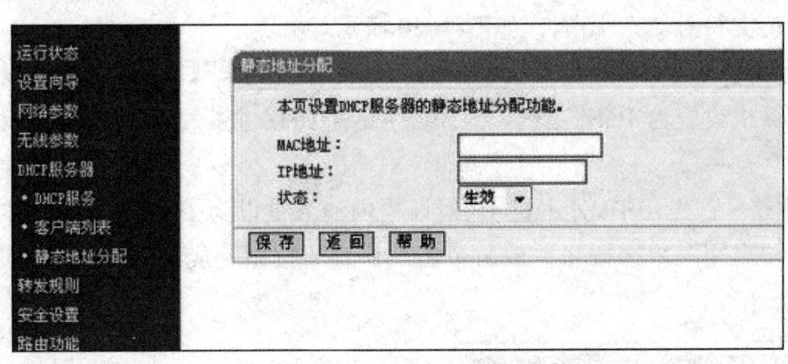

图 4-48　静态地址分配

⑬ 如果用户对网络服务有比较高的要求（如 BT 下载）都可以在转发规则这里进行一一设置。虚拟服务器定义一个服务端口，所有对此端口的服务请求将被重新定位给通过 IP 地址指定的局域网中的服务器。

- 服务端口： WAN 端服务端口，即路由器提供给广域网的服务端口。可以输入一个端口号，也可以输入一个端口段，如：6001～6008。
- IP 地址：局域网中作为服务器的计算机的 IP 地址。
- 协议：服务器所使用的协议。
- 启用：只有选中该项后本条目所设置的规则才能生效。

常用服务端口下拉列表中列举了一些常用的服务端口，用户可以从中选择您所需要的服务，然后单击此按钮把该服务端口填入上面的虚拟服务器列表中，如图 4-49 所示。

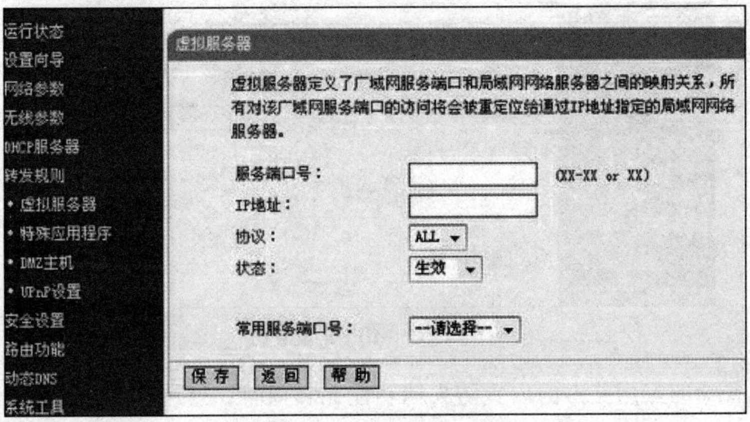

图 4-49　虚拟服务器

⑭ 某些程序需要多条连接，如 Internet 游戏、视频会议、网络电话等。由于防火墙的存在，这些程序无法在简单的 NAT 路由下工作。特殊应用程序使得某些这样的应用程序能够在 NAT 路由下工作。

触发端口：用于触发应用程序的端口号。

触发协议：用于触发应用程序的协议类型。

开放端口：当触发端口被探知后，在该端口上通向内网的数据包将被允许穿过防火墙，以使相应的特殊应用程序能够在 NAT 路由下正常工作。可以输入最多 5 组的端口（或端口段），每组端口必须以英文符号“,”相隔，如图 4-50 所示。

⑮ 在某些特殊情况下，需要让局域网中的一台计算机完全暴露给广域网，以实现双向通信，此时可以把该计算机设置为 DMZ 主机。（注意：设置 DMZ 主机之后，与该 IP 相关的防火墙设置将不起作用）

DMZ 主机设置：首先在 DMZ 主机 IP 地址栏内输入欲设为 DMZ 主机的局域网计算机的 IP 地址，然后选中“启用”单选按钮，最后单击“保存”按钮完成 DMZ 主机的设置，如图 4-51 所示。

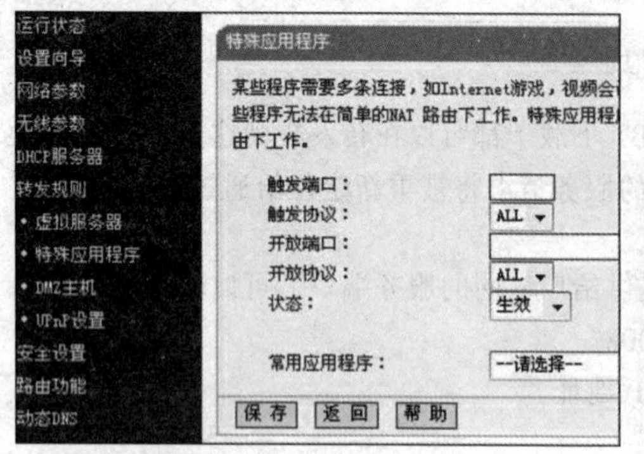

图 4-50 特殊应用程序

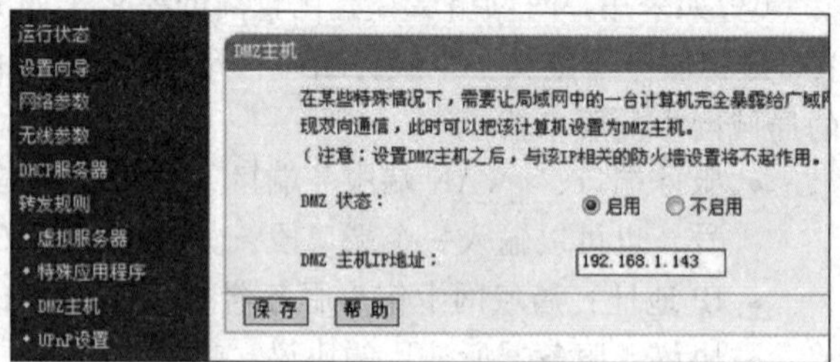

图 4-51 DMZ 主机

⑯ UPnP 设置。如果用户使用迅雷、电驴、快车等各类 BT 下载软件建议开启此功能，如图 4-52 所示。效果能加快 BT 下载。具体不作详细说明。

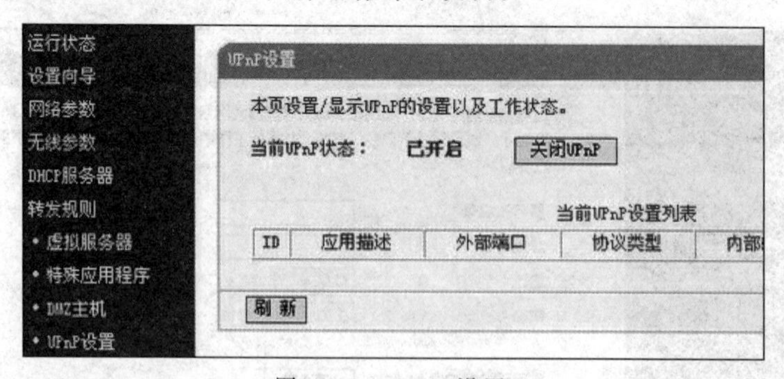

图 4-52 UPNP 设置

⑰ 基本上普通的家用路由的内置防火墙功能比较简单，只是基本满足普通大众用户的一些基本安全要求。不过为了上网能多一层保障，开启家用路由自带的防火墙也是个不错的保障选择。在安全设置的第一项防火墙设置内可以选择开启一些防火墙功能，如：“IP 地址过滤”“域名过滤”“MAC 地址过滤”“高级安全设置”。开启以后各类安全功能设置生效，如图 4-53 所示。

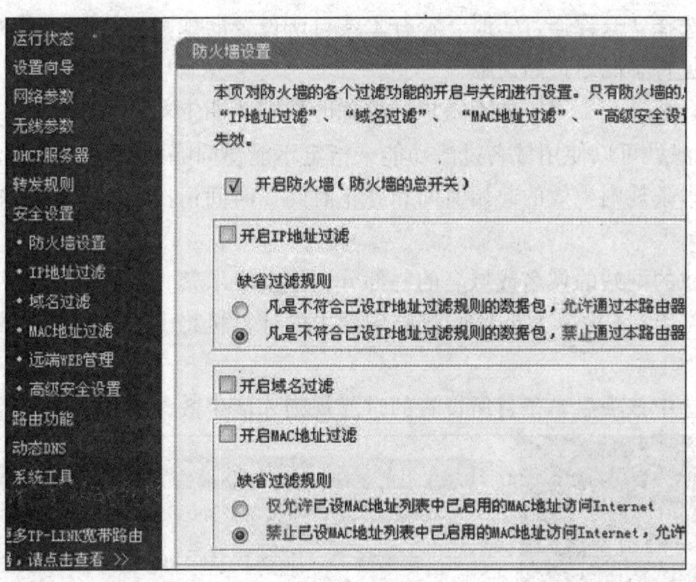

图 4-53　防火墙设置

⑱ 在 IP 地址过滤处可通过数据包过滤功能来控制局域网中计算机对互联网上某些网站的访问，如图 4-54 所示。

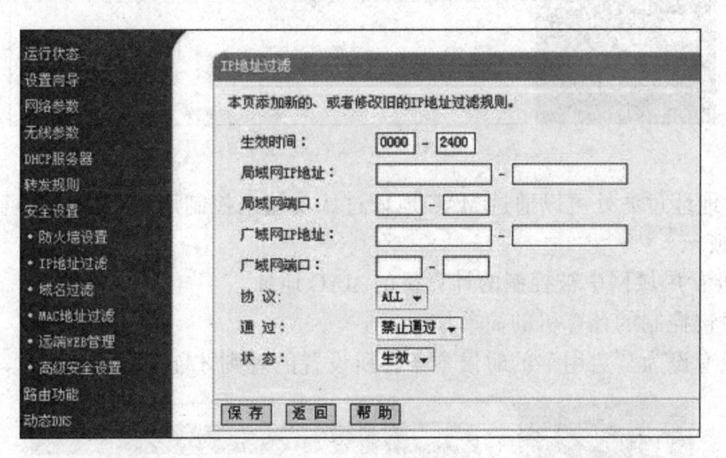

图 4-54　IP 地址过滤

- 生效时间：本条规则生效的起始时间和终止时间。时间请按 hhmm 格式输入，例如 0803。局域网 IP 地址：局域网中被控制的计算机的 IP 地址，为空表示对局域网中所有计算机进行控制。也可以输入一个 IP 地址段，例如 192.168.1.20～192.168.1.30。
- 局域网端口：局域网中被控制的计算机的服务端口，为空表示对该计算机的所有服务端口进行控制。也可以输入一个端口段，例如 1030～2000。
- 广域网 IP 地址：广域网中被控制的网站的 IP 地址，为空表示对整个广域网进行控制。也可以输入一个 IP 地址段，例如 61.145.238.6～61.145.238.47。
- 广域网端口：广域网中被控制的网站的服务端口，为空表示对该网站所有服务端口进行控制。也可以输入一个端口段，例如 25～110。
- 协议：被控制的数据包所使用的协议。

- 通过：当选择“允许通过”时，符合本条目所设置的规则的数据包可以通过路由器，否则该数据包将不能通过路由器。
- 状态：只有选择“生效”后本条目所设置的规则才能生效。

⑲ 在域名过滤处可以使用域名过滤功能来指定不能访问哪些网站。

生效时间：本条规则生效的起始时间和终止时间。时间请按 hhmm 格式输入，例如 0803，表示 8 时 3 分。

域名：被过滤的网站的域名或域名的一部分，为空表示禁止访问所有网站。如果用户在此处填入某一个字符串（不区分大小写），则局域网中的计算机将不能访问所有域名中含有该字符串的网站。

状态：只有选中该项后本条目所设置的过滤规则才能生效，如图 4-55 所示。

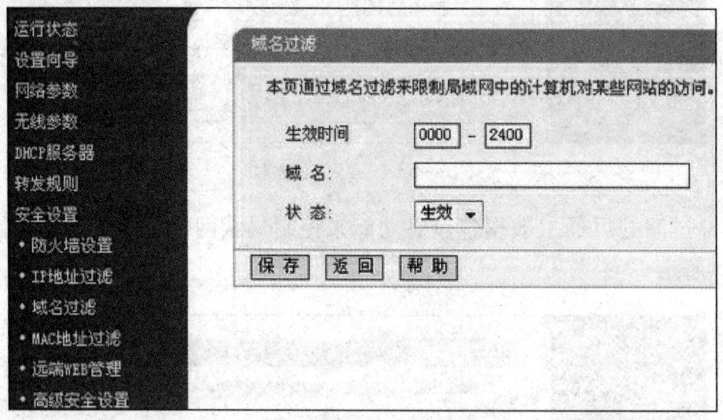

图 4-55 域名过滤

⑳ 在 MAC 地址过滤处可以通过 MAC 地址过滤功能来控制局域网中计算机对 Internet 的访问，如图 4-56 所示。

- MAC 地址：局域网中被控制的计算机的 MAC 地址。
- 描述：对被控制的计算机的简单描述。
- 状态：只有设为“启用”的时候本条目所设置的规则才能生效。

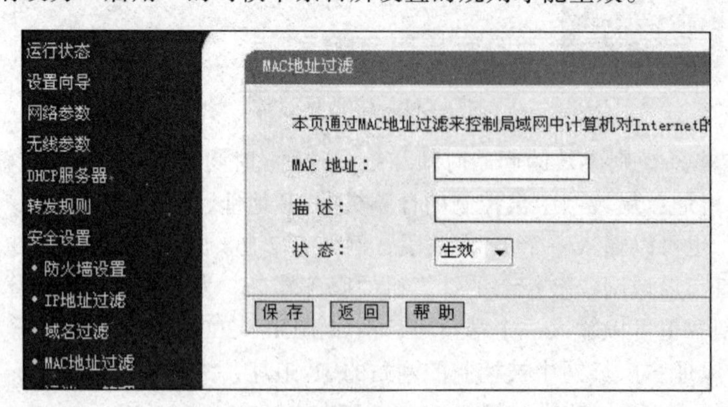

图 4-56 MAC 地址过滤

㉑ 远端 WEB 管理如字面解析是设置路由器的 WEB 管理端口和广域网中可以执行远端 WEB 管理的计算机的 IP 地址，如图 4-57 所示。

- WEB 管理端口：可以执行 WEB 管理的端口号。
- 远端 WEB 管理 IP 地址：广域网中可以执行远端 WEB 管理的计算机的 IP 地址。

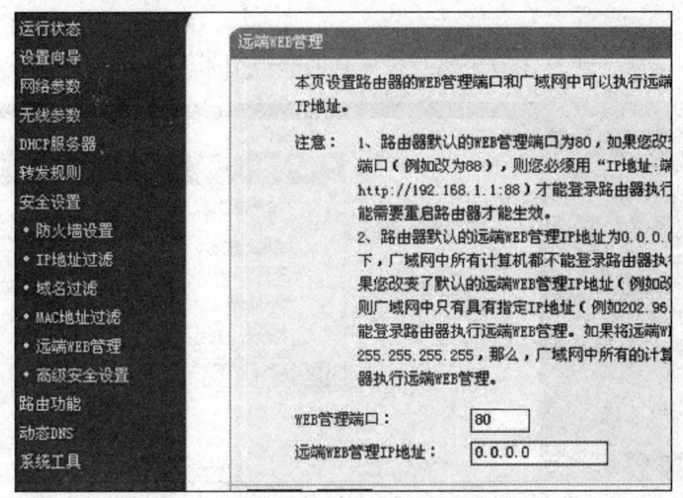

图 4-57　远程 WEB 管理

㉒ 数据包统计时间间隔：对当前这段时间内的数据进行统计，如果统计得到的某种数据包（例如 UDP FLOOD）达到了指定的阈值，那么系统将认为 UDP-FLOOD 攻击已经发生，如果 UDP-FLOOD 过滤已经开启，那么路由器将会停止接收该类型的数据包，从而达到防范攻击的目的。

DoS 攻击防范：这是开启以下所有防范措施的总开关，只有选择此项后，才能使几种防范措施才能生效，如图 4-58 所示。

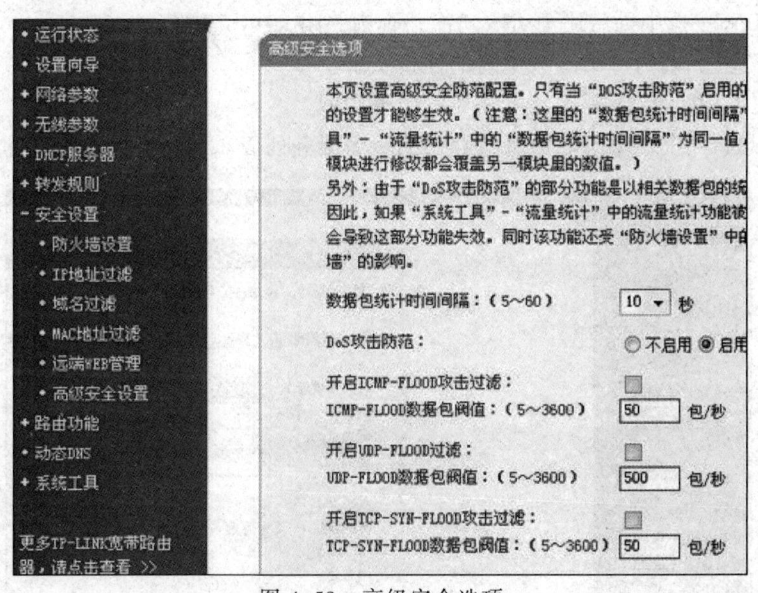

图 4-58　高级安全选项

㉓ 路由功能。如果用户连接其他路由的网络需要可以在这里进行设置，如图 4-59 所示。

目的 IP 地址：欲访问的网络或主机 IP 地址。

- 子网掩码：填入子网掩码。
- 网关：数据包被发往的路由器或主机的 IP 地址。该 IP 必须是与 WAN 或 LAN 口属于同一个网段。
- 状态：只有选择“生效”后本条目所设置的规则才能生效。

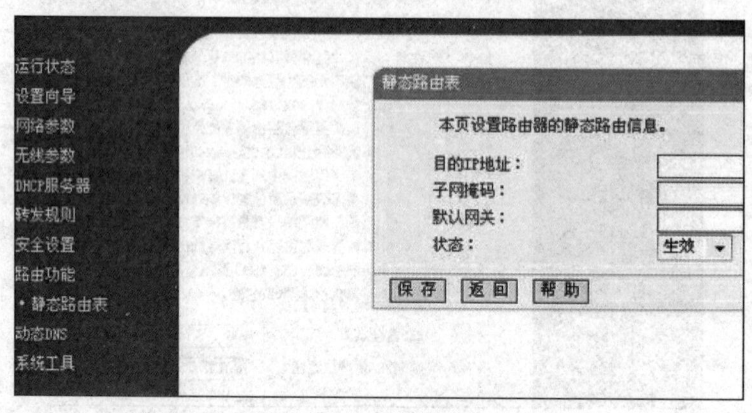

图 4-59　静态路由表

㉔ 动态 DNS 是部分 TP-LINK 路由的一个新的设置内容。这里所提供的“Oray.net 花生壳 DDNS”是用来解决动态 IP 的问题。针对大多数不使用固定 IP 地址的用户，通过动态域名解析服务可以经济、高效的构建自身的网络系统，如图 4-60 所示。

- 服务提供者：提供 DDNS 的服务器。
- 用户名：在 DDNS 服务器上注册的用户名。
- 密码：在 DDNS 服务器上注册的密码。
- 启用 DDNS：选中则启用 DDNS 功能，否则关闭 DDNS 功能。
- 连接状态：当前与 DDNS 服务器的连接状态。
- 服务类型：在 DDNS 服务器上注册的服务类型。
- 域名信息：当前从 DDNS 服务器获得的域名服务列表。

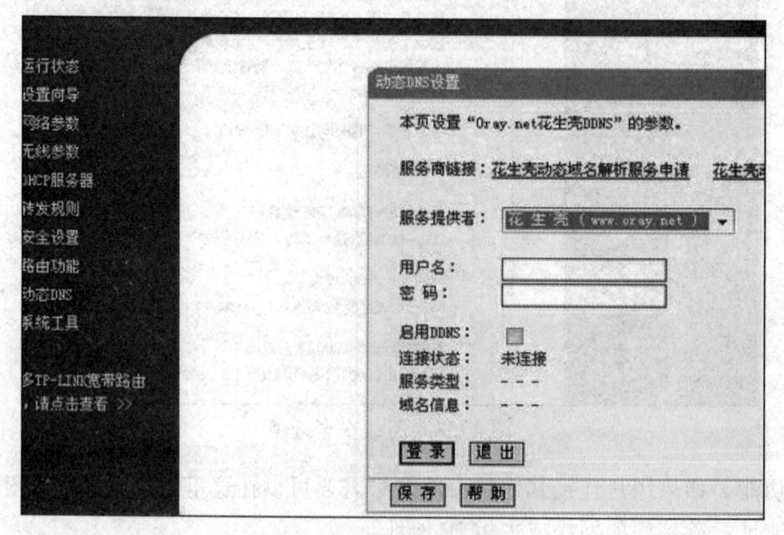

图 4-60　动态 DNS 设置

二、无线欺骗防护配置

目前已知带有 ARP 欺骗功能的软件有“QQ 第六感”“网络执法官”“P2P 终结者”“网吧传奇杀手”等，这些软件中，有些是人为手工操作来破坏网络的，有些是作为病毒或者木马出现，使用者可能根本不知道它的存在，所以更加扩大了 ARP 攻击的杀伤力。

普通绑定是在路由器上记录了局域网内计算机 MAC 地址对应的 IP 地址，建立了一个对应关系，不会受到 ARP 欺骗，导致无法正常通信。对于没有进行 IP 与 MAC 地址绑定的计算机就可能受到 ARP 攻击。普通绑定只是设置了一个 IP 与 MAC 的对应关系，若计算机更改了其 IP 地址，路由器仍然能进行 ARP 映射表自动学习，扫描到计算机新的对应关系，该计算机仍能与路由器进行通信。

强制绑定是通过添加 IP 与 MAC 对应的关系来进行数据的通信的，没有自动学习 ARP 映射表的能力，若没有添加计算机 IP 与 MAC 的对应关系，该计算机是无法与路由器进行通信的。所以在设置了强制绑定后，新接入路由器的计算机，若没有添加 IP 与 MAC 地址对应关系，该计算机是不能通信的。或者路由器下的计算机更改了其 IP 地址，导致与路由器上记录的 IP 与 MAC 对应关系不一致，也无法进行通信。

下面就对无线路由器上的普通绑定设置，进行详细介绍，以及介绍如何设置来防止 ARP 欺骗。

1. 设置前准备

① 设置 IP 和 MAC 绑定功能。为计算机手动设定静态 IP 地址，若为动态获取，计算机可能获取到和 IP 与 MAC 绑定条目不同的 IP，会导致通信异常。

② 把路由器的 DHCP 功能关闭：打开路由器管理界面，选择“DHCP 服务器”→“DHCP 服务”命令，把状态由默认的“启用”更改为“不启用”，保存并重启路由器。

③ 为计算机手工指定 IP 地址、网关、DNS 服务器地址，如果用户不是很清楚当地的 DNS 地址，可以咨询网络服务商。

2. 设置路由器防止 ARP 欺骗

打开路由器的管理界面，在左侧的菜单中可以看到“IP 与 MAC 绑定”选项（见图 4-61），在该项来设置 IP 和 MAC 绑定。打开“静态 ARP 绑定设置”窗口，如图 4-62 所示。

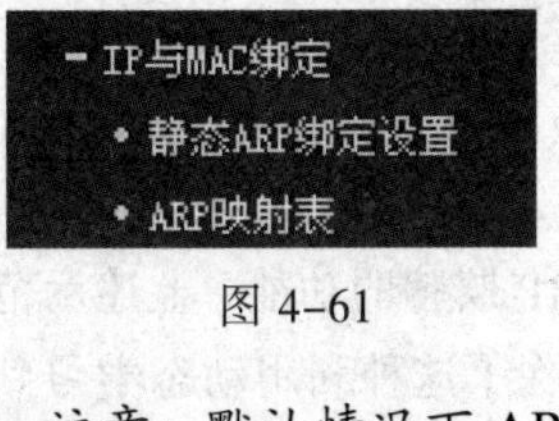

- IP与MAC绑定
  - 静态ARP绑定设置
  - ARP映射表

图 4-61

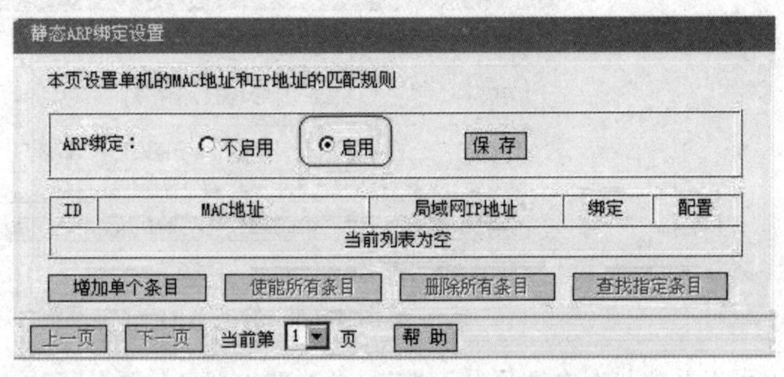

图 4-62　静态 ARP 绑定设置

注意：默认情况下 ARP 绑定功能是关闭的，可选中“启用”单选按钮后，单击“保存”按钮启用。

在添加 IP 与 MAC 地址绑定的时候，可以手工进行条目的添加，也可以通过“ARP 映射表”查看 IP 与 MAC 地址的对应关系，通过导入后，进行绑定。

3. 手工进行添加

单击“增加单个条目”按钮，打开如图 4-63 所示窗口。输入计算机的 MAC 地址与对应的 IP 地址，然后保存，就实现了 IP 与 MAC 地址绑定。

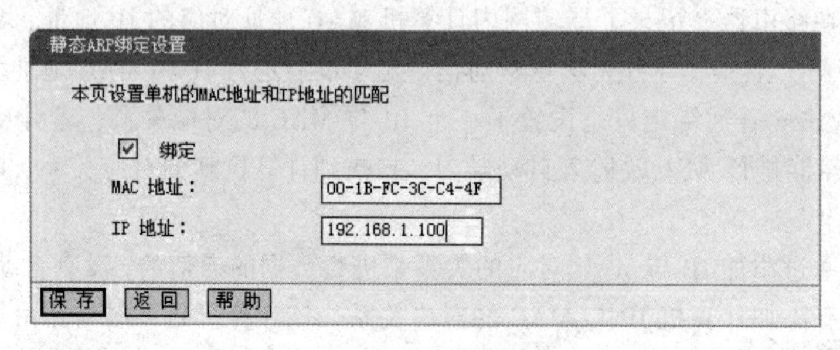

图 4-63　静态 ARP 绑定设置

4. 通过“ARP 映射表”导入条目

打开“ARP 映射表”窗口，如图 4-64 所示。

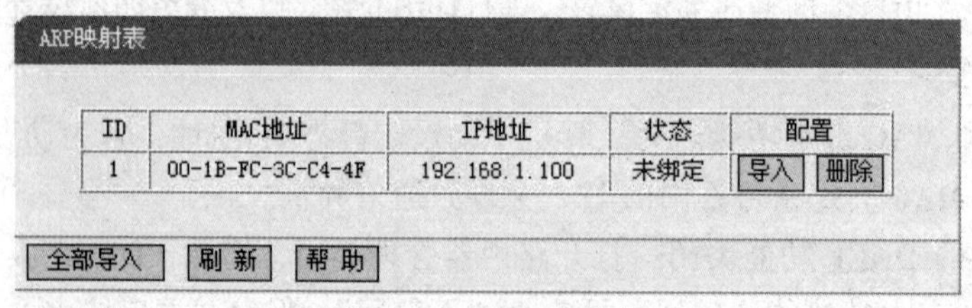

图 4-64　ARP 映射表

其中显示的是路由器动态学习到的 ARP 表，可以看到状态一栏显示为“未绑定”。如果确认动态学习的表正确无误，也就是说当时网络中不存在 ARP 欺骗，可把条目导入，并且保存为静态表。若存在许多计算机，可以单击“全部导入”按钮，自动导入所有计算机的 IP 与 MAC 信息。

导入成功以后，即已完成 IP 与 MAC 绑定的设置，如图 4-65 所示。

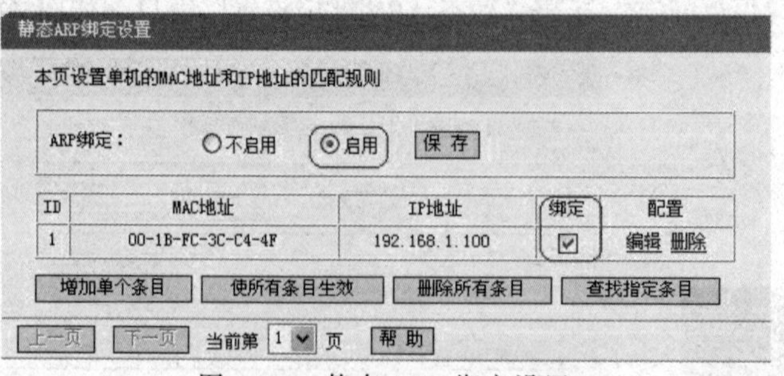

图 4-65　静态 ARP 绑定设置

可以看到状态中显示为已绑定，此时路由器已经具备了防止 ARP 欺骗的功能，上述示范中只有一个条目，如果连接计算机数量较多，操作过程也是类似的。除了这种利用动态学习到的 ARP 表来导入外，也可以使用手工添加的方式，只要知道计算机的 MAC 地址，手工添加相应条目即可。在“ARP 映射表”中可以看到（见图 4-66），此计算机的 IP 地址与 MAC 地址已经绑定，在路由器重启以后，该条目仍然生效。

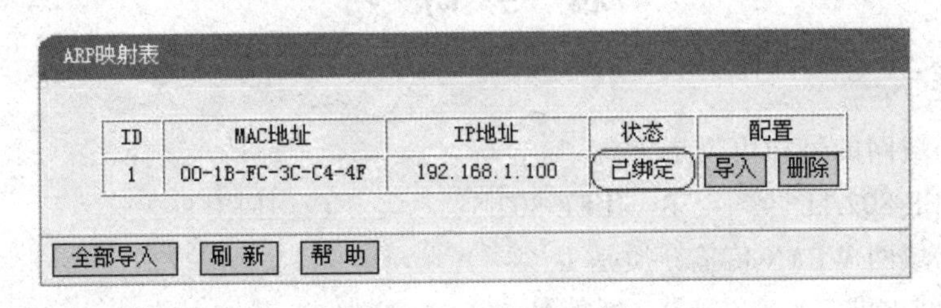

图 4-66　ARP 映射表

5．设置计算机防止 ARP 欺骗

路由器端已经设置了 ARP 绑定功能，接下来就可以设置计算机端的 ARP 绑定。Windows 操作系统中都带有 ARP 命令行程序，可以在其命令提示符界面来进行配置。

Windows 系统的设置方法：

选择“开始”→“运行”命令，输入 cmd，打开 Windows 的命令行提示符。

通过“arp -s 路由器 IP+路由器 MAC”这一条命令来实现对路由器的 ARP 条目的静态绑定，如输入：arp -s 192.168.1.1 00-0a-eb-d5-60-80，然后通过 arp -a 命令输出，可以看到已经有了刚才添加的条目（见图 4-67），Type 类型为 static 表示是静态添加的。至此，已经设置了计算机的静态 ARP 条目，这样发送到路由器的数据包就不会发送到错误的地方去了。

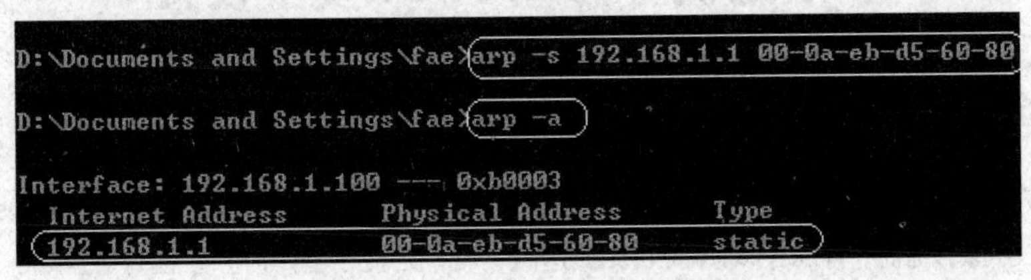

图 4-67　添加和查看 ARP 条目

怎么知道路由器的 MAC 地址呢？可以打开路由器的管理界面，进入“网络参数”→“LAN 口设置”窗口，如图 4-68 所示。

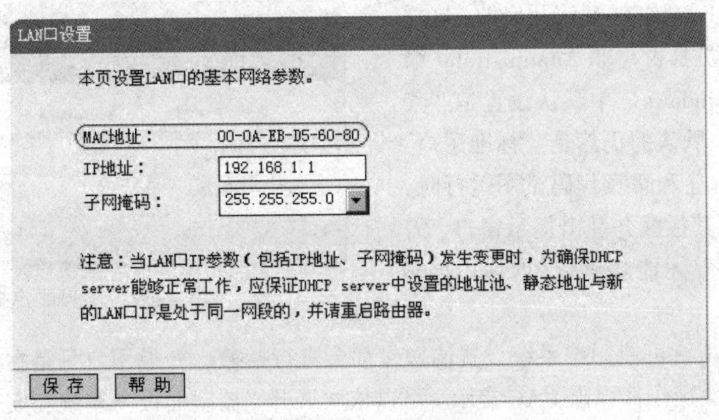

图 4-68　LAN 口设置

思考练习

一、选择题

（1）无线局域网的最初协议是（　　）。

A. IEEE 802.11　　B. IEEE 802.5　　C. IEEE 802.3　　D. IEEE 802.1

（2）无线局域网 WLAN 传输介质是（　　）。

A. 无线电波　　B. 红外线　　C. 载波电流　　D. 卫星通信

（3）802.11b 和 802.11a 的工作频段、最高传输速率分别为（　　）。

A. 2.4 GHz、11 Mbit/s；2.4 GHz、54 Mbit/s　　B. 5 GHz、54 Mbit/s；5 GHz、11 Mbit/s

C. 5 GHz、54 Mbit/s；2.4 GHz、11 Mbit/s　　D. 2.4 GHz、11 Mbit/s；5 GHz、54 Mbit/s

（4）在 2.4 GHz 的信道中，有几个相互不干扰的信道？（　　）

A. 3　　B. 5　　C. 11　　D. 13

二. 简答题

（1）画出 IEEE 802.11 帧的基本结构，及说明包含信息内容。

（2）试描述 WLAN 的安全机制有哪几种？

扩展知识　Windows 7 安全设置

一、安全管家——UAC

在 Windows XP 时代，如果用户以管理员身份登录系统（这恰是很多用户的使用习惯），那么对系统的一切操作就拥有了管理员权限。这样一旦安装了捆绑危险程序的软件，或者访问包含恶意代码的网站，那么这些危险程序和恶意代码就可以以管理员身份运行，轻则造成系统瘫痪，重则造成个人隐私的泄露。为了堵住这些安全隐患，微软在 Windows 7 中新增了 UAC（用户账户控制）组件来避免这种情况的发生。

在 Windows 7 中 UAC 组件默认开启的，这样即使用户以管理员身份（非 Administrator 账户，该账户在 Windows 7 中默认设置是“禁用”）登录系统，默认的仍然是“标准用户”权限，这样危险程序和恶意代码试图运行时，UAC 就会自动对其拦截并弹出提示窗口，需要用户确认“是”才能够运行，如图 4-69 所示。

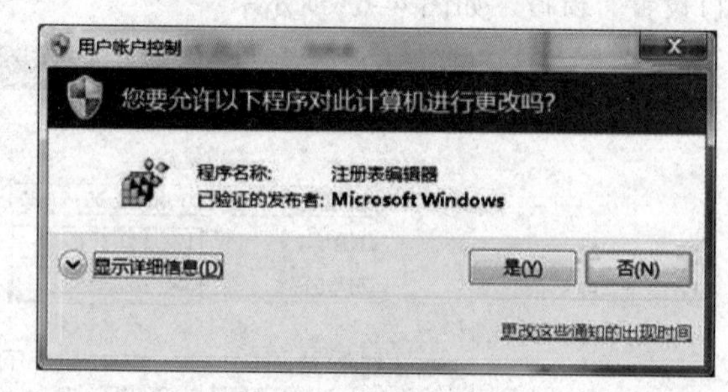

图 4-69　用户账户控制

UAC 组件对所有可能影响系统设置的操作都会进行拦截，如果用户只是在进行正常的系统设置，不希望每次操作都弹出 UAC 提示。可以依次展开“控制面板→系统和安全→更改用户账户控制”，然后在弹出的窗口，根据自己实际需要拖动滑块进行设置即可，如图 4-70 所示。

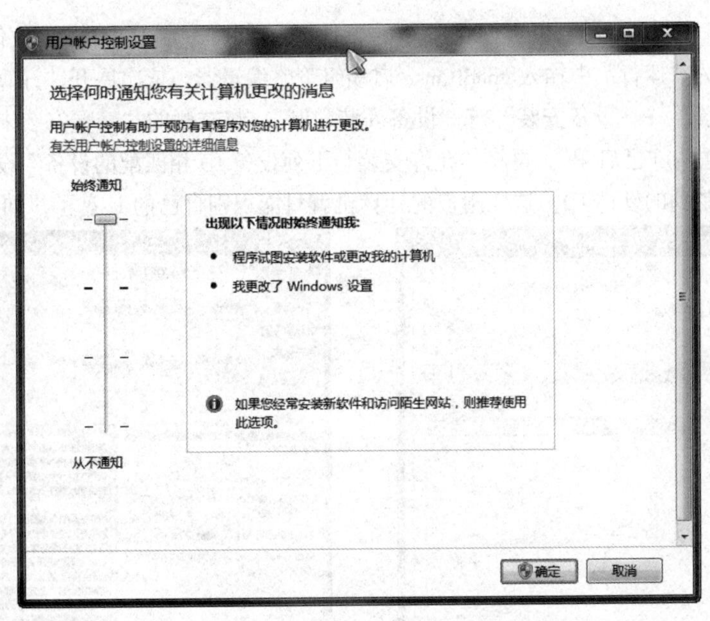

图 4-70 用户账户控制设置

为了便于用户对 UAC 的拦截有直观的感觉，在 Windows 7 中会对不同类型的程序添加不同颜色的“盾牌”图标来表示。蓝色色条和对角黄线盾牌标识，表示是 Windows 自带组件，比如命令提示符、注册表编辑器运行时出现，这些程序一般可以信任（但是要注意代码对系统组件的调用）。灰色的色条和带问号的盾牌，表示来源可靠（合法数字签名）的程序，相对也可以信任，可以通过单击提示框“显示有关此发布者证书的信息”按钮进一步确认是否安全。黄色感叹号图标，表示来源不可靠（没有合法数字签名）的程序，相对来说风险很大，建议不要运行。各种图标如图 4-71 所示。

图 4-71 “盾牌”图标

二、职业保镖——组策略保护

UAC 只是负责对程序的盘查，程序的运行与否只要用户认可即可畅通无阻的运行。平时用户遇到程序众多，难免会有危险，因此可以通过组策略对恶意程序进行拦截。

（1）移动设备选择性接受

USB 设备因其即插即用和便于携带，很多用户都是用它来交换数据。正是由于 USB 的便携性，它也成为病毒、木马常见传播媒体，同时也成为隐私数据外泄的便携通道。如何既保证自己的 USB 设备在计算机上可以使用，又有效防止外来设备的插入？Windows 7 的组策略即可做到。

首先插入自己的 U 盘，打开资源管理器后右击 U 盘，选择“属性”→“硬件”→“选中当前 U 盘”→“属性”命令，在打开的窗口切换到“详细信息”标签，在设备“属性”下拉列表框中选择“硬件 ID”选项，复制其中的值，如图 4-72 所示。启动设备管理器，展开“通用串行总线控制器”→“USB大容量存储设备”的硬件ID，同样复制其中的ID数值。

在开始菜单的“运行”中输入gpedit.msc启动组策略编辑器，依次展开“计算机配置”→“管理模板”→“系统”→“设备安装”→“设备安装限制”，将右侧的“禁止安装未由其他策略设置描述的设备”设置为“已启用”。再将“允许安装与下列设备ID相匹配的设备”设置为“已启用”，然后输入上述复制到的硬件ID，这样用户的计算机就只能识别自己的U盘了，如图4-73所示。

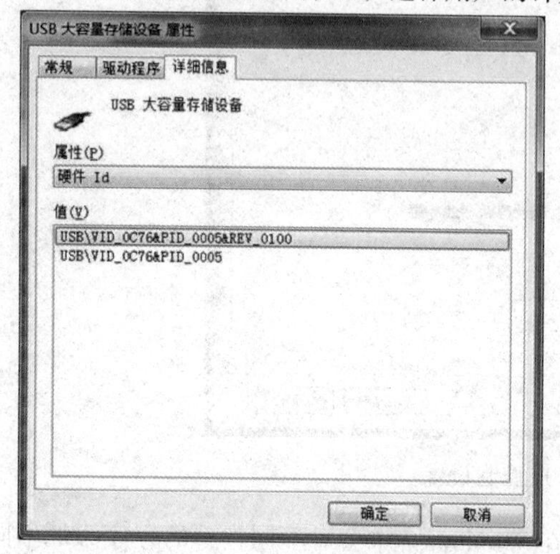

图4-72　USB 大容量存储设备属性

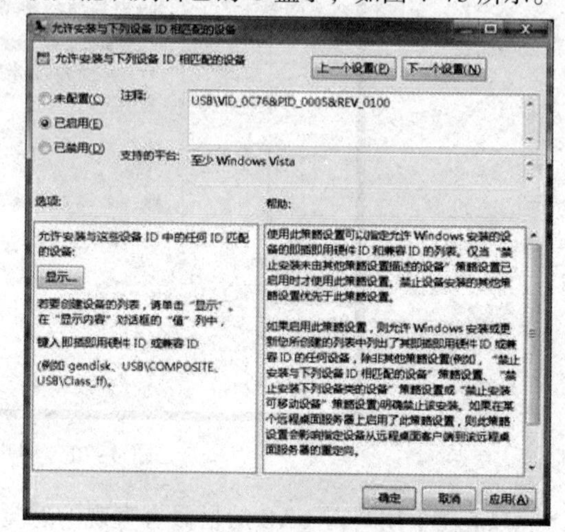

图4-73　允许安装下列设备ID

（2）不受欢迎程序批量拦截

现在很多软件出于推广的目的捆绑在常见的装机软件中，新手在安装这些软件时一不小心就会莫名其妙地安装了很多捆绑软件。对于 Windows 7 用户，现在只要运用新增的 AppLocker 策略即可批量将某一公司软件全部拒之门外。

三、专业库管——数据加密

在用户的硬盘中，个人文件是其中最为重要的数据。如果这些数据没有加密，任何使用计算机的人都可以访问，显然极其容易造成数据的泄密。那如何保护好自己数据不泄密？Windows 7为我们提供两种加密服务。

1. 基于文件的加密

Windows 7强制使用NTFS格式作为系统分区，对于保存在NTFS分区的文件，Windows 7提供EFS加密，EFS加密的文件其他账户是无法访问的，可以有效保护文件的安全。

如果用户自己的数据主要保存在“d:\Documents”下，现在只要打开上述目录后右击选择“属性”命令，然后单击“高级”按钮，在打开的窗口选中“加密内容以保护数据”复选框即可，如图4-74所示。

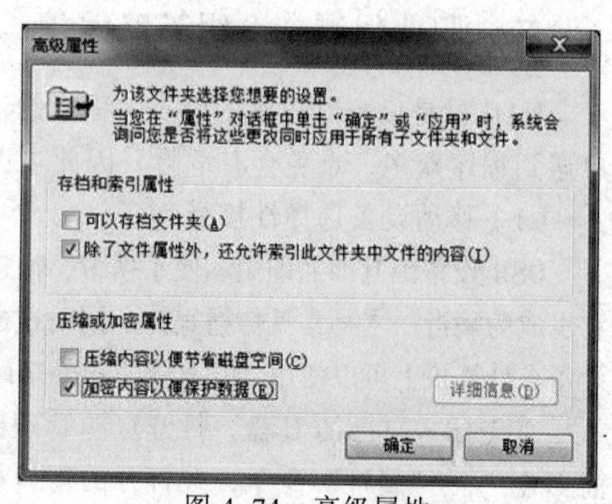

图4-74　高级属性

在Windows 7中启用EFS加密的目录会以绿色

字体标示，只需要在用户计算机中设置一个专用账户供来宾使用，其他账户登录后是无法访问EFS加密的文件的。但是注意的是一旦启用EFS加密，一定要及时备份密匙。

EFS加密/解密针对加密账户是透明的，也就是说如果其他人使用你的账户登录系统，那么EFS加密的文件是可以自由访问的。因此为了更好保护加密文件，还可以结合NTFS的权限来限制用户对特定文件的访问。

比如““d:\Documents\工作文档”不希望任何用户的访问，只要右击该目录选择“属性”命令，切换到“安全”选项卡，单击“编辑”按钮，把“组和用户”列表下的所有账户删除，这样就没有任何账户可以访问该目录了。如果自己要访问该目录，则只要将当前账户添加到“组和用户”列表，并将读取权限设置为“完全控制”即可。

2. 基于驱动器的加密——BitLocker加密

EFS加密只能针对目录设置，如果用户的文件都是保存在某一分区，那么还可以使用Windows 7新增的“BitLocker加密”功能。BitLocker是基于系统底层的加密技术，启用加密时如果要访问加密内容则要求用户对其凭据进行身份验证。

BitLocker加密分区操作很简单，比如需要加密分区D，打开资源管理器后右击D盘选择“启用BitLocker”命令，然后按照加密向导对D盘进行加密即可，普通用户可以将加密密匙保存在U盘，成功加密后驱动器图标会带上一个加密锁标记，如图4-75所示。

图4-75 BitLocker加密分区

完成BitLocker加密后只要重启，下次如果要访问加密分区，系统则会弹出BitLocker解密窗口，要求用户输入指定的密码才能访问该驱动器。而且启用BitLocker加密的硬盘挂接到其他计算机上也是无法法访问的，这样即使计算机送去维修也可以保护数据的安全。

四、贴身护卫——网络安全组件

随着网络的普及，系统遭受的攻击越来越多来自网络：不小心访问挂马网站带来的木马，下载软件暗藏的病毒、黑客的网络攻击等。可以说用户遭受到安全威胁几乎90%来自于网络。

因此 Windows 7 也大幅增强网络组件的安全防护性能。

1. 越来越安全的 IE

浏览器是用户遨游网络的必备工具，网络安全威胁也是大多通过浏览器引发的。为了保障用户浏览网络时更加安全，微软不仅频繁对 IE 进行升级，而且通过各种安全组件加强 IE 安全性。下面以 Windows 7 集成的 IE 8 对 ActivX 控件改进为例。

用户很多情况下访问网站时都会被要求下载或者加载特定 ActiveX 控件，对于恶意网站来说更是通过 ActiveX 控件来危害访问者的计算机。IE 8 对 ActiveX 控件可以针对指定网站加载。假设现在有个 BUG 的 ActiveX 控件，但是现在访问的是正规网站如新浪网，此时 IE 如果弹出是否加载 ActiveX 控件提示，由于是安全网站，用户只要点击上方加载提示，选择“仅当前页面加载”命令，这样浏览新浪页面时就会加载 ActiveX 控件而不影响浏览。如果访问的是恶意网站，试图加载有漏洞的 ActiveX 控件，只要选择“不加载”命令，恶意网站就无法利用 ActiveX 控件威胁计算机。

跟踪保护功能：可以避免用户个人隐私被第三方网站跟踪记录，可定制访问以及禁止访问的第三方网站。

加载项性能顾问：加载项性能顾问会在加载项放缓浏览会话时通知用户。默认情况下，如果所有加载项的总加载时间超过 0.2 s，用户就会收到通知，使用户有机会作出明智的决定，使用有价值的加载项并选择禁用不太有用或影响性能的加载项。

2. 更安全的网络共享

现在拥有小型网络的企业和家庭用户越来越多，网络共享安全始终是个极大安全隐患。在这方面 Windows 7 大幅提高网络互访和数据共享的安全性能。

Windows 7 在首次接通网络时，Windows 7 就会让用户选择网络设置，对于家庭用户可以按照向导建立安全家庭组，默认家庭组必须设置密码，而且 Windows 7 会自动生成复杂随机的多位密码。以后家庭组计算机的访问和加入就必须输入生成的随机密码，如图 4-76 所示。

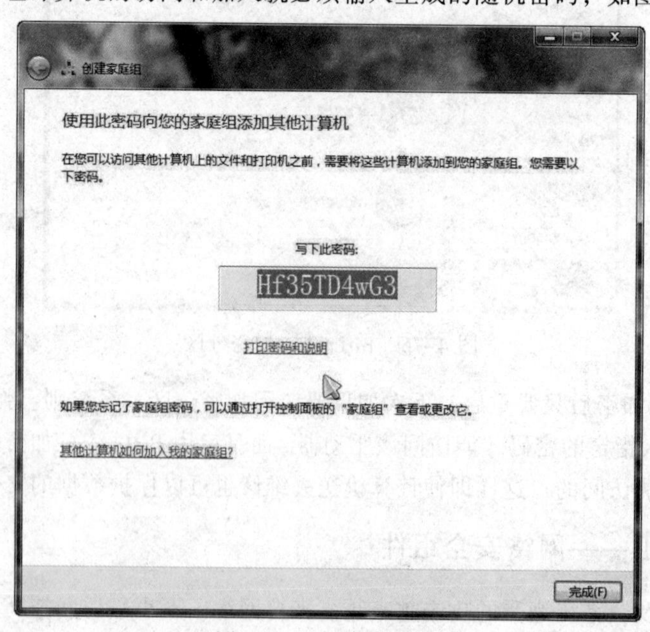

图 4-76　创建家庭组

项 目 小 结

随着网络在人们生活中的普及，人们越来越离不开网络带来的便利。但是当在使用网络的同时，也相应地产生了许多网络安全问题。在本项目中，我们通过端口的操作，防火墙软件、无线安全三个任务，掌握了日常生活工作中网络安全的基本配置方法，但网络安全系统的内容远远不止于此。网络和系统没有绝对的安全，只要网络存在，与黑客的斗争就没有止境。黑客在不断利用漏洞时，手法越来越新奇，所以我们的任务就是随时关注最新工具和技巧，采取相应的措施自我保护。